奇蹟的救命靈藥

胰島素發現的故事

蒂亞・庫伯Thea Cooper、亞瑟・安斯伯格Arthur Ainsberg｜著
胡德瑋（內分泌新陳代謝專科醫師）｜譯

Breakthrough

Elizabeth Hughes, the Discovery of Insulin, and the Making of a Medical Miracle

獻給澆灌我故事解讀能力的雙親，以及持續鼓勵我的丈夫克雷格（Craig），還有我的孩子珍（Jane）與伊恩（Ian）。

——蒂亞・庫伯

獻給紐約西乃山醫院的專責醫師、護理師以及工作人員，俄亥俄州克里夫蘭的克理夫蘭診所，明尼蘇達州羅徹斯特的梅約診所，在過去的三十五年來滋養我的靈感。

——亞瑟・安斯伯格

目次

前言
Preface

本書始於不經意在二〇〇三年三月號《紐約時報雜誌》上讀到的一篇文章，那篇文章開啟了這趟歷時許久的研究，將近五年的時間裡，把我們帶往了八個州、四個國家共二十五個城鎮的重要醫療中心、大學、圖書館、檔案室，以及許多重要場所。

最初，我們的研究聚焦在伊莉莎白・休斯身上，但很快便發覺她是某個人物群的核心，而其他人物也都跟她一樣迷人而神祕。追尋這些新角色導致必須進行更廣泛的研究，並衍生更多的發現。某些時刻，我們最大的挑戰是在這些為數眾多的迷人物事之中，選擇該關注何者。

最後，我們決定專注於四個主要人物：伊莉莎白・休斯・歌塞特（Elizabeth Hughes Gossett）、佛德列・格蘭特・班廷（Frederick Grant Banting）、佛德列・麥迪遜・艾倫（Frederick Madison Allen）與喬治・亨利・亞歷山大・柯羅威（George Henry Alexander Clowes）。要將查爾斯・伊文斯・休斯（Charles Evans Hughes）的迷人個性

放至較次要的位置，著實是件困難的事。傑出的老禮來（J.K. Lilly Sr.），以及他的兒子伊利・禮來（Eli Lilly Jr.）與小禮來（J.K. Lilly Jr.）延伸出去的故事，也令人難以抗拒。

本書的寫作奠基於真實故事，相當程度仰賴了主要參考的歷史資料與文獻；僅有一處例外，在〈筆記與資料來源〉中另做詳述。所有角色均為歷史人物，大多數對話與事件援引自當時留下的資料，僅在某些情況下因敘述所需而做擴充撰述。

感謝生命的美妙，以榮耀上天。

——伊利．禮來的墓誌銘

皇冠山墓園，印第安納波利斯

序章
Prologue

時間回到一九一八年，典雅的房子裡有個十一歲的女孩，她正在廚房裡牛飲著手上的那杯水。她喝得飢渴猛烈，水沿著臉頰流了下來，這已經是第六杯了。這個女孩叫做伊莉莎白·休斯（Elizabeth Hughes），她的父親查爾斯·伊凡·休斯（Charles Evan Hughes）是紐約市最受人尊重的名人之一。再過幾個月，這個女孩將被診斷判定罹患某種疾病，這種疾病將讓她原本充滿活力的快樂童年頓時風雲變色；女孩接下來會被永無止盡的飢餓感以及無法滿足的口渴給完全吞噬。她得到的疾病叫做第一型糖尿病，或又稱為幼年型糖尿病[1]。這預言了女孩將迎來飽受病痛折磨的十一個月，然後死去。

1〔註〕糖尿病主要分為兩種：一種是第一型糖尿病，乃身體無法自行產生胰島素；另一種是第二型糖尿病，意味身體對於胰島素產生了阻抗，因此無法好好利用胰島素，或是胰島素相對分泌不足。第一型糖尿病被稱為胰島素依賴糖尿病或是幼年型糖尿病，因為多數患者是孩童、青少年或是年輕人。

人體攝取的食物絕大部分會轉化成葡萄糖（glucose）／糖（sugar），讓他／她得以當作能量。健康的胰臟可以產生一種稱為胰島素（insulin）的荷爾蒙，胰島素極其重要的功能便是協助葡萄糖進入細胞。糖尿病患者本質上就是胰臟無法製造充足的胰島素，或是身體無法有效率地利用胰島素。

在西元前一五五〇年埃及人的紙莎草紙上，便能看到糖尿病的相關描述。當時埃及的建議療法是吃上一鍋煮沸的綜合鍋物（裡頭有骨頭、麥類、穀類與泥土），總共得吃四天。這樣的飲食也許沒有比一九一八年給病人的飲食來得令人滿意，但似乎也不會更差。對於糖尿病的認知與治療，這幾千年來進展得非常緩慢，近似停滯。這個疾病一直到西元二世紀才被命名，距離出現在埃及紙莎草紙上的紀錄已超過了千年，著名的希臘醫師阿瑞蒂亞斯（Aretaeus of Cappadocia）將這個疾病命名為「diabetes」，這個字在希臘文的意思是「篩」，因為病人沒完沒了的口渴與排尿，彷彿人體就像個「篩子」。在三個世紀之後，印度的醫師發現了這類病人的小便嘗起來是甜的，就像蜂蜜一般，然而他們卻不知道原因是什麼。接下來的十三個世紀，關於這個疾病的認知只進展了一點點。

十八世紀，英國人馬修・道伯森（Matthew Dobson）發現存在於糖尿病人小便中又甜又黏的物質就是糖，這個重要貢獻加速了十九世紀對於這個疾病的瞭解。一八五六年，有著「生理學之父」稱號的法國醫師克勞德・伯納（Claude Bernard）提出了胰臟可能是這個疾病源頭的假說。一八八九年，德國的奧斯卡・明科夫斯基（Oskar Minkowski）與約瑟夫・馮・梅林（Josef von Mering），確切地證實了胰臟在糖尿病所扮演的主要角色；在把狗的胰臟切除之後，狗表現出了所有典型的糖尿病症狀，這個重大發現開啟了接下來一個世紀的探尋，大家忙著尋找這個來自胰臟的神祕物質。一八六九年，德國的保羅・蘭格漢（Paul Langerhans）描述自己從胰臟分離出了一群細胞，但他並沒有繼續研究這群細胞的功能。一八八九年，法國的愛德・拉格西（Edouard Laguesse）將這群細胞命名為蘭氏小島（Islet of Langerhans）以紀念發現者，並認為這群細胞有降血糖的功能。隨著二十世紀序幕揭開，比利時的尚・迪・梅爾（Jean de Meyer）由拉丁文的「島嶼」得到了靈感，把這個來自胰臟的神祕物質取名為「胰島素」；然而截至此時胰島素都還只是「科學假設」，仍未有人成功證明它真的存在。

世界各地持續尋找著胰島素。德國的喬治・蘇舍（Georg Zuelzer）宣稱自己成功分離出了這個來自胰臟的物質，甚至在一九一二年拿到專利。不幸的是，他沒有辦法證明自己確實能夠持續有效地萃取出這種物質。美國的歐內斯特・史考特（Ernest L.

Scott）亦宣稱了類似的情事，卻也在一九一二年由於相似的理由而失敗。整個醫療界仍然一直在掙扎、努力，想著如何將胰島素用於緩解糖尿病。對於第一型糖尿病患者而言，這是關乎生死的拔河與掙扎，而伊莉莎白．休斯正是其中之一。

儘管醫界記載這個疾病已經有數千年了，可是在一九一八年的當下，醫生們只能無助地看著像是伊莉莎白這樣的孩子死去。醫界極度渴望找到治療的方式，或起碼找出延長病人生命的方法——好讓病人撐到數世紀以來無解的糖尿病治癒方式出現。佛德列．艾倫醫師（Dr. Frederick M. Allen）就是如此想的，所以發展出了「飢餓療法」（starvation treatment，一種極為激烈的飲食方式），儘管使用此法的病人會像是活著的骷髏頭一般，但確實能讓病人比預期的多活上好幾個月。說得更白一點，在這個方法之下有些病人其實是被活活餓死的，不過艾倫醫生認為反正這些病人本來就會死了。在一九一八年，這個令人絕望的方法是糖尿病患僅存的希望。一九一四年到一九二二年是糖尿病研究的「艾倫時代」，而伊莉莎白．休斯將成為艾倫醫生最悲劇性也同時最成功的病人之一。

諷刺的是，治癒糖尿病的方法，當時離真正發明核心人物的腦海仍極為遙遠，遠到不能再遠。一九一八年的佛德列．班廷（Frederick Banting）正忙著在法國村莊康布雷（Cambrai）惡氣沖天的壕溝裡，治療安撫受傷的士兵，這讓他無暇思考醫學界的新奇蹟。在戰爭期間如果真有那麼一刻奢侈安靜的時光可以思考，他多半也是想著未婚妻伊蒂絲（Edith）走在加拿大阿來斯頓（Alliston）小鎮泥土路前往教堂的畫面，或是想念從小跟著家人長大的農場。他的期望是結婚，然後當名骨科醫生，當時的他還不會知道這個期望最後會落空。他即將面對的是席捲全球的名望與大量財富，很可惜的是他並未具有妥善應對這些名利的能力。他的命運拋物線即將被拋射，而大力拋射這條拋物線的主角正是伊莉莎白．休斯。

當下的伊莉莎白．休斯也無法預見未來會有好幾個不同的人物醒目地出現在她的人生中。一九一八年的她是個健康愛冒險的美國女孩，由於父母身分不凡，她的將來似乎注定是充滿希望與特權的康莊大道，然而這一切即將在一九一九年全面改變。

1 一九八一年，密西根州，布隆非希爾，克蘭布魯克禮拜堂

一九八一年四月二十八日星期二，一群哀悼者逐漸聚集在密西根州布隆非希爾鎮（Bloomfield Hills）克蘭布魯克（Cranbrook）禮拜堂周邊的潮濕街道。這群人從他們新潮的轎車裡走出來，在生氣蓬勃的春天空氣中撐起傘，朝向發出鐘琴聲的那座塔前進。聖殿裡，風琴的琴音昂揚著。風琴所在的位置吸引了眾人目光：中央走廊南面的牆，那兒的木雕與石刻十分精緻繁複，彩繪玻璃突出亮眼。哀悼者大多彼此認識，被迎請入座的同時，相互肅穆地點頭致意。他們聚集於此是要向一位三天前過世、經歷了豐富人生的七十四歲女性表達哀悼。她是伊莉莎白．休斯．歌塞特。

儘管多數前來的哀悼者都自認與伊莉莎白熟識，可是教堂內真正知道她的人生有多精彩的，卻屈指可數。密西根州羅徹斯特（Rochester）的奧克蘭大學（University of Oakland）繼續教育學院院長羅威爾．艾克倫德（Lowell Eklund）博士起身走向了講壇，致上哀悼詞。悼詞中談到伊莉莎白「機智、智慧、安靜卻讓人無法抗拒的領導能力」，

盛讚她擔任母校（紐約市巴納德學院〔Barnard College〕）董事的卓越貢獻。更說她就像她的父親（全美最出名的律師、法學家與政治家），一輩子倡導自我學習與永遠保持懷疑，也正是這樣的精神，引領她在一九五七年奧克蘭大學創校時，扮演了極為重要的角色。

艾克倫德知道她早年因為生活狀態的限制，受教育時期幾乎只能自學、只能孤身努力嗎？要是知道，那就是致哀詞時沒刻意提起。

他繼續說著：「謙卑、尊嚴與優雅」，身為美國偉大政治家的後人，她如此承續起父親的理想。艾克倫德博士形容她不論在公民權利的演說、議案或是行動，都是個冠軍。接著又提到：她與擔任首席大法官的好友華倫．伯格（Warren Burger），於一九七四年一同創立了最高法院歷史協會（Supreme Court Historical Society）。然而，艾克倫德真的知道為何她如此致力於保護父親遺留給後世的影響嗎？他又知道那個偉大的男人為了她曾經賭上自己的一切嗎？

威廉．歌塞特（Willaim T. Gossette），與伊莉莎白結縭五十年，他是教堂委員會的一員，此時正坐在第一排，光滑乾淨的手放在大腿上。他的周圍坐著他們的三個孩子安東妮（Antoinette）、威廉（William）與伊莉莎白（Elizabeth），及其配偶貝索（Basil）、瑪莉（Mary）與佛萊德（Fred），前排還坐著他們的八個孫子孫女，其中年紀最大的是安東妮與貝索的兒子大衛．威恩斯．丹寧（David Wemyss Denning）。一九八一年時，他只是個二十四歲的醫學院學生。斑駁的陽光從東側高聳的窗戶射入，穿透過玻璃讓室內浸潤在繽紛的寶石色澤裡，同時也像一隻隱形的手輕撫著這家人的頭。

大衛知道，自己所認為祖母此生最重要、最不同凡響的事蹟，並不會被艾克倫德提起，而這個事蹟也不會出現在《紐約時報》、《華盛頓郵報》、《洛杉磯時報》，或是密西根州各大報的訃聞之中。一九二二年，伊莉莎白．休斯是最早接受胰臟實驗性萃取物「胰島素」注射的孩子之一。在過世前的五十八年裡，她已經注射了約四萬兩千多次，應該是當時全球施打胰島素次數最多的人。儘管如此，在伊莉莎白刻意努力堅持下，知道這件事的人屈指可數，而這些人也立誓永遠守住這個祕密。

聽到艾克倫德說到伊莉莎白是位歷史熱愛者時是多麼的諷刺；對於一個一輩子都在混淆自己過往歷史的人來說，這是個多麼完美的不在場證明啊！伊莉莎白隱瞞得非常成功，因此艾克倫德不會知道這個勇敢又聰明的靈魂，在孩童時期鎮日受到死亡親密相伴的磨練。

伊莉莎白．休斯．歌塞特最後的遺囑，安排了珠寶、私有物品與藝術收藏的歸處。

在遺囑執行之後，她的房子裡仍有一些神祕的遺物，這些東西就像是一堆從不同拼圖中遺落的拼片聚集而成的混亂：

- 三十多封用緞帶綁在一起的信件。這些信件多數是伊莉莎白在一九二一至一九二三年間，大約十四、五歲時寫的，大多是寫給她的媽咪（暱稱Mumsey）的。發信地來自紐約州、百慕達與多倫多，記述著她如何在四處遊走的情況下，還得躲避死亡的追緝。
- 一件手織的藍色小毛衣。毛線細緻但有些褪色，看起來是給八到九歲小孩穿的。
- 一張舊照片。上頭是一棟位於紐約州格倫斯瀑布鎮（Glens Falls, New York）的樸素房舍，房子前簷廊有一張搖椅。一隻優雅的手用了靛青色的墨水在照片背面寫了：「拯救一條生命就是拯救全世界」（Save one life and save the world）。
- 一張已經被移去了畫框的正方型畫布。畫布上是一幅粗糙的油畫，呈現著一間被深琥珀色與鈷藍色渲染的農舍。
- 一個小小、空空如也的咖啡色玻璃藥瓶。上頭有張年代久遠的黃色標籤，不過已經無法看出寫了些什麼了。

這些安靜無聲的人造物，是伊莉莎白・休斯經歷奇蹟、變身為另一個完全不同的女孩前，僅有的剩餘了。接下來的，似乎是「那個」伊莉莎白令人難以置信的故事：一個被伊莉莎白掩蓋掉的伊莉莎白。這是關於伊莉莎白・休斯的故事，這個伊莉莎白在一九二二年（沒有舉辦追悼會或葬禮）甚至在沒有人發現的狀況下消失了。

2 一九一九年，紐約市，第五大道

曼哈頓第五十一街東五號，佛德列・艾倫在他極為整潔的辦公室裡四處張望，他正準備出門前往十三個路口外的第六十四街東三十二號，那裡住著高譚市最出名的居民：查爾斯・伊凡・休斯。艾倫是非常優秀的醫學研究家，也是時下擁有糖尿病治療史最完整文獻的《尿糖與糖尿病》（*Glycosuria and Diabetes*）的作者。他被暱稱為「糖尿病醫師」，同時在哈佛醫學院與洛克斐勒研究所（Rockefeller Institute）都有研究職位，這個名聲實際上是毀譽參半，有點像稱讚他是個很厲害、有經驗的劊子手；如果哪天真有需要，你會希望碰上的是個厲害的劊子手，不過你會更希望自己這輩子都不會遇上這種狀況。

在有錢有權的人面前，艾倫總是侷促不安，但他完全不知道，其實休斯的成長背景要比他更加卑微。艾倫出身於一八七九年的愛荷華州，十一歲那年搬去了父親種植橘子的加州。他讀的是加州大學，而後繼續就讀醫學院，並在一九〇六年舊金山大地震的隔年畢業；隨後他自願來到了哈佛的動物實驗室，後續更獲聘為員工，領著微薄的助學金（每個月四十七．五美元）。

在歷經三年、處理過四百多隻實驗犬之後，艾倫借走了父親五分之一的總資產（五千美元），並在一九一三年出版了《尿糖與糖尿病》。此前他並未發表過任何文章，卻有著懇切的信心，這本以嚴謹字體手寫的書，將為他開啟與科學相關的職場之路。此書出版沒多久，洛克菲勒研究所提給他一個研究型病房的主任職位，上班的地點在約克大道本院區，以及曼哈頓的第六十六街。艾倫接受了這份工作，並搬往了紐約市。

上任新職，他成功將過往在哈佛動物實驗室的經驗應用在住院病患身上。不幸的是他發現跟狗相比，與人類共事不僅容易灰心而且結果較差。人類實在不可靠，又很難控制。他們承諾會依照指示但卻做不到；他們會忘記、作弊、錯誤理解；他們會很惱人又規律地向誘惑屈服。永不停歇的責罵也無法讓他們了解百分之百配合的重要性，而他們反反覆覆的偏差與輕率將危及整體結果的完整性。

在洛克菲勒，他很快就被看作為認真苦幹的工作狂。他沒什麼耐心，臉皮又薄，無法融入其他家世良好的同事，也不受那些他所照護的糖尿病患者青睞。隨後他就被解職了，而接任的，是個自大、政治正確、化學家背景的醫生。繼任者的專長與艾倫花了極大心力的這個領域沒沾上太大的邊，這無疑是在專業上赤裸地狠狠打了艾倫的臉。

此時，美國已經加入了歐洲的第一次世界大戰戰場，艾倫被指派前往紐澤西雷克伍德（Lakewood）第九總醫院擔任軍醫；而他也出版了第二本書《糖尿病治療之全方位飲食調控》（*Total Dietary Regulation in the Treatment of Diabetes*），詳盡記錄了在洛克斐勒的五年，他所治療的一百位病人裡，其中七十六位的情況。退伍之後，他努力掙扎著在紐約開立私人診所，不過只有絕望的病人會來找他，而他那裡也將是他們的終點。他主要醫治的對象是瀕死的小孩。他曾於一九一七年春天照顧一個四歲的小男孩，而不過就一年前而已，這名小男孩才剛贏得「好寶寶」比賽。慢慢地，這些病人比原本的預後多活了數週，甚至數個月，於是越來越多醫生轉介病人給他，他也逐漸洗刷了當年在洛克斐勒的恥辱。

二十世紀進入到第十年之際，佛德列．艾倫醫生與艾略特．喬斯林（Elliott Joslin）醫生是當時全美最知名的兩位糖尿病專家。喬斯林骨架小小、彬彬有禮，他繼承了龐大的財富，大學念的是耶魯，之後在哈佛醫學院以致詞代表的身分畢業。在哈佛時期，這兩個人意外地展開了長達數十年的友誼。他們對糖尿病的研究方向不一樣，卻有互補之效。

艾倫的專長是利用神奇的組合：綜合了禁食、營養不良與運動，從疾病中心概念來延緩糖尿病的進程。他是第一個察覺到並非只有碳水化合物，連蛋白質與油脂也會造成患者代謝壓力的人；因此，最佳方針就是替每位患者找到基本生存所需的最低食物需求量。這個想法需要經過繁複的計算：每個不同的病人之間，又或者同一個病人不同天、甚至不同小時，都因不一樣的狀況而需要重新計算。「治療本身比疾病還要恐怖」這句話，雖然不是針對艾倫的治療而出現的，卻也很貼切地形容了治療的實況。

喬斯林則專注在改善糖尿病的醫療紀錄。彼時，醫療的記錄與建檔並沒有標準流程。喬斯林相信改善病人資料記錄的方式，有助於改善疾病診斷的流程。他建立了一個糖尿病登錄表，是歐洲大陸之外第一個如此做的表單。

在他們的職業生涯裡，艾倫與喬斯林會針對病人的狀況交換意見。兩人都嘗試了一種新的糖尿病患者治療模式：教育患者讓他們認識糖尿病，並且招募這些病患進入自己的治療系統。這個模式與當時傳統的醫病關係相差了十萬八千里，並非所有病人都能對這樣現代的方式採取開放態度，也並非所有人都能接受自己需要為自身的健康承擔某些程度的責任。

在這個四月天，艾倫即將告知查爾斯．休斯與安東妮，伊莉莎白極有可能撐不過這個夏天。唯一的希望就是聽從他的治療：一種極為麻煩與艱鉅的治療。雖然在這樣一個四月天的早上做這種事，對艾倫來說並不陌生，但是他的強項真的不是臨床上的病人照護；他寧可做的是研究疾病本身，而非照顧這些被疾病困擾而不開心的病人。他是個體態發福而且逐漸禿頭的四十多歲單身漢，嘴唇薄薄的，眼神嚴厲卻又好似事不關己，看起來就像是個專職告知壞消息的傢伙。

艾倫很緊張，這次的會面必須得要順利才行，因為此行還有個艱鉅的目的，他正在規劃生涯首次的獨立開業，要是有伊莉莎白．休斯這樣知名的病人，無疑對整個開業計畫是無價的加持；病人的父親查爾斯．休斯好像認識所有人似的。他是個相當不擅長行銷的人，如果有名人協助宣傳，將會是破天荒的成功。

皮製的帽緣鬆緊恰到好處地罩著他日漸稀疏的頭皮，那兒已經開始冒汗了。他稍微停佇了一下，大手摸索著夾克狹小的口袋，最後拉出了手帕來擦了擦汗。雖然艾倫自認算是個著作不少的作家，不過今天帶給休斯家的禮物，一本紅色封面的小書，並非他自己的作品。這本《糖尿病的飢餓（艾倫）療法》（*Starvation*（*Allen*）*Treatment of Diabetes*）的作者是路易斯．韋伯．希斯醫師（Lewis Webb Hill）與瑞娜．艾克曼（Rena Eckman），全書只有一百三十四頁，筆法周全讓嚴謹的醫生到一般患者都能讀懂。這本書從頭到尾只在闡述一件歸功於艾倫醫師的發現：糖尿病不僅僅是碳水化合物代謝出了問題，實際上連同蛋白質與油脂的代謝也一併出了狀況。內文主要是量測食物與準備餐點的指示，而非詳述個案的過往歷史，甚至書中還有數十種食譜。艾倫總是以這本書作為新見面家庭與病人的禮物，此書初版是一九一五年八月，當時已經是第三刷了。與艾倫本人的情況恰好相反，這本書成功地受到了歡迎。

艾倫走到了第五大道，右轉之後以緩慢一致的步伐走向上城區。他走到了一間奢華男裝店的櫥窗旁，窗裡有一堆精緻的物品：高級羊毛、具有優美光澤的皮革、近乎完美的銀器、又硬又挺的白色麻布；然而艾倫完全無視這些東西，他對著玻璃仔細檢視著自己的倒影，謹慎地看了看自己的腰圍、與身長尚可相稱的臂長、肩膀下垂的角度，還有最重要的臉部表情。即使他並沒有那樣的想法，但臉上看起來就是一副極度反抗的表情。他稍微挑了一下眉，試圖讓自己顯得比較柔和並具同理心，可是這樣卻讓他看起來更充滿了警覺。他讓眉毛復返原位，這使得表情又回到了嚴肅的氣勢，但這起碼是他自然的樣子。他嘆了一口氣，要與病人的併發症對抗已經夠慘了，還要與病人的父母抗衡更是慘到了一個新境界。他依舊盯著玻璃，心裡幻想著在當代名人查爾斯·休斯府邸與他會面，很誠懇地預演起待會兒要說的話。

伊莉莎白正飽受著幼年型糖尿病的折磨：這是一種身體無法運用葡萄糖的疾病。人體需要葡萄糖才能順利運作，就像汽車需要汽油一般。糖尿病患者的胰臟無法順利運作，導致身體無法代謝葡萄糖。目前還沒有任何能讓胰臟康復的方法，沒有任何的療法。很遺憾的，伊莉莎白可能一年內就會死亡。

白日夢突然地被打斷了，因為艾倫發現店員正從櫥窗內看著他。店員笑得很油，朝著他招招手，請他進來。艾倫急忙轉身離開，自覺丟臉地兩頰泛紅了起來。

一輛新穎沒有載客的凱迪拉克計程車從他身邊開過，向轉角緩緩行進。他並不喜歡走路，但規定了自己一定要多多運動，畢竟運動是他治療模式中的核心元素。他常常說服自己，一個像他這樣沒有糖尿病的人，並不需要執行為糖尿病患者設計的治療。在他發現自己的名字已經成為飢餓的同義詞時，也逐漸認可並接受自己發福的體態似乎與這個名稱不太相稱。他並不想讓休斯先生與太太看到他是乘車而來的，他瞄了一眼自己的懷錶，沒有出手攔下那輛黑色轎車，持續步調一致的前進。

他在第五大道與六十四街的轉角停了下來，往南邊看了看，他能看到四十多個路口充滿了參天的水泥、鋼筋與玻璃，一路延伸到了建築界的奇品「熨斗大廈」（Flatiron

Building）。從他父親加州的橘子園走到這一步，是很遙遠的一程。他轉向西北邊朝著曼哈頓蒼翠的綠中心中央公園走下去。就在正前方，他可以看到所謂的兒童區（the Arsenal and Menagerie）[1]，他能夠在腦海裡描繪出那一區的農場（the Dairy），以及左側有著天鵝與優雅石橋的池塘（the Pond）。這一切都太寧靜了，他想到了等等要迎來一段不愉悅的談話，以及即將傳遞給第六十四街東三十二號人家的悲慘訊息，不禁皺起了眉。他們會向艾倫請教是否有解決方法，聽完之後通常會希望自己從來沒問過這個問題。疾病與治療之間似乎沒有所謂兩害取其輕的方式。即使如此，艾倫還是知道他們正等著他的到來。他重重嘆了一口氣，繼續在第六十四街上走著，注意力堅決地放在通往休斯家的石階上面。

1〔譯註〕直譯為兵工廠與獸欄。此區域後改建為中央公園的兒童區，裡面包含了一個動物園。

3 一九一九年四月，紐約市，查爾斯．伊凡．休斯家，早餐室

同一時間，安東妮與查爾斯．伊凡．休斯在家中早餐室，嚴肅地等著艾倫醫師的到來。休斯現年五十七歲，曾經是共和黨總統參選人、最高法院大法官、紐約州州長。雖然當下並未擔任任何公職（之後將於一九二一年被任命為國務卿），但是他仍然相當受到公眾矚目，以致過去的十二個月裡，查爾斯．伊凡．休斯這個名字出現在《紐約時報》頭條超過了一百次。「法律援助有成：查爾斯．伊凡．休斯領導協會協助被徵召者」、「休斯不願與威廉．赫斯特（W.R. Hearst）為伍，拒絕加入市長成立的委員會」、「現階段終戰政策，休斯：『我們拯救了世界，但是否輸掉了共和黨？』」、「休斯點出盟約的盲點；建議七個修正案，特別承認門羅主義（Monroe Doctrine）」。

安東妮長年相伴查爾斯，是他的靈魂伴侶、知己，也是四個孩子（二十九歲的小查爾斯〔暱稱查理〕、二十七歲的海倫〔Helen〕、二十歲的凱薩琳〔Catherine〕，以及十二歲的伊莉莎白）的母親。他們結婚將近三十一年，今天早上當她望向桌子的另一邊，看

到的不是強大無懼、被老羅斯福（Teddy Roosevelt）形容為「帶著鬍子的冰山」的那個人；她看到的，是一個無助的父親悲痛沮喪地垂著頭，因為他沒有半點能力保護自己的孩子免於受病而早夭，而這個診斷即將在一個小時內被宣告確認。她將手伸過去對面緊握著他的手，而查爾斯也迫切地握住了。雖然整個世界即將要被一連串的醫學突破永遠改變，對於疾病與治療也會採取更開放的態度，但是在一九一九年的當下，還是瀰漫著所謂維多利亞時代的氛圍，充盈著隱密、迷信、特權專利藥物，以及它們所代表的渺茫希望。

他們有許多值得慶幸感激的事，安東妮現在只能強迫自己想想這些，而序位排在最前頭的，是查理從那場號稱「結束所有戰爭」的戰事中平安歸來，以及終於他們敢肯定地說：海倫康復了（戰勝了西班牙流感之後併發的恐怖肺炎）。是的，真的要感激的事太多了，但是似乎需要承擔忍受的事也一樣多。她與查爾斯盡責地如同往昔般泰然自若的經歷了這一切，不過這實在讓他們的情感與精神都耗盡了。這個早晨，他們即將再次面臨失去某個孩子的可能，因此近乎絕望。就連家裡名字取作「完美」的寵物金絲雀，也不再一如往昔以歌聲充滿這個家的晨間時光，牠今天選擇了沉默。整間房子似乎都在等待，聚精會神聽著大時鐘的鐘擺發出的敲擊聲，而大時鐘就像一名前線哨兵堅忍不拔地站在那兒。

年紀最小的伊莉莎白說服了母親，自己的身體狀況足以參加女童軍戶外郊遊；凱薩琳正要完成衛斯理學院最後一年的學業；查理在父親位於市中心的律師事務所工作；海倫則是在樓上的病床躺著。安東妮想起了十年前的一幕，他們也是面對面坐在同一張桌子前，只是彼時他們身處奧巴尼（Albany）的州長官邸。那天早上，他們正在辨別一封匿名威脅信來意的真偽，以及如何應對；那封信揚言要綁架他們知名度頗高的小嬰兒伊莉莎白（她是第一個出生在那間伊果街〔Eagle Street〕優雅磚砌的安妮女王〔Queen Anne〕風格豪宅的孩子）。

作為一名改革者，查爾斯引進了很多新措施，其中包含了新的銀行法、簡化的選票，以及直接初選法案。當他把改革的能量轉向賭馬時，查爾斯受到了綁架伊莉莎白以及取他本人性命的威脅。之前他也曾面臨過死亡威脅，而他總是拒絕受之擺布，然而威脅到他的孩子則是另外一回事了。他要如何權衡父親對襁褓幼女的責任，與承諾服務紐約州民的誓詞？他與安東妮最後共同決定了不屈服，而該事件也沒有再起波瀾便平安落幕。如今他們又面臨到了一個看不見的敵人，再次威脅要把伊莉莎白帶離他們，只是這次的恫嚇並不空泛。如果伊莉莎白的診斷真的就是危及迫切如糖尿病，那身為父母的他們便將被迫面臨困難的抉擇。

誰會比優秀傑出的查爾斯．伊凡．休斯更適合做決策呢？在歷經兩任兩年任期的紐約州長之後，他被任命為美國最高法院大法官，並與安東妮一起搬到了華盛頓。六年後，又將被共和黨提名為一九一六年總統大選參選人。

他們倆形影不離，所有競選活動安東妮都一路相隨，她也是第一個這樣做的參選人之妻。一九一六年多半的時間，他們都在全美巡迴跑行程，搭著火車、船，以及當時尚稱新奇的汽車。兩萬英里的蜿蜒長征，她一直陪在查爾斯身邊，一起飽覽黃石公園的浩瀚，也一起目睹了蒙大拿州巴特鎮（Butte）現代機械化的銅礦坑，攜手走過一路上許多的景色。她在火車車廂中築起了一個臨時的家，然後由這一岸到另一岸。她邀請報社記者到車廂中享用羅甘梅汁與巧克力餅乾。一位近身觀察的記者如此記錄：

她看著他，像母親般地照顧著，也提醒他要保護自己的嗓子；她也承認自己有時覺得他像個「非常固執的孩子」。當發現他談話的時間差不多到了，又或者話題差不多該結束了，可能就自己動手，也可能會找個人去拉拉他外套的下襬。「她是我的祕密顧問」，他最近如此坦言。

查爾斯競選過程中的演說，安東妮只錯過了其中的一場，那是因為在密蘇里州時，有群好心的女士在查爾斯演講的時段為她安排了歡迎會。安東妮很客氣地告訴她們，一直聽先生的演講，其實自己一點也不厭倦，才讓她得以脫身前往演講所在的會堂，只不過在演講結束前，不再開放入場了。

一九一六年十一月，休斯以些微之差輸給了時任的總統威爾遜（Woodrow Wilson），在那之後他們搬離了心愛的家（一九一一年建的四層磚砌喬治亞風格房舍）。一九一七年，查爾斯在紐約市重新安頓好家人，並且成為休斯、朗德（Rounds）、舒爾曼（Schurman）與德懷特（Dwight）律師事務所的共同創辦人。查爾斯與安東妮當時鬆了一口氣，認為人生中那些痛苦的戲碼終於遠離了。然而，他們完全錯了。

查爾斯有一個習慣，就是遇到壓力或是焦慮的時候，便將自己全心全意投入於工作，不論有無薪酬。他曾經估計，大約有三分之一的時間所處理的非關自身專業，有些是公眾事務，有些則不大算是。這段期間，他以個人名義所承接最著名的工作，應該是義務徵兵法上訴委員會（Draft Appeal board）的相關事務。一九一七年四月，也就是美國參戰後一個月，國會通過了美國義務徵兵法（the Draft Act）。七月底，查爾斯被指派為紐約市地區義務徵兵法上訴委員會的主席。這是個艱鉅的任務，每天要處理數千筆案件，每筆都決定了一個年輕人的命運。委員會一共有三十名傑出的成員，再分為六個不同的小組，集中在舊的郵局大樓辦公。為了處理大量的文件，紐約市各大銀行與通訊公司都派遣了許多文書作業人員協助。任務開始之後，那些深不見末端的走廊總是排滿了整箱整箱的郵件與人潮，等待著上訴的機會。每天會有四千件左右的信件寄達，休斯負責親筆簽名每份文件（一式四份），這些文件載明了哪些人需要當兵，哪些人可以免役。他拒絕訂製印章，因為每個簽名都可能代表著一個人的生死。這個職務他一直做到了一九一八年五月。

大戰正式於一九一八年十一月十一日終止（第十一個月份第十一天的第十一個小時）。在紀念逝者的紀念碑還沒來得及豎立之前，有史以來最毒、最致命的病毒又襲向了大戰的倖存者（那些歸來的士兵、護理師、兄弟姊妹、父母，還有遺孀）。在混亂血腥的大戰之末，一九一八年大流感（西班牙流感）席捲全球。這個病被稱為西班牙流感，是因為它在那兒獲得了最大的媒體關注，當時的西班牙媒體並不像那些新聞自由受到管制的參戰國家。戰後全球的人類活動相當頻繁，而病房、運輸船或軍營中的狹小空間，似乎都確保了病毒得以有效傳播，並且加速了病毒於各大地理區之間的蔓延，從北極圈到斐濟無一倖免。諷刺的是，幸運迎回從大戰歸來家人的家庭，通常是最先生病的，大家似乎沒有察覺到歡迎士兵回家，幾乎等同於撲向自身的死亡。在各個鄉鎮舉行的勝利遊行中，這些存活下來的士兵被鄰居們扛在肩膀上慶祝；很快的，他們又再度被同樣的肩膀（這次被裝在棺材中）扛起。對很多人而言，和平時刻比戰時要更慘烈。

疾病終於離散，西班牙流感一共奪去了五千萬條生命，是第一次世界大戰死亡人數的三倍以上；在美國，它一共折磨了超過四分之一的人口。那一年，全美平均壽命驟降了十二歲。與過往流行的感冒不同，這個病不僅對上了年幼與年長的人，連二十到四十多歲的壯年人也是它的目標。

即使是這個大流感，比起幼年糖尿病來，仍然擁有較好的預後。一九一八年的大流感死亡率粗估落在二％至二〇％之間，但是幼年糖尿病的死亡率幾乎是百分之百。

海倫·休斯在一九一八年的秋天病倒，到了冬天時已經病到無法工作了。當時伊莉莎白剛好得到了流感，於是那年冬天，休斯家最年長與最年幼的女兒就在家中互相作伴，好從疾病中慢慢恢復。雖然她們差了十五歲，但是很喜愛小女孩的海倫，正好成了伊莉莎白最好的陪伴者；同時也是伊莉莎白的熱情，支撐著海倫度過冬天最冷、最黑暗的一月與二月。如果海倫是兄弟姊妹中最像他們母親的孩子，那伊莉莎白就是最像父親的那一個。海倫圓圓的臉上總是帶著溫和沉思的表情，髮型就像安東妮一樣，梳成一個結再固定於頭頂。當時伊莉莎白十二歲半，小小腦袋中充滿了大大的好奇，永遠有問不完的問題，驅使著她不停地做起各種調查。她深色的頭髮剪成伶俐的髮型，膝蓋常常破皮，這是她永不厭倦地探索自己最愛的後花園「中央公園」的結果。如果要說海倫可以常態保持無聲與靜止，那麼伊莉莎白就是永遠都停不下來。

休斯家的四個孩子，伊莉莎白是唯一遺傳到父親奇特天分（具有相機般的記憶力）的。伊莉莎白太虛弱不能外出探險時，就會與海倫製作一些閃卡，上頭畫著常見樹葉的輪廓。海倫對於伊莉莎白能夠看過一次閃卡就記住內容的能力感到驚奇；沒多久，伊莉莎白甚至可以依照英文字母順序背誦出這些樹的名稱，倒著背或順著都行：梣樹、楊樹、山毛櫸、樺木、七葉樹、雪松、栗樹、榆樹、冷杉、冬青、刺柏、楓樹、橡木、松、雲杉、楓香、桐樹、鬱金香、柳樹。為了打發漫長的時光，她們會聽著黑膠唱片，而海倫還教她如何編織。她們坐在一起，一邊聽著艾爾·喬遜（Al Jolson）的〈嗨，總機！請幫我轉接無人區〉（Hello Central, Give Me No-Man's Land），還有歐文·柏林（Irving Berlin）的〈喔！我有多麼痛恨醒來〉（Oh! How I Hate to Get Up in the Morning），一邊織著即將寄去海外慰勞戰事的圍巾。

伊莉莎白與海倫的房間刻意挑選了長廊的兩端。如此一來，父母輕聲討論海倫的病情時，即使避開了海倫不會傳進她本人耳裡，但卻因為就在妹妹的門邊而得以被窺探，反之亦然。她們約定好幫忙對方監視、偷聽，用盡各種方式蒐集彼此病情的資訊，並且互相分享。

一九一九年三月，除了那不尋常永遠吃不飽的飢餓感，以及無法滿足的口渴，伊莉莎白似乎康復了。而海倫的病況則發展成了肺炎，因此海倫的活動受到了侷限，此時的間諜工作重擔便落到了伊莉莎白身上。當間諜對伊莉莎白來說是小菜一碟，她不僅相當熱中於賞鳥，除此之外，因為休斯府邸時常有名人光臨，隨便舉個例子好了，就像是與休斯家相熟的友人前總統塔夫特（William Howard Taft），安東妮與查爾斯時常在家中招待客人，宴客時，海倫通常與大人一起待著，凱薩琳則是會在廚房與祕密特勤打情罵俏，而伊莉莎白總是在二樓樓梯欄杆的縫隙偷看，通常手中就拿著父親賞鳥用的望遠鏡。

伊莉莎白有時會坐在海倫床邊唸報紙給她聽，她們特別感興趣的議題包含了女子選舉權，以及當時正把社會大眾往兩極化推搡的精神心靈議題。各階級的宗教領袖似乎懷疑起了這次的流感，是人類將其足智多謀的腦袋用在戰爭上的一種神降報復。美國迷失了嗎？在這個自由與平等的偉大試驗過程中步履蹣跚起來了嗎？第三次大覺醒的信仰狂潮開始抓住了美國人民的心。

海倫對於讓新一代女性積極活躍且有影響力地參與政府這件事充滿了熱情，她很確定女性很快就能擁有投票權了。這一代的女性可以投票，沒錯，而且不僅僅只能投票。海倫急於繼續正常的生活，她正要展開一個前途看好的基督教女青年會（YWCA）工作：她率先創立了女高中生社團，成為了YWCA全美委員會的成員，同時也是中部大西洋與新英格蘭地區實習學生的幹事長。她必須要康復到足以參加六月舉行的第五屆波基普西市（Poughkeepsie）瓦薩學院（Vassar）的大學同學會。她期待在同學會之後回到紐約銀灣（Silver Bay）喬治湖畔（Lake George）美麗的YMCA—YWCA校區，在那兒她度過了許多個開心的夏日。

可是現在她只能躺在樓上，無助地聽著家裡的時鐘發出一聲聲無法阻擋的聲響。當肺部特別無力時，她會默數十下鐘聲，讓快要窒息的恐懼消退。在那個四月的早晨，似乎全家都跟著她一起默數。

如她預期的，時鐘在整點發出了西敏寺的鐘聲；此時另一個聲音也在安靜的房子裡起了回音，那是艾倫醫師的敲門聲。

4 一九一九年四月，查爾斯・伊凡・休斯家，圖書室

四月初時，安東妮帶了伊莉莎白前往艾倫醫師第五十一街上的辦公室接受檢查。現在，艾倫坐在休斯家裡的圖書室，前來討論他的診斷結果。查爾斯與安東妮知道艾倫醫師的判決有其特殊的重要性，也知道沒有討價還價的空間，不太可能有人會反對他的意見，因此當安東妮與查爾斯聽到了「她很有可能在六個月內死亡」的時候，心中充滿深不見底的恐懼是很合理的。

「你怎麼能如此肯定呢？」安東妮強迫自己用著遠比當下心境冷靜的聲音問到。

艾倫並非不知道這些消息所代表的嚴酷殘忍，但是他不擅矯情言語，尤其是顧及父母心靈狀況的代價是犧牲孩子的健康狀況時，他更不可能這樣做。

「在無從治療的情況下，幼年型糖尿病患者從症狀發作算起，餘命不到一年。」

「我知道，但是總是會有奇蹟吧？並不是所有的孩子都……」，安東妮乞求般地說著。

「恐怕事情不像你說的這樣。」艾倫如此反駁。

「拜託，醫師，總是有特例的啊！」查爾斯也加入了戰局。

「我也還在等待有個特例能出現。我可以將你們轉給艾略特・喬斯林醫師來討論統計的部分，但是我很遺憾的是你們可能沒有時間做研究了。」這一刻，艾倫想到的是喬斯林令人傷心的驗證——那本糖尿病病人的分類帳。那本帳記錄了從一八九三年來他所看過的糖尿病患者的姓名、年齡與地址，活像是一份失事船隻的乘客名單。他的帳本是很獨特的糖尿病病例記錄，對於醫學研究很是實用的，卻也等同記錄了臨床治療糖尿病的進展幾乎是零。所有帳本中列出的病人都死於糖尿病或是它的併發症，像是昏迷或組織壞疽。有那麼一刻，他們三人就這樣沉默的坐著。

「你們眼前要做的抉擇極為重要。」過了一段時間，艾倫又開口，「很不幸的是，你們必須快點做出決定，我來這裡就是要提供你們正確資訊的。」

「我們非常感激。」查爾斯說。這個低沉而權威的聲音安撫了安東妮。「可是，難道沒有任何我們能做的事嗎？沒有任何我們需要採取的措施嗎？」

「目前沒有任何有效的治療，但是是有方法可以買時間。」

「請繼續說。」休斯說

「我們必須餓著她。」

「可是她已經很瘦了。」安東妮不解地眨了眨眼。

「像伊莉莎白這樣年齡的正常女孩，每天消耗的能量為二千二百大卡」艾倫開始解釋著，「我建議我們要開始執行禁食，讓她每天吃到的食物僅約四百大卡，而且其中幾乎不能有碳水化合物。」

「然後，這就能讓她長回之前掉的體重？」查爾斯提問。

「當然不會，不過這樣能讓她繼續活下去。」

「可以維持多久？」安東妮問。

「很難說。如果她能活下來，說不定能活到十八個月。伊莉莎白的症狀是從十一月……還是十二月開始的？」艾倫如此說著。

安東妮嚴肅地點了點頭。

「伊莉莎白要維持這樣多久才能回歸正常飲食？」查爾斯問。

「她再也不會回歸正常飲食了。她吃的每一口食物都需要被磅重與測量，她餘生的備餐都需要好好管控。」艾倫回答。

「四百大卡……，這樣能吃什麼啊？」安東妮問。

「雞蛋、奶油、麥麩餅乾，都只能控制在非常少的量。」艾倫說。「所有的蔬菜必須水煮三次讓碳水化合物完全脫離，完全不能再吃點心或麵包。」

安東妮的腦袋快速運轉著，想著這所代表的意義：不能吃玉米、馬鈴薯、生日蛋糕，再也沒有週日的燕麥烙餅或是感恩節裝滿餡料的烤鵝。安東妮思考起了在家照顧伊莉莎白的現實面。她要跟全家人一起用餐嗎？看著其他人吃著自己不能碰的食物。如果她獨自在房間裡用餐會不會更糟呢？安東妮想像著伊莉莎白憔悴沉默的樣子，孤零零地在廚房用湯匙舀起小小口的麥麩餅乾與水煮高麗菜，飯廳卻一直傳出笑聲與生動的談話。而且要怎麼確定那些寵愛伊莉莎白的女僕不會偷偷塞東西給她吃，尤其是她露出一副吃不到會死的樣子。

「對所有人來說，最簡單的做法就是……」艾倫繼續著，「開始調整想法。過去大家總視食物為生命的支撐，現在要把它當成致命的毒藥。」

「最簡單？」安東妮結巴地說，「可是她總是很餓啊！」

「實在讓人難以想像，挨餓是解決肚子餓的方法。」查爾斯解釋著。

「食物越少，生命越長。」艾倫將自己冷漠的視線對上了安東妮，「飢餓是為了存活」。

安東妮緊閉雙唇，深怕會有任何刻薄的話語從口中冒出。在一九一六年總統大選競選期間，她從一岸橫跨到另一岸的行程裡，見過了各式各樣的美國人，她與各個年齡與階層的人都能相處融洽。她被視為一位優雅的女主人、迷人的晚餐伴侶，能在不同話題中提供審慎斟酌與周到的見解。然而，當她見到艾倫醫師之後，似乎渾身都被一股顯而易見的厭惡感給掐住，這種厭惡感在他們第二次碰面後又再度加深了。

「休斯太太，我能向你保證事態只會越來越糟」他繼續說著，「我的一些病人體重輕到可能只剩三十磅左右，這也是為什麼我堅持需要住院治療。」

「伊莉莎白不能住在家裡嗎？」查爾斯問。

「療養院對伊莉莎白來說才是最安全的地方。」

「可是我們跟她相處的時間已經所剩不多了」安東妮抗議道，「我們不能讓她留在家嗎？」

「我可以延長她跟你們的相處時間，如果你們同意將她交給我照顧。」

「伊莉莎白得付出怎樣的代價？」她開口問。

休斯看到太太的耳朵泛出了鮮豔的粉紅色。

「你要如何確保自己做的不會太超過？」休斯打斷並問道。艾倫用木然的眼神回看他。

休斯繼續問著：「你有因為飢餓療法而失去過任何病人嗎？」

「當然。」艾倫回答，「這是個很困難的治療方法。飲食的限制非常嚴厲，一點點誤差都有可能產生昏迷。到那個時候，就連我……甚至任何人都做不了什麼。」

當刻，其實那個治療所僅存在於佛德列．艾倫的腦海裡。艾倫坐在休斯家客廳之時，腦中正在建構那個第五十一街上的私人治療所計畫，這個治療所的目的就是研究與治療糖尿病。他徹底厭惡之前工作機構的政治鬥爭與爭寵，所以立志自行開業。這可以讓他專心工作，不會因為自己討喜與否而受到打壓。在他的機構之內，他能夠完完全全的掌控；他可以監控病患的一切面向，進入嘴巴的每口食物、每口水，每一分鐘的運動，而且病人的血液與排泄物可以在有意義的間隔被可靠的分析。藉由將病人超出負荷的代謝狀態拉到接近平衡，他可以延長糖尿病患者的壽命。當這個精細的平衡達到後，病人會受到相當警敏的照顧與監視，好讓狀態得以維持。在資金充足之下（顯然這就是查爾斯．伊凡．休斯代表的意義），他希望自己的治療所能夠來得及全面運轉，讓伊莉莎白成為最早的一批病人。

治療所將落址於艾倫目前辦公室所在的豪宅，他已經把整棟連同家具都租下了。護士們會是受過訓練的營養師，全都畢業於麻州夫拉明罕（Framingham）家政學校（Domestic Science School）。他的三名助理：詹姆士．雪瑞（James W. Sherrill）醫生、威斯特・米歇爾（J. West Mitchell）與亨利・約翰（Henry J. John），皆是知名醫學系畢業足以勝任的醫生。而這一切運作的關鍵則在瑪莉・貝爾・威沙特（Mary Belle Wishart）身上（她可是兼具效率與專業的奇蹟）。艾倫第一次見到威沙特是在洛克斐勒，當時被指派為他的技術研究助理。威沙特是他的忠實追隨者，跟著他到紐澤西的雷克伍德下部隊，未來又將要監督他的私人治療所運作，這也讓艾倫得以將時間專注於自己真正有興趣的事——研究。這個房子包含了三間接待室、一間餐廳、一間通用廚房、一間專門餐廚房、十七間病人的房間，以及能夠容納五位護理師、三位醫師、威沙特小姐及她母親的空間。而在另外一處則還有一間公寓，供給其他六名治療所專職護理師居住。這棟屋子最多可以收治二十位病人。

「我們難道不能自己請護士嗎？」查爾斯提出這個要求，「她可以負責伊莉莎白在家裡的飲食。」

「一個被訓練成營養師的護士？」艾倫輕蔑的問，「一個對於糖尿病有經驗的護士？」

「也許你能推薦一位」，安東妮建議著，「一位在你的治療所受訓過的。」

艾倫回答：「這是一個出院之後非常難維持的療程，包括了食物的準備、磅重與測量，監測血糖與驗尿。吃飯與運動都必須照本宣科並仔細記錄。」

安東妮感覺到自己的臉因為憤怒而脹紅。最好的情況是艾倫能夠延緩疾病的進程，但也只是延緩而非停止。最慘的是，他肯定會讓伊莉莎白未來幾個月（也可能是最後的幾個月）極為痛苦。而且就算他能夠延長診斷之後的存活時間，這段時間還能稱之為生活嗎？一年的痛苦有比快樂的兩個月好嗎？

「讓伊莉莎白全天候住院接受治療真的是為她好嗎？還是只是讓我們免於為她備餐的痛苦？」她問道。

「都有。」

「聽起來不論我們做什麼，情況都只會越來越糟。」查爾斯說。

「這是真的。在這裡，她的狀況會變糟，然後死掉。要是在我那兒，她的狀況也會變糟，但之後能活下來，起碼可以多活一段時間。」艾倫這樣回答後，身子往後坐。

「不管能有多久，我們想讓她在僅存的時間裡盡可能開心、舒服。」安東妮說。

「我沒辦法讓她開心或是舒服，我只能讓她活著。」

有那麼一刻，安東妮想像起伊莉莎白恐怖的惜別派對，滿是她最愛的食物，份量充足，在那裡她能盡其所能的吃，也許盛會將延續整個周末。有一群醫療專家認為，患有嚴重糖尿病的人讓他們吃到死，要比接受艾倫治療的折磨來得人道。

「我想一定有人在努力尋找治療方式。」休斯說。

「有很多人在努力尋找療法，不少頂尖的專家都認為我們已經快要找到了。這也是為什麼我一直說服你們要努力讓女兒活下去，有效的療法可能隨時都會出現。如果伊莉莎白就差幾個禮拜而和有效療法擦身而過，那會是多大的悲劇啊！」

「他們是誰？是誰正在尋找治療的方法？」

「所有的人都在找！哈佛、約翰・霍普金斯、梅約兄弟……」

「到底是哪些人？」休斯一直逼問。

「有個叫做蘇舍的德國人用了胰臟的萃取液來緩解糖尿，也就是小便中出現糖分。一個叫做包勒斯克（Nicolas Paulesco）的羅馬尼亞人，用了胰臟萃取液讓血糖回歸正常。就在這裡，紐約市，以色列・克萊爾（Israel Kleiner）與梅爾策（S. J. Meltzer）正在努力做出胰臟萃取液。俄亥俄州的凱斯西儲大學（Western Reserve University）有個名為麥克勞德（Macleod）的蘇格蘭人也在努力。但是這些人都不是臨床醫師，他們的工作範疇僅限於實驗室，而他們的對象是狗。」

查爾斯的臉沉了下去。

「我們已經很接近解答了，只是目前還無法充足地提煉這個物質，好讓它可以運用在臨床上。我們已經知道答案了，只是目前還不能使用。」艾倫非常清楚醫界對於這個疾病從古早時代就已有相當認知，不過悲慘的是對於尋找「真正的治療」，醫界就在它的邊緣搖搖欲墜地晃了將近五十年。這個感覺就像是一群馬拉松選手，衝刺了二十六英里後，突然在終點前的一千英尺，大家全都坐了下來討論起這場比賽目前的進展。

投入在糖尿病的研究，改善了診斷這個疾病的能力。也由於越來越多孩子被診斷出罹患這個疾病，越來越多早逝者的死亡證明將死因歸咎於糖尿病。到了一九二〇年，糖尿病造成的死亡率是二十年前的兩倍，診斷確認的數量也在攀升。感覺起來，醫學研究沒有命中要害，而且逐漸式微。

診斷數量的攀升孕育出蓬勃發展的事業，其中包含流行一時的飲食法、只有少數人能買到的特權藥物，還有各路背德投機分子、叫賣人與自稱療癒者所兜售的可能治療方式。燕麥治療、豆類治療、馬鈴薯療法、萊姆水、甜酒、餿掉的肉、高碳水化合物、低碳水化合物、高脂肪、低脂肪、騎馬、不吃任何植物，甚至是鴉片，每個都曾被當作治療幼年型糖尿病的奇蹟處方。

這些治療（藉由有著柔和聲音與紅著眼睛的江湖郎中兜售著）使得許多孩子抱著希望死去，而他們家中寶貴的存款就在過程中一點一滴流失。這就是一個會殺人的好意。

「我們需要一些時間思考。」休斯說。

「當然。」艾倫難掩自己的失望。

「當然你們需要一些時間來思考。」艾倫重複著。「但是我最在意的是伊莉莎白的需求。」

安東妮生氣了。

「我們都希望伊莉莎白好。」休斯說。

「這樣休斯先生應該能了解，對於一個像是伊莉莎白這樣診斷結果的人來說，時間是最奇貨可居的。如果你們耗得太久，時間就會替你們做出決定。」

休斯從自己的座位上站了起來，在安東妮開口說話前把艾倫帶往門口。不太需要看向她，他都能知道她耳朵邊緣現在應該已經像是一絲絲的甘草糖般地泛紅。

「謝謝你，艾倫醫師。」查爾斯打斷了他。

「我無法充分向你們表達……」

查爾斯又再次打斷他：「請相信我們會用盡全力早日做出決定。」

「你們應該會覺得這本書很實用。」艾倫把手中的書遞給了休斯。

不到一分鐘，艾倫就站在休斯家門外的人行道上，在太陽下瞇著眼，心裡希望著自己沒有放火燒掉通往善意的橋樑。賣蛇油應該是比這個更簡單的工作，他當時這樣想著。

有那麼一刻，他想像著自己剛剛離開的是一個迥然不同的會面，一個雙方都很開心的會面。他的口袋裝滿了鈔票，然後安東妮手中緊握著一瓶由青蛙牙齒、鯊魚眼淚與美國毒蜥口水蒸餾而來的神奇靈藥。休斯拍著他的肩膀，跟著他站在門口笑著。

艾倫起初漫步走著，但當他一離開休斯家的視線後，便馬上招了輛計程車。過了一會兒，他在車子的後座反覆緊咬著自己的下顎，就好像咀嚼著每次類似的會面後就一直困擾他的問題：一個母親怎麼會考慮拒絕能讓自己孩子免於死亡的治療？

5 一九一九年四月，紐約市，當天下午

艾倫離開之後，查爾斯馬上動身前往自己位在曼哈頓下城百老匯九十六號的辦公室。查爾斯走了將近五英里，他穿著深色精紡的西裝、春天的長外套、帽子與黑色皮鞋。行程拖得有些晚，因為他必須強迫自己不時停下來，好回應人們對他的招呼。當他走過某條小街或大道，很少不遇上有人脫帽致意或是認可點頭示好的。

當他看到了三一教堂極具代表性的哥德式尖頂，非常慶幸能夠享受前廳那涼快又灰暗的隱蔽所帶來的隱私。他走到裡頭，呼吸著焚香所飄來些許甜甜又煙霧瀰漫的氣味。這是他很熟悉的氣味，三一教堂就在他辦公大樓的正對面，雖然他不是聖公會教徒，但不時會在上班日來到這裡，思考某些特別煩人的法律問題。通常教堂裡墳墓般的氛圍能讓他的心情好轉，因為那提醒著他生命是有限的，而個人無甚重要，於是便能把瑣碎煩人的問題帶往正確的方向。他走向一張長椅坐了下來，涼涼的空氣像是聖人石膏像的手掌輕撫過脖子，他靜靜閉上眼睛。

通常在那之後，查爾斯便會走回對面的辦公大樓，守衛與電梯操作員都會稱喚他的名字打招呼。他們會引領查爾斯在他的樓層出電梯，接著他應該會走進兒子的辦公室，訴說起今天與艾倫的會面。但是此刻，他選擇靜靜坐在這黑暗中，讓查理清朗地在辦公室工作，不拿艾倫冷酷的預言去打擾。他想像伊莉莎白在威徹斯特（Westchester）森林中跋涉，愉悅地走在大樹之下，歡欣地喊著這些樹的名字。查爾斯的孩子當中，伊莉莎白是最投入大自然的一個。查理很聰明、海倫很有靈性、凱薩琳很社會化，而伊莉莎白則是熱愛地球上的所有事物：金龜子與鳥、貝殼與石頭、季節與潮汐。

伊莉莎白出生時，與年紀最近的手足凱薩琳差了有九年，起初被視為某種自然恩賜。查爾斯與安東妮默默相信，伊莉莎白是為了某個偉大特殊的目的而誕生；所以對他而言，伊莉莎白提早離世將不僅是個悲劇，也等於證實了自己的想法是錯的。他一邊想著，眼睛一邊感到刺刺的。

倏忽間，他從硬硬的長椅站了起來，然後走向對街。他將自己完全投入在工作之中，彷彿藉由專業的力量，能夠戰勝他無能為力的兩個女兒的噩運。「我相信工作、努力工作、長時間工作。」他常常說道，「人類不會因為過勞而崩壞，但是會因為擔憂與散漫而崩壞。」休斯一直保持高強度的工作，在一九一八年十一月至一九二一年二月期間，一共在最高法院進行了二十五場辯論（其中包含三場再辯論）。

那天傍晚回到家後，他將與安東妮做出決定，就如同在那之前曾經做過的許多抉擇。他們會藉由詰問來獲得答案，而且不僅只是問問題，而是窮追不捨地挖掘，一直問到問題本身還有提問人都精疲力竭並有明確方向為止。

理性是他的信仰。在父母的反對之下，他追求的職涯是法律專業，而不是順著他們的希望加入教會。然而今天，他發覺自己一直在想稍早艾倫醫師提出的問題，是否能夠用理性來解答。捫心自問，在那樣的狀況下，他能提得出任何反駁嗎？如果他不能依靠理性，還能依靠什麼？

查爾斯與安東妮一直以來依靠著彼此，也仰賴這樣的力量。

安東妮想到了伊莉莎白從威徹斯特森林回到家時，紅潤並沾著一些泥巴的臉。她的夾克口袋會裝滿石頭、松果與翅果。回到家後，她仍然精神奕奕，卻因力竭而顫抖著，通常就直接上床睡著了。

「我們就讓艾倫醫師權且一試。」安東妮開始說，「讓伊莉莎白活下去等待有效療法的出現。覺得療法快要出現了很愚蠢嗎？為了我們出現？尤其是在它閃避了那麼多人又那麼多年後。就算治療法出現了，艾倫醫師難道不會有利益衝突嗎？艾倫醫生必需要靠他人生病而且嚴重到得找他治療，才得以營生。」

「可是親愛的，你真的相信如果治療方法出現了，他會遲疑且不提供給病人嗎？」

「我想他有受到希波克拉底誓詞的約束，但是治療所不是適合伊莉莎白的地方。」

查爾斯想起了自己的父親，十年前過世的大衛・查爾斯・休斯牧師（David Charles Hughes），這位有著威爾斯（Welsh）血統的衛理教會（Methodist）窮困牧師，對於自己的獨子在精神、生理與心靈面都相當寵溺。在老休斯先生寫給大學兒子的信件中，可以看到其涵蓋內容非常廣，從穿著暖襪子的重要性到打牌的危險都提及了。查爾斯好奇他的父親在這個狀況下會說什麼。基督教會要求信徒相信天堂的安排，讓一切回歸自然嗎？讓一個孩子活在地獄中，如果那是她唯一生存下去的方法，這樣做是對的嗎？查爾斯覺得父親這輩子似乎沒有一刻需要深思熟慮或是懷疑自己。

查爾斯聽過父親洪亮的嗓音吟詠著禱告能改變任何事，於是查爾斯與安東妮在書房裡雙雙跪了下來開始禱告。他們祈求伊莉莎白的康復，他們感謝了海倫的復原，他們祈求擁有更多的信心，他們祈求擁有接受任何事情發生的力量。他們也感謝擁有選擇的特權。他們祈求上帝在方方面面引導他們思考，然後他們坐在一起等待並傾聽。

查爾斯在五歲時就已經在讀聖經了，而母親也開始教導他法文、德文與算數。父母為他註冊就學，不過幾週之後他便感到無聊。他主動向父母提交了一份替自己準備的，名為「查爾斯・伊凡・休斯課業計畫」的文件。這個計畫是為了向父母證明他能夠在家教育自己，而且比學校老師做的還要好。這個計畫詳細描述了每天的日程與課表，包含了每天早起完成課業，這樣下午就可以與鄰居男孩一起打棒球或玩酒吧扮演的遊戲了。他的父母同意了。到了八歲，他已經讀完了《天路歷程》（*Pilgrim's Progress*）、《魯濱遜漂流記》（*Robinson Crusoe*），還有幾乎所有莎士比亞的戲劇，其中他最喜歡《暴風雨》（*The Tempest*）、《第十二夜》（*Twelfth night*），以及《溫莎的風流婦人》（*The Merry Wives of Windsor*）。

黎明將至，外頭晨光灑落，精緻的櫻花從樹上呼出了一股輕盈的氛圍，環繞著第五大道；而公園大道上窗檻花廂中喧鬧的紅色與黃色荷蘭鬱金香，宣告著春天的來到。儘管從各方各面來看，他們選出的是個最艱難的選項，查爾斯與安東妮還是決定雇用護理師，盡可能把伊莉莎白留在家中，以非住院的方式來遵從艾倫的治療模式。為了讓伊莉莎白認真配合，他們必須告訴伊莉莎白診斷結果，以及更糟的是她的預後。他們也必須告知到府的幫傭們，並且堅持幫傭需要遵從與慎重對待這件事。他們也必須讓伊莉莎白離開學校，關於這點有她父親的先例可以遵循。

查爾斯與安東妮舉步維艱步上二樓之時，那些深根在這個城市的麻雀、鴿子與八哥，已經展開牠們的晨間對話了。當他們走到樓梯頂端，並不知道伊莉莎白不久前還占據著這個區域，她聽見了整個討論過程，睡衣被她緊緊地抓成了一個球，好藉此壓抑自己的恐懼。

6 一九一七～一九一八年，加拿大多倫多與法國康布雷

第一次世界大戰的死傷是前所未聞的。史上第一次空戰充盈天際，天空滿是火與煙；德國的U型潛艇則攻破了英國皇家海軍最精銳的艦隊。這場戰爭中出現了坦克、飛船、機槍、使人眼盲的化學氣體，以及射程強化的武器，包含了全球最大的榴彈砲大貝莎（Big Bertha）。一戰恣意地奪走生命，大不列顛與其帝國折損了超過百萬名軍士、法國一百三十萬、俄國一百七十萬，而德國及其盟友則是三百五十萬。戰事進行的時間，每天失去的生命超過五千人。為了遞補這些毀滅性的人力損失，英國總共通過了五個版本的徵兵法案，每次改版所涵蓋的範圍就越來越廣，直到最後一個版本，不論已婚或未婚，不分職業，年齡從十七到五十一歲的男性全都在徵兵範圍內。在整整毀滅性的三年期間，美國宣稱政治中立地看著大西洋對岸的大屠殺（同時一邊製造著武器並賣給盟軍）。

軍事科技的進展大幅超越了醫療科技的進步，戰場上的傷創是過去醫生們從未見過

的：骨頭粉碎成無法復原的片段、各種毀容的顏面創傷，以及一種新興被稱為砲彈恐懼症（shell shock）的神祕狀況。新式武器帶來的毀滅性傷害與壕溝中令人作嘔的衛生環境，讓戰場需要越來越多的醫療人員投入。

英國發聲求救，加拿大也回應了。多倫多大學醫學院將第五年也就是最後一年的課程重新整理濃縮，讓一九一七年的畢業生可以提早一年畢業，然後送到海洋的另一邊。畢業的同時，整屆一九一七年畢業生就被收編進了加拿大陸軍醫療隊（CAMC〔Canadian Army Medical Corps〕）。實際上，他們最後的學分得要在壕溝裡才能拿下。一九一七年多倫多人口有近九成是由盎格魯—凱爾特（Anglo-Celtic）族群組成，加拿大的國歌就叫做〈天佑吾王〉（God Save the King）。英國國旗（Union Jack）非常顯眼的出現在加拿大紅船旗[1]（Canadian Red Ensign）上。五十萬名加拿大士兵在歐洲作戰，喪生的超過六萬人。

佛德列．班廷，一九一七年時的平凡學生，是最早那批自願者中的一員，那已是他第三次嘗試報名了。一九一四年八月五日，他第一次去軍隊招募中心，那是加拿大宣戰後的第二天，然而他悲慘的視力讓他無法錄取。同年十月他又試了一次，再度被拒。到了一九一六年十二月，因為他受過醫學訓練，加上當時死亡加劇所滋長的絕望感，讓之前的不可能成真了。這將是班廷生命中重複多次的經驗之一——儘管證據與機率老是不站在他這邊，他卻在屢屢失敗之後仍然堅持嘗試，而後取得了成功。

班廷是蘇格蘭與英國裔，家族在十九世紀中葉來到加拿大。班廷在一八九一年出生於安大略省阿來斯頓（Alliston），父母是瑪格麗特（Margaret）與威廉（William）。他在四個孩子中排行最小，有一個姊姊、三個哥哥（其中一個幼年早夭）；與他年齡最近的是大他四歲的姊姊。佛萊德（Fred，佛德列的暱稱）與媽媽瑪姬（Maggie，瑪格麗特的暱稱）特別親近。

每個班廷家的兒子年滿二十一歲時，父親都會饋送一匹馬、一套馬具、一輛馬車，還有可以自由運用的一千五百元。班廷的哥哥們都把錢用於建立農場，而佛萊德則選擇把錢用作教育費。

進入多倫多大學維多利亞學院時，他腦海裡還沒有什麼特別的想法。如同查爾斯・伊凡・休斯的父母，班廷的爸媽也希望他可以追隨教會的腳步。雖然他在大學時期維持

1〔譯註〕加拿大紅船旗，於一八九二年至一九六五年間被當作加拿大聯邦政府非官方國旗，上頭浮印了英國國旗。一九六五年二月之後，加拿大國旗才改成目前大家熟知的楓葉旗。

每週日上教堂的習慣，但多半只是為了讓母親開心。他感興趣的是藝術，唱起歌來是個好聽的男中音。他的運動細胞也不差，踢足球之外也打棒球。雖然班廷很享受大學生活，成績卻不算太好，他需要重修英文寫作，而且終其一生都有拼音障礙，不過他仍然堅持著繼續往前衝刺——因為他知道如果失敗了，就得回家打掃雞舍、打穀，還有修繕圍籬。

有個故事曾說到，班廷對醫學的興趣，始於某次目睹兩個男人從鷹架跌落受到重傷。當下他跑去找醫生求救，對於醫生來到後，原先聚集在傷者周圍的群眾所採取的行動，印象深刻：群眾立刻散開，並且站在一段禮貌的距離外，看著醫生以可靠穩健的雙手開始工作。

伊蒂絲·羅奇（Edith Roach）也是班廷敦促自己進步的計畫中，重要的一環。他們在一九一一年夏天相遇，伊蒂絲的父親是衛理教會牧師，把全家遷徙到了阿來斯頓。她也是維多利亞的學生（在校學習紀錄大大優於佛萊德）。班廷中尉在一九一七年二月離開多倫多之前做的最後一件事，就是送了個戒指給伊蒂絲，並請伊蒂絲務必等他歸來。

班廷的船橫跨了大西洋，在英國東南之極的肯特郡（Kent）登陸，駐紮在威斯特漢格（Westenhanger）CAMC的營地。他輾轉從那兒到了藍斯蓋特（Ramsgate）的孔維勒加拿大特殊醫院（Granville Canadian Special Hospital），與來自多倫多備受尊敬的骨外科醫生克倫斯．史達爾（Clarence Starr）一起工作；這位醫生將在班廷未來的生命中扮演重要的角色。儘管這樣的安排對於一個菜鳥外科醫生來說，算得上是很棒的訓練機會，班廷卻蠢蠢欲動急著要上工，而他很快就會有機會了。

醫療兵團的戰爭死傷比其它部門要來得高。在西邊的前線，抬擔架的人員、救護車司機，還有醫生與他們醫治的士兵，一同接受彈炮的洗禮。一九一七年冬天，班廷被送去取代一名在康佩（Cambrai）的醫生，那名醫生在自己被擊毀的家中從窗戶探頭望外，結果被彈片擊中死亡。

康佩約在巴黎北方一百英里、比利時西南方一百英里；大戰期間落到了敵軍手中，並被認為是德軍前線的關鍵位置。雖然今日，康佩的戰場是一戰西方前線戰場中觀光客最少的，但在一九一七年十一月始於此地的戰事，會永遠被軍事紀錄給繕載；那場戰爭是史上第一次（攻擊方式革命性劇變後所應用的第一場戰爭）同時運用了坦克車與空軍進行大規模攻擊。當時被擊潰的德軍曾認真研究這個戰術，並於日後發展出成功運用於二戰的閃電戰術（blitzkrieg methods）。

身為第四十四營區的醫官，班廷服役於第十三野戰救護車，並且駐紮於康佩附近一個叫做紫丁香農場的地方。第十三野戰救護車指揮官是安德森中校（W. H. K.

Anderson）；而班廷的直屬長官則是第二順位的帕瑪少校（L. C. Palmer），他是位頗有能力的外科醫師，與史達爾一樣在班廷未來的行醫之路上扮演了重要角色。佛萊德很受同袍歡迎，他會在工作之間的喘息空隙與大家踢踢足球、打打排球。他在壓力之下能維持冷靜，同時也非常勇敢。一個廣為流傳但沒有信據的傳言提到，某回他走進一個德國防空洞，手邊僅有的致命武器不過是根手杖，最後走出來時卻帶了三個德軍，且還有本事讓他們立刻加入工作行列動了起來。關於這部分在官方歷史中有一段這樣的記載：

> 第四十四營區醫官F. G.班廷上尉向前進攻——他更利用了自己的醫療專業在德魯理（Drury）採石場建立了第一個醫療站。他的貢獻遠超出了文字所能敘述的讚美。他讓一名被捕的德軍醫療人員協助自己的工作；他不停進行手術——清創了數百個傷口，且不僅限於自己單位的傷兵。

醫療站是臨時開刀房，設在任何能利用的建築物內，好比穀倉、農場或天然防空洞。傷者會坐在由馬拉動的救護車上，從戰場撤出。擔架搬運員則是將傷者從救護車搬往醫療站的開刀房；晚些還會負責再搬回救護車，載運往距前線較遠的傷亡處理站。

紫丁香農場的醫療站就設在一個離火線不遠的半毀穀倉，班廷上尉常常在德軍猛烈砲火下穿梭。許多戰士的傷都是慘烈且災難性的，幾秒鐘之內就必須要下一個外科判斷，截肢很常見。那個年代磺胺類的藥物還沒問世，因此感染是戰爭期間外科醫師總是在擔心的事。當面臨要選擇替一個可能感染的傷口換藥，還是乾淨衛生的切下那個肢體，通常會選擇後者。

在前線，大家都知道飛過來的砲彈會伴隨很長的哨聲，接著才會爆炸。班廷隊上的某個義大利擔架搬運員，可以用耳朵分辨出這個砲彈是「過頭頂」（意思是人可以繼續保持站立），還是「地面炸開」（也就是應該要平貼地面尋求遮蔽）。而讓帕瑪少校意外的是，班廷的耳朵竟已訓練到可以什麼都聽不見。帕瑪不時會看到班廷認真專注地看著解剖手冊，完全忽視身邊那些正在鬼吼鬼叫的砲彈聲。

一九一八年九月二十八日，班廷正在紫丁香農場醫療站執刀。由於之前的部分人員傷損，所以只有帕瑪與班廷兩名軍官在場。那天早上，德軍用的是高速砲彈（Whizzbangs），這類砲彈飛過來時不會有沖天的吼叫聲，著陸爆炸的前幾秒才聽得到聲響，連義佬擔架搬運員都被混淆了。

德軍已經在撤退了，但一路上炮火仍然猛烈。一位加拿大籍砲兵軍官在穀倉架了一門十八磅砲，瞄準了山脊附近的德軍。德軍極度希望除掉這門砲，於是瘋狂地朝著穀倉擲來高速砲彈，密度高到讓加拿大人以及他們的德軍俘虜如驚弓之鳥。其中一名俘虜（德國少校）冒險跑了出去，在農舍台階上欣賞著彈片形成的風暴，幾乎立刻就在原地被彈片割掉了頭。

一片彈片割破了班廷的袖子，並且嵌入他的右前臂，造成了一個很深的傷口，不規則的彈片切斷了他的骨間動脈。帕瑪扶著他的肩膀，將他帶到一面磚牆後尋找遮蔽掩護，並迅速在他的手肘綁上止血帶、移除碎片，然後敷上了藥。

帕瑪指向了一輛救護車，命令班廷前往傷亡處理站。在這一刻之前，班廷毫無異議地全盤接受這位直屬長官的協助，但是當他望向空無一人被棄守的醫療站，他乞求能夠留在附近，很顯然這裡需要他。彈殼大量猛烈地在週遭砸下來，已經沒有時間爭吵了！正當帕瑪要這樣告訴班廷時，一個傳令兵帶了個消息來：盟軍已經拿下康佩了，那邊現在需要一個新的醫療站。帕瑪猶豫了，想著是否要帶著班廷一起過去。後來帕瑪決定前往康佩，帶上一些士兵去幫忙治療，他命令班廷搭上救護車，然後就離開了。

在康佩，坦克車壓爛了被雨水浸泡的大地，幾乎找不到地方架設醫療站。突然間激烈反擊襲來，德軍再度占領了這個城鎮。在德軍又魚貫回到鎮上後，帕瑪躲入了地窖，在那裡，他可以清楚聽見頭頂上傳來的德國靴子聲。他似乎在那兒蹲伏了好幾個鐘頭，幾乎不敢喘氣，期望不要有任何士兵興起探查地窖的念頭。到了午夜，英軍再度前進，德軍又撤退了。而在紫丁香農場這邊，傷者持續以穩定的流速送進來；班廷以自己最快的速度照料傷者，並且調度將他們送往自己幾個鐘頭前被命令前去的傷亡處理站。每當有擔架進來，他都告訴自己再處理這一個就好，或者是大量投擲的砲彈片刻止歇時，他就動身前往傷亡處理站報到，並且讓手臂接受檢查。好幾個小時就這樣過去了，每當班廷決定動身，就會看著眼前躺著的年輕人，並自問難道要遺棄這張年少的臉孔嗎？答案永遠都是「不」，下一個吧。帕瑪少校歷經苦難，回到紫丁香農場已經是凌晨四點了，看到班廷依然站在手術檯前，他大感驚訝，竟然跟十七個小時前他離開時的景況一樣。

帕瑪抵達時，班廷正強迫自己用著已經僵直的手指，操著剪刀來剪開浸滿鮮血的褲子。帕瑪視線越過班廷看向遠方的牆邊，那兒躺著一具又一具沒打算送往傷亡處理站的屍體，上頭蓋著一張張骯髒的布。帕瑪抓著班廷的左肩，非常嚴厲地瞪著這位外科醫師沾滿血的髒臉。班廷不帶惡意與恐懼地回看他。

「長官，請問我應該丟下誰吶？」他問著。班廷對著眼前擔架上正在流血的士兵點了點頭。帕瑪往下看，竟是那名義佬擔架搬運員。義佬左邊下顎已不知去向，而稀爛的臉部組織整個灑在襯衫上，就像一件用血製成的圍兜。組織上面有著細小白色的碎骨片點綴著。他的左眼因為腫脹睜不開了，右眼則充滿恐懼一直盯著帕瑪。帕瑪一語不發地走開了。

當班廷處理完那個義大利人，並安排將他後送到傷亡處理站後，帕瑪再度出現。帕瑪用手架著班廷的脖子，把他帶往了救護車。班廷過度疲倦而滿臉憔悴，也因為失血而感到虛弱，所以沒有任何抗拒；他放鬆了下來，坐到了駕駛身旁，不過幾秒鐘他的下巴便垂頓到了胸前。帕瑪敲了敲車頂，車子迅速在泥濘充滿彈殼的戰地上，帶著熟睡的醫官開走了。

到了傷亡處理站，班廷被施予了嗎啡，並被告知將要後送英國。接下來，他就發現自己抵達了曼徹斯特的第一總醫院，身上的傷口已經清創了。班廷聯絡了在多倫多認識的高利醫生（W. E. Gallie）。很快的許可就下來了，高利迅速出現在曼徹斯特，前來檢查班廷的前臂。他認為前臂後頭的傷口受到感染，尺神經也受到了損傷。班廷被轉到巴克斯頓（Buxton），醫護討論著是否應該截掉他的手臂。外科醫師告訴他有兩個選擇：一個是失去手臂，而另外一個則若是感染惡化，就會失去性命。這是他常常提給別人的兩難選項，沒想過自己會成為接受訊息的一方。他無法接受這件事，他用力、憤怒抵抗著，沒有人敢逆著他。更甚，他堅持只有自己可以主導自己的治療。最終他贏了，外科住院醫師隨他去，讓他自己去賭一把。果不其然，在他的感染改善之後，有些人對於結果是相當意外的。

班廷拒絕接受軍令，替他贏得了軍功十字徽章；他拒絕醫療建議，替自己贏得了繼續使用右臂的權力，而這隻手將讓他得以拯救數百萬名糖尿病孩童，他就是艾倫醫生一直深信即將到來的醫學突破。

7 一九一四～一九一八年，戰爭、和平與政治

一九一六年美國總統大選，民主黨推薦了現任總統伍德羅．威爾遜為參選人，整個國家被一個核心問題圍繞著：美國到底應不應該參戰？在超過兩年的痛苦時光裡，歐洲承受著滔天的損失，美國卻站在一旁乾看。當下的美國是個由近代新移民組成的國家，許多美國人與歐洲有著不少的牽連，其中很多人正哭喊著要美國參戰。與威爾遜打對台的正是史上唯一為了參選美國總統而辭去最高法院職務的查爾斯．伊凡．休斯。

威爾遜的競選標語是「他讓我們不受戰爭波及」，而查爾斯．伊凡．休斯同意美國應該保持中立，但有許多人認為這個國家的被動態度是可恥的。

四十二歲蘇格蘭裔的約翰．詹姆士．理克．麥克勞德（John James Rickard Macleod），就堅持著這樣的想法並有些狂熱。他是美國最傑出醫學院之一——俄亥俄州克里夫蘭凱斯儲備學校（Case Reserve Medical School，現凱斯西儲大學）醫學院生理部門的主管。生理學屬於生物科學學科，主要研究正常機制（動植物組織與器官）的

物理與生化過程，包含營養、運動與生殖。在克里夫蘭，麥克勞德自視為醫學權威以及廣受歡迎的教師。他在一九一三年發表了專刊《糖尿病：它的病態生理》（*Diabetes: Its Pathological Physiology*），他還發表過雜誌專文、合著書，以及許多教學講義；這本專刊只是為他龐大的著作清單，增添一筆無甚特別的紀錄。他的職業生涯向上攀升的同時，攀升的還有來自歐陸的壓力，他與妻子兩家的親族都還住在那邊。自從搬到俄亥俄州，麥克勞德每年夏天都會在蘇格蘭的亞伯丁（Aberdeen）度過，但一九一四年英國參戰之後，這些跨洋旅行就終止了。

約翰是一位努力工作又廣受歡迎的蘇格蘭自由教堂（長老會）牧師之子，他是五個孩子中最年長的，有兩個弟弟、兩個妹妹。弟弟克萊門特（Clement）追隨他的腳步從醫，一九一四年十一月被徵召入伍，因加入了皇家陸軍醫療部隊（RAMC）而來到法國。美國在大西洋對岸觀視時，全美氣氛越來越讓人焦躁不安，麥克勞德家的長子亦如是。一九一五年五月，德國擊沉了豪華郵輪盧西塔尼亞號（Lusitania），致使一百二十八名美國公民喪生，麥克勞德很肯確美國終於要參戰了。這個悲劇在美國人間形成公憤，讓反德情緒高張並獲得支持，許多德裔美國人因此受害。威爾遜向德國傳遞了三次正式訊息，用字遣詞一次比一次強烈。有些美國人反對威爾遜的作法，認為他太過軟弱，而另一些卻譴責他過分激烈。時任國務卿威廉·詹寧斯·布萊恩（William Jennings Bryan）為了抗議威爾遜處理的方式而辭職。

一九一六年七月一日，正當威爾遜與休斯遍歷全美進行總統大選宣傳之時，索姆河戰役（Battle of the Somme）開打了。這是英國陸軍史上最血腥的一日，英方的死傷共計五七四七〇人，其中一九二四〇人死亡。麥克勞德焦慮到快抓狂了，面對如此毀滅性的傷亡，美國的領導人為何還能繼續保持中立的立場呢？四月，德國首度使用毒氣，此時美國人正哼著歐文·柏林（Irving Berlin）與漢迪（W. C. Handy）的歌，福特的第一百萬輛汽車在生產線上組裝完成，格里菲斯（D. W. Griffith）著名的史詩級南北戰爭電影正放映著。

麥克勞德的絕望感刻薄地惡化了他的人際關係。他對於大學校長、學院院長、董事、學院的某些成員，甚至整個美國，越來越加強批判力度。他的太太身體不好。他的弟弟羅伯特（Robert），出海擔任機械工程師時，神祕地在馬來半島身亡。已經在外將近三年的另一個弟弟克萊門特得到了結核病，即使後來獲頒英國軍功十字勳章，仍被送回亞伯丁等死。

在威爾遜展開總統連任競選的數個月之內，當初喊著「他讓我們不受戰爭波及」口號的人，承諾起要將美國軍隊送往大西洋彼岸。美國遠征軍於一九一八年春天開始接受訓練，他們將成為美國境外最大的兵力。但是對於麥克勞德而言，這一切都太遲了。

在凱斯西儲大學醫學院服務十五年之後，麥克勞德下定決心終止被外人認為極度成功的事業：一名多產的學者與教師。對他而言，美國遺棄了大英帝國，所以他也要遺棄美國。一九一八年，他辭去了生理學教授的職務。

麥克勞德是研究碳水化合物及代謝的世界級權威，任何美國的醫學院都會很樂意讓他的名字出現在自家的員工名冊。如果他選擇了哈佛，就會與喬斯林親近；如果選擇了耶魯，就會與艾倫比鄰。後來麥克勞德轉任到了多倫多大學，這是個很刻意的選擇，好將自己重置於大英帝國所轄。

一九一八年六月，約翰與瑪莉・麥克勞德（Mary Macleod）搬到了多倫多羅絲戴爾區（Rosedale），住進一棟由英國建築師建造的英國鄉村風房子。多倫多大學校長羅伯特・法爾科納爵士（Robert Falconer）從一九一六年起就與麥克勞德有所往來，他知道簽下麥克勞德加入醫學院相當於一場大比分的勝利，但他不知道的是這個勝利會有多大。單單這個動作就讓這間大學在歷史上留下永不抹滅的痕跡，並將為加拿大鞏固史上第一座諾貝爾獎。

8 一九二〇年四月，紐約州，格倫斯瀑布鎮

查爾斯．伊凡．休斯坐在書桌前，手中拿著一封信，邀請他一九二〇年六月前往衛斯理學院畢業典禮致詞。他的二女兒凱薩琳是畢業生中的一員，數個月前答應致詞時，一點也沒有預料到，或許六月時凱薩琳可能會是他僅存的女兒了。這個四月天午後，他正努力構思面對一群年輕女生，應該說些什麼滿懷希望的話語，又或者起碼擠出點擁有希望的內容。自從艾倫下了診斷，這一年來他們過得疲憊不堪。

一九一九年春天，海倫在參加期盼已久的瓦薩學院同學會前的一個月重返職場。她本來期待與朋友們共度愉悅熱鬧的週末，卻又突然病倒了。這回醫生們送來的不是好消息。一九一九年七月，令休斯夫婦極度吃驚的是得知海倫正被結核病末期折磨著。

休斯家向來講求隱私、尊嚴與禮節，因此對於海倫的病情，他們的做法與對待伊莉莎白一樣，盡可能保持低調。安東妮、海倫、伊莉莎白與布蘭琪（Blanche）搬進了紐約格倫斯瀑布鎮（Glens Falls）的租屋裡，查爾斯在格倫斯瀑布鎮楓葉街的這幢小房子度

過了幼年期。格倫斯瀑布離薩拉托加泉鎮（Saratoga Springs）和波爾斯頓斯帕鎮（Ballston Spa）都很近，這兩地皆以療效極佳的水療聞名，並互相競爭著「水療之后」的稱號。在一九一九年，回復健康與活力的治療包含了新鮮空氣、陽光、休息，以及「浸入水中」。每年夏天，光是紐約市的觀光客來訪這一地區的就數以萬計。

薩拉托加著名的泉水聞起來有些像臭掉的雞蛋，有時像是濕狗毛，有時則冒出浸泡在海水中鋼鐵的味道。儘管如此，尋求健康的遊客還是非常熱中在設計漂亮的國會公園漫步，那裡的每個大理石噴泉各自與地底下的溫泉直接相通，像是珂伊莎泉（Coesa）、海索泉（Hathorn）、蓋澤間歇泉（Geyser）。每支溫泉都有獨特的礦物組成、碳化程度，以及醫療屬性。舉例來說，蓋澤間歇泉會被處方予胃酸過多的病人，海索泉則是建議便祕的病人使用。

整個夏秋兩季，查爾斯週週通勤兩百英里，往返於格倫斯瀑布鎮與曼哈頓之間，他週六會來到這裡，週日回到城市。這是個令人疲乏的行程，他總是自己開車，以令人驚懼而急躁的速度前行。某個例行週末，安東妮警告著說，自己只有氣力照顧一個病人，如果他很堅持要這樣開快車發洩，那他必須等到海倫完完全全康復才可以。海倫正努力這麼做，急切地想要回到她的夏日避風港——寧靜的錫耳弗貝校區；那在格倫斯瀑布鎮北方三十五英里，似乎是個無法橫越的距離。她已經虛弱到連從床邊走到前廊都很勉強了，途中還得飽受咳嗽之苦，咳到整張臉都成了駭人的紫色。這讓她體力上、心靈上，還有情緒上都感到耗竭。

到了一九一九年夏天，伊莉莎白與她的護士布蘭琪．伯吉斯（Blanche Burgess）已變得形影不離。布蘭琪是位來自新英格蘭的三十歲戰爭寡婦，沒有丈夫或孩子的牽絆，讓她得以全心投注在伊莉莎白身上。她們倆大多待在家中，但也有固定的週期會住到艾倫的療養院，藉以讓伊莉莎白接受評估與治療，而布蘭琪也得以獲得更多的訓練。不管到哪兒，布蘭琪總會隨身帶著小磅秤、刻有一百C.C.刻度的圓筒量杯，還有一些尿液檢測所需的器材與溶液。伊莉莎白似乎在住院期間適應良好，艾倫很希望伊莉莎白在幾乎天天寫給母親的信中可以提及這一點。

一週接一週的過去，當海倫的狀況越加嚴重，伊莉莎白的信就越日益有活力，似乎很努力地想要平衡母親的絕望感。她把這些又長又多話信件的收件人暱稱為「最親愛的媽咪」（Dearest Mumsey）。她對攝影著迷，不時善用著自己的新相機。「物理治療所」（The Physiatric Institute）是相關領域的診療機構中，第一個架設廣播提供病人娛樂的，每個房間都有一副耳機，每個公共空間則都有擴音器。伊莉莎白是報紙與冒險故事的狂熱讀者，她的信件都會署名「ME」，這個簽名太富感情，以致每次安東妮看到時，腦海都會浮現伊莉莎白跺著腳大聲吼道「我還在這兒」的畫面。

從七月到了八月，沉悶的氣溫降了下來，傍晚充滿了蟬、蟋蟀，還有春雨蛙的歌聲。安東妮與查爾斯越來越寵愛日漸虛弱的海倫，她正如同字面上形容的「淹沒在自己的床上」。當她的狀況越差，睡得也就越多越沉。睡夢裡是輕盈的，夢裡的生活是她不曾有過的生動與真實。在夢中她常常走在錫耳弗貝柔軟的草地上，第二天醒來，她甚至覺得自己好像真的去了一趟，在那兒呼吸著甜美輕鬆的空氣。

查爾斯形容海倫是「一道陽光」、「極度純粹的黃金」、「一個罕見的歡樂靈魂，不僅影響家人，也感染了身旁所有人」；她將自己貢獻在善行上，實現了我理想中的美麗人格。整個秋冬，她就在步步近逼的濕漉黑暗中掙扎，就像《哈姆雷特》（*Hamlet*）裡被溺斃於充滿蘆葦溪流的歐菲莉亞（Ophelia）一樣。她蒼白凹陷的胸膛，每吸入一口淺淺的空氣，就像刀一般地割劃著她。

一九一九年的耶誕節對休斯家來說是個蒼涼的時節，唯一的亮點就是查理帶著妻子（海倫在瓦薩學院的同學瑪裘瑞〔Marjory〕），以及兩個兒子（四歲的查爾斯．伊凡．休斯三世、三歲的亨利．史都華．休斯〔Henry Stuart Hughes〕）來訪。僅有六十二．五磅的海倫，看著兩個姪子開心地享受著耶誕節的新點心「拐杖糖」。

來到耶誕節，伊莉莎白已超出了原先診斷所預期的餘命長度，她在症狀出現後至此活了十二個月。她為感冒與扁桃腺炎所苦，這大大影響了她的代謝。艾倫為了平衡疾病對她帶來的衝擊，正努力調整她的飲食，以維持代謝平衡讓她繼續活下去。

那個冬天，神祕難以捉摸的碳水化合物、脂肪與蛋白質三項組合，似乎每個小時都在變動著。伊莉莎白每日消耗的熱量不到五百大卡，而且正在失去力量與體重，不過起碼她還活著。然而幾個月後，無疑地那些飢餓末期的徵狀就會出現了：肌肉消弱、乾燥又脫屑的皮膚與掉髮。

海倫在格倫斯瀑布鎮的醫師——霍克（Howk），在假期結束後告知了查爾斯與安東妮，他們最大的女兒沒有希望了。

新的一年伊始就愁雲慘霧充滿恐懼的不只休斯一家，一九一九年十一月十三日起，股市開始崩跌了。股市大跌接在短暫的戰後復甦而來，而它也成了戰後問題的一環，一起摧滅著威爾遜總統的健康。股災總共持續了六百六十天，道瓊工業指數從一一九．六二點跌至六三．九點，總共跌掉了約四十六個百分點，不過這個國家很快就會知道有哪些賺錢的方法，只是都是非法的。

一九二〇年一月，美國憲法第十八條修正案[1]生效，也就是說全國性的大規模實驗性禁令生效了，整個美國開始自行一分為二。虔誠的新教派（大多是衛理會、北部浸禮會〔Baptists〕、南部浸禮會、長老會、公理會〔Congregationalists〕、貴格會、信義會〔Lutherans〕）贏得了議會之戰，權力與席次也都向上成長。美國在歷經了暗夜掙扎與憤怒之後，終於回歸創國的精神，一個光明嶄新的時代正露出曙光，這就是海倫長期期盼可以參與的運動。然而，美國不會再回復到戰前的無辜。一群虔誠的人聚集在像是錫耳弗貝之類的地方教導著年輕人健康的心生活，可是同時又有另外一群人在煙霧瀰漫的酒吧裡齊聚。飛來波女郎（Flappers）[2]與酒品走私文化正在萌芽；他們會鬼鬼祟祟聚會，打牌、聽著爵士樂、喝著違禁的威士忌與琴酒。女孩子剪成了鮑伯頭、拉高她們的裙襬、進到車子裡坐到方向盤前，美國就這樣翱翔進了一九二〇年代。

髮型的變化與裙襬高度，在美國女性文化認知改變上，具有相當的象徵意義，長或短的抉擇夾帶著豐富的政治意涵。髮型與裙子樣式是輕易可見的外徵，幾乎沒有留給那些羞澀與未決的人任何空間，也因此，踏出家門就是一種公開的宣告。

在休斯家，這個象徵性的切分，並未如同世代界線一樣的乾淨俐落。海倫保留了長髮，並且像她的母親一樣綁了個傳統維多利亞時代的髮結；雖然她在女性團體工作，但她只是支持卻並未體現未來女性的樣貌。另一方面，美麗活潑的凱薩琳在衛斯理剪短了自己的頭髮，伊莉莎白則是跟了二姊的風。

凱薩琳是三姊妹中最高最漂亮的一個，她從爺爺那兒遺傳到了一雙深色發亮的眼睛。這雙眼睛長在了光滑完美的瓜子臉上，根本是四處魅惑人心。她熱愛時尚，天生就是衣架子，一九二〇年代的款式剛好襯托出那高瘦完美的運動員身材。她很受歡迎，而且似乎身邊總有群年輕人圍繞。在衛斯理的日子裡，凱薩琳熱情與貪玩的舉止，遮掩了家中悲傷的負擔，她在打網球與跳舞時，姊姊與妹妹正躺著等死。

伊莉莎白的體重在六十磅出頭搖擺，艾倫繼續減少她食入的熱量，好讓她的代謝狀況不要進到糖尿病急症的狀態。一九二〇年一月十一日，海倫二十八歲生日，她已經虛弱到無法吹熄蛋糕上的蠟燭。

一九二〇年二月十日，安東妮寫了封信給查爾斯：

1〔譯註〕美國憲法第十八條修正案宣告酒類的釀造、運輸與銷售是違法行為。

2〔譯註〕飛來波女郎是指一九二〇年代的西方新女性，通常穿著短裙、梳著妹妹頭。

> 太感傷了，我從來沒有像這個星期如此絕望如此掙扎。白天的時候我尚可勉強應付，但是到了晚上，一切就會變得可怕猙獰。我以為去年夏天我們經歷過那麼多之後，我已經做好接受任何事的準備，但是我發現自己還沒有準備好接受霍克醫生如此肯定的論斷。我的腦海一片混亂，許多事物與它們連帶併發的影響，讓我快要抓狂了。

當然，其中一項在她腦海中的「併發症」，就是一九二〇年十一月的總統大選，距離當下大概只有七個月。共和黨全國代表大會則將在更近的六月登場，人們已經開始預測休斯將脫穎而出成為共和黨提名參選人。查爾斯沒有她的陪伴就無法參與競選活動，但是當她的兩個女兒似乎在比誰先跑到墳墓之際，她要如何陪伴自己的丈夫進行全國性的競選活動呢？

海倫．休斯再也沒有見到錫耳弗貝，也沒有離開過格倫斯瀑布鎮的房子，她在一九二〇年四月十八日過世，葬於紐約布朗克斯（Bronx）艾爾德大道上伍德朗墓園（Woodlawn）一二六七三號地，與她的祖父母牧師大衛與瑪莉．休斯（Mary C. Hughes），一同安息家族墓地。

伍德朗墓園共有三十多萬住民，占地四百英畝，範圍涵蓋了不少歷史、建築與自然的美景。休斯家埋葬海倫的四月天早晨，這樣的環境似乎有那麼一點點撫慰他們的效果。

安東妮站在棺木旁，從那兒她可以看到隔鄰兩個記念孩子的小石碑。那邊還有個很大的雕像（二十四歲的哥倫比亞畢業生西奧・蒙拜瑞〔Theo Malmberry〕）佇立在休斯家墓園對面，每次他們來掃查爾斯父母的墓就會看到這個雕像。今天早上他們列隊經過時，這個高大天使像哀傷的眼神似乎多了些慈悲來迎接他們。在大戰與流感之間，過去幾年有太多家庭承受了過量的悲傷。

那個早晨的天空是銳利的藍色，墳墓旁挖出了一小丘的土，空氣充斥著刺鼻的泥土味。最後一些頑固的雪融化了，草皮上番紅花正盛開，淡紫、番紅與白色點綴著。墓地旁大銀杏的樹枝鼓起了節正要出芽，整個世界就要從一個又長又暗的夢甦醒了，但是海倫卻永遠也不會了。

海倫來到這個世上時，安東妮的身體完完全全改變了，骨盆被撐開、胸部脹滿了奶，而海倫的離開似乎也對她的身體產生了影響。當她生命的一部分，就像心跳節奏一樣重要的一部分，被緩緩降入又暗又濕的土地裡，安東妮全身上下每一寸都在痛著，她的牙齒、頭皮、眼眶、甲床，痛似乎是她唯一能讓自己不要跟著棺木爬進土裡的方法了。

查爾斯的體態沒了平日的抖擻與直挺，他的脊椎向前彎，好像背了個重物。往後他將會說，海倫的死是他這輩子最大的哀傷之一。直到他離世為止，只要談起海倫，他的聲音中永遠透著顫動。他將一瓢滿滿的土鏟入墓地，土一撮撮地落在海倫棺木上的聲音迴盪在墓園裡悲傷的石頭間；連附近社交禮貌距離外情緒早已漠然的挖墓工人，似乎都被軟化了。出來如花，又被割下（聖經約伯記一四：二）[3]。

好像全世界所有的傷痛都在輾壓著這個已經蜷縮成一團的家庭，他們身上包覆著哀傷的黑色羊毛、臉上沾著濕潤的淚，並且被綑在一個靜止又充滿委屈回憶的石城中，一直折磨著。他們現在看起來如此稀落與脆弱；他們是那麼強大，有地位、特權與希望，但在巨大、昏暗不明與令人困惑的悲痛前，他們的人格與力量似乎是如此搖曳不定的渺小，多可悲啊！出席的有查爾斯、安東妮、查理與妻子瑪裘瑞，還有兩名孩子（滿臉眼淚靠在媽媽膝蓋邊、坐立難安的查理三世與亨利）；再過兩個月就要從衛斯理畢業的凱薩琳面如死灰地撐著；伊莉莎白虛弱到無法參加喪禮，但是她一直出現在她母親的腦海中。

對於安東妮而言，壓力不僅來自海倫的安葬，她腦海中想的是：幾乎同樣的一群人，一年內將再度聚集在同一地埋葬伊莉莎白，到時候海倫墳頭的草可能都還沒有扎根。海倫過世時二十八歲，伊莉莎白可能連十四歲都不到。

不過安東妮錯了，下一個被安置於伍德朗家族墓地長眠的休斯家人，是在二十五年之後，而那個人將是安東妮自己。伊莉莎白不會葬於此，事實上，她根本不會被下葬。

3〔譯註〕參照聖經精選讀本中的解釋。聖經常常用花來比喻人生，是為了強調人生的無常與有限。

9 一九二〇年五月，物理治療所這個點子

海倫葬禮的那一天，佛德列．艾倫醫生在自己第五十一街療養院的書桌前正襟危坐。艾倫面前的深綠色吸墨紙上，放著一個很重的銅鑄紙鎮，紙鎮上刻著「食物越少，生命越長」，這是他旗下忠實又有能力的貝爾．威沙特，在約一年前療養院開幕時送給他的禮物。房間的對面矗立著盒子堆砌成的高塔，新印好的《糖尿病的飢餓（艾倫）療法》才剛送抵。艾倫療法是有效的，雖然許多病人死於飢餓，不過也有不少人雖然辛苦，卻存活超過餘命，只要這些病人還活著，就代表著天天都有治療希望。療養院幾乎常態性額滿。從耶誕節起，伊莉莎白的健康狀況持續有所改善，毫無疑問的是她本身適應能力極強的性格，加上對於療程完整無瑕的順從才可以這樣。

吸墨紙上還有幾封未拆的信件。他拆開第一封，是藥局的發票，買的是尿液檢驗的基本配備：硫酸銅、氫氧化鉀、檸檬酸鈉、碳酸鈉、蒸餾水。第二封是掛號，告知目前療養院及他執業的這塊土地已經被賣掉了，他必須在一九二〇年七月十五日前清空這個

處所。

他的第一反應「憤怒」很快就消散了。這棟建築物的出售，使他對於早已反覆思量許久的改變，終於有了採取行動的理由。他可以預見一所臨床與研究同在一個屋簷下的機構；與洛克菲勒不同的是，他會把機構布置成類似溫泉的處所，藉此鼓勵呼吸新鮮空氣與運動。這個獨特的組合可以吸引知名的科學家與博士後研究生，這些人擁有全世界最好的科學頭腦，他們可以在此探尋糖尿病還有其他疾病的療法。這個機構也歡迎社會上各種階層的病人，負擔得起的人可以享有最奢華的住所，而以慈善名額入住的病人，費用的部分則可以「以工代償」。他還替這個藍圖想了個名字——物理治療所（The Physiatric Institute）。每當想起這個名字，艾倫都很難忍住不笑。Physiatric是從希臘文衍伸來的（physikos〔物理的〕與iatreia〔治癒的〕），這將是全美第一個全力投入研究代謝疾病，特別是幼年型糖尿病的機構。

時間不多了，艾倫的腦子快速轉著，計劃起幾十件漸進式的任務，以便完成他的理想。他坐在書桌前列出清單，手上的筆飛快地在筆記簿上移動，沒多久就寫滿了一整頁。清單上的第一項，就是拜訪查爾斯·伊凡·休斯。

艾倫向休斯家傳遞伊莉莎白致命診斷這個壞消息，距此已經一年了；雖然療養院瀕臨關門（屆時他就真的無業了），但是他從未如此自我感覺良好過。一九二〇年五月初的某個午後，他沿著第五大道走著，正要轉入第六十四街的轉角，他即將要把自己偉大的物理治療所計畫提給查爾斯．伊凡．休斯。他把提案裝進一個很薄的資料夾，期待著呈給那名因審判風格冷漠又嚴格，而被媒體封為「浸信會教宗」的男人。艾倫並不知道休斯是如此渴望提供協助，只要任何能夠讓他病入膏肓的女兒伊莉莎白減輕痛苦，任何可能、任何他能做的事，都是彌足珍貴的。

這已經是艾倫第四次做這樣的簡報了。第一次是向他最信任的同事威沙特小姐吐露，由於她熱烈的支持，接下來他才得以鼓起勇氣向療養院的醫生同事們說明。緊接著在一次全體員工都得參與的會議中，他宣布了療養院即將關閉，並且陳告了這個計畫。

讓艾倫意外的是，這應該是專業領域裡，自己的想法首度得到員工的一致支持，而且每個人都表達了想要追隨投入新體制的意願。回溯艾倫的過往，他總是在人際關係遇上困難，因此員工們這樣的反應深深感動了他。他感覺自己被一股命中注定的力量帶著前行。

穿著制服的女傭小心翼翼帶著艾倫穿越了安靜昏暗的房子，引他進入了休斯的書房。休斯抬起頭來，視線離開了那篇給衛斯理學院畢業生的致詞（他的致詞大略表達了民主的理想需要每個人警惕地力行：承平時期，主流優勢觀點應該敦促持續性的自我犧牲奉獻，以成就更大的公眾利益，否則那些在大戰中因愛國主義而做的犧牲就白白浪費了。）他面帶土色，神情憔悴。顯然的，過去幾個月是有殺傷力的。沒有多餘的簡介，艾倫很快進入正題說明了現況，在告知需要遷址後便把提案交到休斯手中。休斯拿了那捆紙，像荷官發牌似的把前四頁一頁接一頁的攤在書桌上。他異於常人的腦袋正專注在這幾張紙上，似乎他可以同時閱讀四頁，讀完後把這四頁收攏，接著繼續攤開後續的四頁。艾倫安靜地看著，把自己濕漉漉的手掌緊緊握在一起。

提案中描述到要買下「雪松大院」——距紐約市三十八英里，離紐澤西州的莫里斯敦市（Morristown）約一英里，由奧圖．康（Otto H. Kahn）所有。這塊地產鬱鬱蔥蔥，約一百七十六英畝，其中有一百三十六英畝修整為茂盛的花園與綠地，剩下的四十英畝則作為農地。對休斯來說這個地點聽起來很適合賞鳥，也就是對伊莉莎白來說是個理想的環境。

主建築是義大利風格的豪宅，只是放大了很多倍。這個處所的主要起居空間含括了一個側翼廂房，它跟主建築透過一座玻璃覆蓋的亞洲風格塔相連結，總共有四十個房間。這兒足以舒適地容納整個團隊以及三十名自費病人，如果有需要，還可以依需求調整容納超過五十名病人。地上物還有管理員小屋、照顧者小屋、兩個農舍、數個溫室，最棒的就是它還有個牛奶場（原本用於消毒與儲存乳製品），可以輕易地就改裝為動物實驗室，最多可養到三十隻狗。

這兒總共花了奧圖．康一百萬美元，而他願意以二十五萬讓售。合約要求期初先付現一萬元，並於兩個月內再付兩萬元。艾倫現下與未來都需要投資者，即使他能成功募資買下，還得考量後續的維護。奧圖．康光是為了日常養護就雇了十五至二十二名員工，還是全年無休；而艾倫的提案則僅僅雇用五名全職維護員。整個物件空了好幾年，任它每況愈下，因此還得將修繕費用納入考量；而且在第一個冬天來臨之前，還必須以蒸氣式中央空調取代原本的九個壁爐。這是個巨大又複雜的任務，不過要是能夠確保艾倫與他的病人不再流離，仍是相當值得的。

物理治療所的醫學目標是循序漸進且賦有教育意義的，他們把病人當成治療的夥伴，只有那些認真為自己進步做出承諾的人才可入住；不論經濟能力，每個人都得經過篩選。每個病例都會被仔細研究，這樣才能擬定適合的飲食來控制病況。飲食處方箋是高度個人化的，而這也需要整體員工用心對於病人個別照顧與投入。病人會被教導各自應該遵循的飲食方式，這樣他們回家之後便能繼續療程，可以自己執行或是由當地的醫生協助監督。每個病人都有紀錄詳盡的表格，寫著每一份入口的食物是如何製成、當下的條件，以及是何時吃的。而讓病人自己學會尿液檢驗，也是首度有人嘗試。

艾倫大致算出了所需花費，根據的是第五十一街療養院的病人住宿與員工開銷成本。他計劃向三十名病人收費，金額得要足以供給另外三十名慈善名額病患的開銷。他實在太投入於理想中的這個機構了，所以放棄了任何個人相關的收入與補償。艾倫並未把自己的薪水列在預算裡，他相信能夠依靠之前在紐約開業的所得過活。他無法想像光要在這麼巨大的房屋維持暖氣供應，竟是這麼恐怖的開銷，可是他卻天真的相信仰賴企業或個人捐款，就可以實現一切、可以將運作的不足全部補齊。

邁向目標的第一步，是要先成立一間對於持股人來說沒有利潤的公司。艾倫需要的投資者，得能夠吸引其他意氣相投的投資人，他認為自己來找休斯的時間點恰到好處。一整年下來，他負責監督伊莉莎白的照護，逐漸獲得她的父母信任。他第一次為伊莉莎白做檢查時，她身高四英尺十二英寸，體重七十五磅。雖然在他照顧之初，她的體重驟降，但是之後的一年維持得還算穩定，而且伊莉莎白的飲食逐步增加到了七百多大卡。多數時候，艾倫遵照了她父母的意願，讓她繼續住在家中。他訓練了布蘭琪（訓練得相當好，這也要多虧威沙特）如何備餐與執行小便檢驗。事實證明布蘭琪讓人意外地非常投入，不僅做出了相當棒的記錄，亦練就了適時精準地執行尿液檢測。伊莉莎白也相當爭氣，非常可靠地遵行艾倫交代的飲食限制，每公克都斤斤計較，並且依照指示規律運動。結果便如同那個形容詞般，伊莉莎白就是個「活證據」，證實了艾倫的治療確實有效。

艾倫與休斯會面後，離開時在街角停了一下，往南看了看自己移居之地，那狹窄小島上為數不少的建築奇觀。聳天的勝家大樓（Singer Tower）、雄偉的伍爾沃斯大樓（Woolworth Building）、龐然的佩恩車站（Penn Station）[1]，以及麥迪遜廣場花園，這些建築物似乎都將優雅融於其龐大之中。艾倫認為世上一定有比查爾斯・休斯更強大的人在自己的這個領域努力著，似乎每天都有新發現帶來驚奇——從阿司匹靈到X光。飛艇讓人們在空中旅行，地鐵讓人們在地下流動，而選盤式電話則讓人們哪裡也不用去，就能與所想之人直接對話。為什麼休斯不願意支持物理治療所呢？儘管一開始他們對於營養不良有疑慮，但好歹讓伊莉莎白免於死亡了。至少目前是如此，而這也是他們曾經僅存的。休斯為何可以拒絕他呢？

其實休斯並未拒絕。他私底下對這個投資做了些調查，他在感到滿意之後就會同

1〔譯註〕Penn Station是Pennsylvania Station的縮寫，位於紐約市中心，是西半球最繁忙的車站之一。

意出任物理治療所的榮譽董事。他也將被稱為「榮董，查爾斯・伊凡・休斯」(The Hon. Charles E. Hughes)，並在五十多位包含不少紐約名人的榮譽董事中名列榜首。身為義務徵兵法上訴委員會的董事，他需要對成千上萬的生死決定負責。成為物理治療所的榮譽董事，讓他得為更多的生命負責，其中包含了伊莉莎白。儘管有了休斯的支持，以及艾倫自己的一萬美元存款，物理治療所的財務穩定度還是十分薄弱。募款活動未如預期，艾倫被迫得要再投入自己的另外一萬美元，然而他仍舊全心全力認同著：這個機構將是全世界糖尿病孩童最後的住所與最佳的希望。艾倫的未來已經定軌了，至少他自己是那麼想的。

一九二〇年十月三十日，也就是休斯家在伍德朗墓園聚集，以及艾倫將自己偉大的遠見告訴查爾斯・休斯的六個月後，更是美國總統大選的前一週，一名二十八歲沒沒無聞的加拿大外科醫師在斷斷續續的睡眠中醒來，他靈光一現！

而佛德列・艾倫會讓伊莉莎白繼續活下去，直到受益於靈光閃現的那個點子。

10 一九二〇年十月三十～三十一日，安大略省倫敦市，班廷的家

一九二〇年十月三十日午夜前刻，安大略省倫敦市阿得雷德（Adelaide）北街四四二號白色磚房外，佛德列．葛蘭特．班廷醫師正在又冷又硬的地面塗鴉。他把一支小小的蠟燭立在地上，上頭的火焰不斷閃爍，接著就熄滅了，這似乎像極了他的現況。此時此刻，班廷對於自身專業的未來感到多沮喪，艾倫就感到有多自信。他蹲在那兒，手繼續抓著地面，洩了氣的感官真是特別銳利。他一邊讓霜凍過的硬土從自己又大又方的手中慢慢流走，心中一邊流轉著那些他從戰場回來後，傾瀉而來的厄運與錯失的機會。

次日，也就是十月三十一日星期一的早上，他得要出現在西安大略大學，教授關於碳水化合物代謝與胰臟的課程。數週之前，生理部的部長佛德列．米勒教授提給了班廷外科與生理部門的講師職缺，這讓他一個星期可以多賺八到十元。班廷的任教資格實在有點勉強，不過他向米勒教授保證，自己的學習進度每週都會趕在班級之前。有時，他僅勉強超前一丁點。他時常在授課的前一晚失眠，今晚也不例外。他花了一整天在備課

以及憂思自己的人生。

他的迷茫不僅只是這門生理課程，在他高深難測的人生布局中亦然。他從鄉間農場男孩變成了醫學生，然後又搖身成了接受表彰的加拿大軍人；而現在，他發現自己無業、負債、渴望尋找方向，又飽受悔恨過往所折磨，於是對未來充滿恐懼與不知所措。

四個月前，一九二〇年七月一日，他才在這條安靜住宅區街道上，白色大磚房前的同一地點，釘入了一根木頭長釘。長釘的頂部接著一個標牌，上頭驕傲地寫著F. G.班廷醫師。他向當地的鞋商羅蘭・希爾（Rowland Hill）買下了這個房子，希望能與他的夢中人伊蒂絲・羅奇安定下來並攜手未來。

買屋一共得花七千八百元。佛萊德向父親借了一部分的錢來應付頭期的兩千元，希爾接受剩下的部分就當成貸款。雙方同意，希爾家在自家新屋仍在建造中的同時，可以在此續住一年；而佛萊德則住在二樓臥室，並將一樓前廳當作辦公室。在伊蒂絲婚後搬來展開新生活之前，他不會用到整棟房子。買了房子，終於讓四年前相隔半個地球又經歷過一次世界大戰之久的求婚，看起來像個樣了。這是個象徵，代表著他從艱困的過渡期回到了正常的平民生活。

這四個月沒有什麼新鮮事發生，不過一切卻走了樣。班廷與伊蒂絲持續著互相折磨的訂婚狀態；他們幾乎每週六見面，但每回似乎都比前一週來得痛苦。她曾經退回兩次訂婚戒指，而班廷也曾要求收回過一次；不管佛萊德還是伊蒂絲，似乎都沒法快刀斬亂麻一次斷乾淨。一週前，他把戒指埋了起來，以防自己再次送給她，現在他卻又到處撥弄著泥土尋找戒指。

他一邊把石頭排在挖出來的坑洞旁，形成一個石堆，一邊試圖回想自己一連串雪崩式的不幸是從何開始的。在康佩的震天恐懼與毫無慈悲的屠殺中，他每天都想著要回到多倫多，可是他想像中的那個多倫多，與真實回返的這個多倫多，幾乎沒有半點相似。大戰期間，女人們踏入職場，取代了士兵空出的那些傳統被認為應該男人來做的活兒，造成的結果就是士兵回來後工作機會不足，且又因為通貨膨脹及男女角色巨大轉變而再更加劇。然而，人口持續快速成長，從一八八五年的八萬六千人，增加到了一九二一年的五十二萬一千人，導致市政府最主要的工作集中在基礎建設上，以維持此般人口成長後的基本需求。

伊蒂絲也變了。班廷在壕溝裡學來一些不太好聽的字眼，還有養成一些不太妙的嗜好之時，伊蒂絲在維多利亞學院完成了學業，並且在當代語文學競賽拿到了金牌。她還養成了一些現代的想法與態度，其中之一的展現，就是她在距離多倫多九十六英里、西南方的英格索爾（Ingersoll）的一所高中擔任老師，自食其力。伊蒂絲有工作但人在外地，而班廷人在多倫多卻身無分文，他們期盼已久的團聚似乎缺了一個好的開始，從此每況愈下。

這個城市每年都會舉辦退伍軍人遊行，向前往歐洲參戰的五十萬名加拿大士兵致敬；市政廳前還建了個紀念碑，但是市府還是無法提供這些退役軍人最想要的——工作機會。班廷在多倫多兒童病院找到了臨時的工作，協助他在CAMC認識的外科醫師史達爾與高利，不過之後並未獲得續聘。當他多年後回憶起這段時說：「當時多倫多不缺外科醫師，而我最大的野心就是在多倫多兒童病院謀職，但顯然我等不到。」

在多倫多的時期，班廷與當年醫學院最後一年擔任班長的比爾·圖（Bill Tew）重新搭上線。比爾·圖當時在多倫多總醫院賓世市（Burnside）院區的產科工作。他們商討一起開業，地點選在西安大略省第二大城市倫敦，因為那裡的競爭似乎比較小。帶著一點點勉強，班廷於一九二〇年六月離開了多倫多。

佛萊德試圖說服伊蒂絲，搬到倫敦是為兩人的未來前進一步，但是伊蒂絲似乎置若罔聞。伊蒂絲還差一個月就滿二十五歲了，她已經等了佛萊德四年。儘管伊蒂絲願意支持佛萊德，直到他在事業上站穩腳步，但是佛萊德很堅持要等到自己養得起她才可以結婚。對於婚姻，他堅持著非常傳統的觀念，而對於工作，他則是懷抱遠大的野心。他對於骨科的創新療法還有新的外科技術極有興趣（他曾幫一個孩子打造了既時尚又好用的義肢，並引以為榮），但是他似乎還沒做好安定下來的打算。顯然伊蒂絲的等待換來的是更多的等待，然而她仍舊期盼在生日的時候，佛萊德會意外地邀請她一同前往倫敦。但是他沒有。

佛萊德現在正瞪著大磚房灰暗的窗戶，好像這樣他幻想中的美好未來就會在眼前浮現。他嘗試想像著伊蒂絲進出廚房，或是在樓上嬰兒房唱歌哄孩子入睡；他也想像著自己在緊鄰辦公室的小藥房裡，忙著準備處方箋來供應隔日滿滿的預約病人。

這樣的畫面沒有在他的生活裡實現，開業之後有好幾週連一個病人都沒有。比爾．圖也在倫敦開業，不過位置比較靠市區，正穩定發展中。班廷第一個月來自工作的收入只有四塊錢，而這還是因為一個傷心顫抖的酒鬼迫切需要一張酒精處方箋才賺到的（在管制的年代，這是唯一讓他合法買回靈魂的方法）。他的收入在八月增加為三十七元、九月四十八元、十月六十六元，但是他的開銷仍然大於收入。在過於悠哉與空閑等待病人的冗長日子裡，他坐立難安；在這個陌生的城市，他就靠著閱讀戰爭詩文與醫學教科書來打發這些麻木安靜的時光。

在班廷跪在土地上尋找戒指的幾日後，愛爾蘭詩人葉慈（William Butler Yeats）寫的〈二度降臨〉[1]發表了。詩裡的苦痛抓住了班廷幻滅與失望的心：

一切都崩落，再無核心可以掌握
只剩下混亂，漫溢世間
血色的暗潮，漫溢四方
純真的慶典已經沉沒了
最好你沒有信念，最壞
你還有充滿激情的狂烈
想必有些啟示倒來……

此時，肯恩·班廷（Ken Banting）來到了倫敦，家裡指派了他這個並不愉快的差事，目的是協助最小的弟弟理清那些不甚順遂的事務。肯恩強烈要求佛萊德說明為了開業做過了哪些努力。宣傳了嗎？有挨家挨戶把自己介紹給附近的住家嗎？有四處拜訪附近的醫院嗎？實際上他只有坐在前廳等著病人自行到來，結果也證明了這樣的效果如何。當然，他時常花大半天憤恨不平地想著，為何自己沒有跟隨比爾．圖的腳步也選在市區開業；還有每天痛苦悔恨地思索自己對伊蒂絲的情感。

「如果你的事業沒有辦法前進，你打算怎麼辦？你要拿什麼還貸款？」

「好了！好了！」佛萊德惱火地凶回去。「你知道嗎？我已經在西安大略大學拿到了醫學臨床助教的工作了。」

「醫學臨床助教？這樣會有多少錢？」

佛萊德遲疑了一下才承認這份工作的薪水只有時薪兩塊錢。

「其實我正在考慮加入石油探勘的行列。」佛萊德突然說。前一天下午，他才剛從比爾．圖那兒聽說了這種工作。比爾對這個不感興趣，幾乎是以玩笑的口吻說著這件事；而佛萊德也不過就是幾分鐘前才開始思量這工作的。「他們考慮要帶醫生隨行，你不覺得這會是個有趣的冒險嗎？」佛萊德頑強地補述。

肯恩沒有笑。

「所以你要娶伊蒂絲，然後把她一個人丟在家裡，支身前往西北方？」

1〔譯註〕文中〈二度降臨〉之節錄參考了楊渡先生的翻譯。

「呃，其實我也不知道自己跟伊蒂絲目前算什麼。」

「所以你跟伊蒂絲結束了，然後你要賣房子了？」

肯恩，這個務實的農夫澈底抓狂了。「如果真要這樣，給我賣掉戒指，然後還錢給老爸。不知道你在不在意，老爸為了借你錢可是犧牲了不少啊！」

佛萊德覺得很羞恥，坐在那邊聽著哥哥怒斥，而他哥哥似乎停不下來。

佛萊德冰冷抽搐的手指仍抓著土的同時，腦海不斷響著肯恩責備的話語。他要怎麼告訴父親在借錢不久之後就要賣掉房子了。班廷要想出個像樣的解釋，大概得要編造一個故事，說是為了科學研究的投入必須犧牲自己的所愛。他會堅持這個理由，而父親也會接受的。即使他倆都知道這是謊言，但是他的父親是仁慈的，不會戳破兒子為了尊嚴而捏造的脆弱藉口。

突然間，一個鑲有帶著泥土小寶石的白金戒指出現在他指間。他把它放在掌心上一直盯著瞧，彷彿它是種罕見品種的飛蛾：完美、精緻、毫無生氣。因為久蹲，他的背與大腿感到痠痛。他吐了一口氣，緩緩站了起來，回到他原有的六尺高度，右手緊緊握著那個髒髒的小戒指。他的臉上出現了輕蔑詭異的笑容，他正考慮著是否要把戒指朝著房子扔過去。窗戶像是在瞪著他般，反射出星光一閃一閃照映的雲朵（它們正滑過黯淡的天空）。

子夜正過，來到了一九二一年十月三十一日。

班廷回到室內，塞住水槽後搓洗起他的手與戒指。凌晨一點，他坐下翻閱起昨天剛寄到的十一月號《外科、婦科與產科學》（*Surgery, Gynecology and Obstetrics*）。兒童病院的史達爾教授提到，裡頭有篇文章他可能會有興趣。這篇文章長十二頁，標題是〈蘭氏小島與糖尿病之間的關聯，以及特殊胰管結石的個案報告〉（The Relation of the Islets of Langerhans to Diabetes with Special Reference to Cases of Pancreatic Lithiasis）。文章開頭是這樣的：

> 任何提到胰臟會分泌一種必要的、能夠驅使身體組織利用糖分荷爾蒙的文獻，基本上是種誤導，因為精確來說有這個功能的部位，只占整個胰臟非常小的一部分，稱之為蘭氏小島。所以與其說是胰臟與糖尿病的關係，不如說是小島與糖尿病的關聯。

文章是由任職於明尼蘇達大學的美國病理學家莫塞斯・巴隆（Moses Barron）所寫。

巴隆描述了自己在常規解剖遇到的罕見胰管結石案例。他注意到了幾乎所有的胰臟腺體細胞（分泌消化酵素，屬於外分泌）都萎縮了，但是小島細胞（分泌荷爾蒙，屬於內分泌）大多完好無缺。這個現象促使他搜尋關於胰臟的文獻。他的這個發現，與實驗刻意將胰管切斷或綁斷呈現出一致的結果。

班廷有些無聊，摳著指甲裡的泥土，一邊陷入椅子漸漸進入不安的睡眠狀態。二十分鐘之後他醒了過來，試圖將專注力放在那篇文章上，他覺得這個主題無聊到讓人麻木。內分泌學——真是同情這個領域的渾蛋們啊！想像你的一輩子，要花在仔細檢視那些鮮為人知、形狀奇特器官所分泌的骯髒滲出物。骨外科學——這才是有具體行動的地方。任何能把鋸子帶進開刀房的學科注定是令人興奮的，至少他在壕溝裡截肢時似乎就是這樣。

他被迫繼續看下去，因為課堂已經近逼了，只剩下幾個小時而已。他想像起自己站在講堂對著滿臉期待的學生。他的運氣可能不太好，學生之中也許會有自作聰明的，問出他聽不懂或是根本不屑回答的問題，好羞辱他；藉此顯露出他正如自己擔憂的，是個完全不稱職的講師。

他又試了幾次，讀過了整整十二頁無聊乏味的內容又漸漸睡去。凌晨兩點，他突然醒了，仍舊沒有換過衣服，仍舊坐在床邊的椅子，而期刊還攤在他的大腿上。是什麼吵醒了他？外面的噪音？一個夢？都不是。他是被一個點子給擊醒了。

他從床邊桌上拿起了黑色小筆記本，半夢半醒間寫了難以識別還帶有拚音錯誤的二十五個英文字。這二十五個字在一九二〇年十月三十一日凌晨兩點潦草地出現了，最後導出了超過千年醫學謎團的解答。內容大致如下：

> 糖尿、綁住狗胰管。維持狗活著直到胰腺細胞退化剩下小島細胞。嘗試分離裡面的分泌物來緩解尿糖。

基本想法是：仰賴結紮胰管，可以用六週的時間讓胰臟中的胰腺細胞退化，藉以剔除會破壞干擾小島細胞的消化酵素；接著再試著分離出小島細胞與其難以捉摸的分泌物。這個分泌物如果純化得宜，已可在動物身上緩解糖尿病的症狀了。

這並不是新的想法，但班廷實在對文獻不太熟悉，所以不知道早在一九〇六年莉迪亞・德威特（Lydia de Witt）就提過一樣的想法了。他也不知道在一九一一～一二年，有位研究生歐內斯特・萊曼・史考特（Ernest Lyman Scott）做出了個結論：之前嘗試萃取這個神祕分泌物失敗，是因為消化酵素的干擾，在這個有效的小島分泌物被辨別出來前，這些酵素就破壞了它。史考特甚至將胰臟萃取液注射進胰臟被切掉的狗，以驗證自己的理論，而四隻狗裡有三隻印證了他的假設。班廷亦沒發現近期（一九一六年）的羅馬尼亞生理學家尼古拉斯．包勒斯克（Nicolas Paulesco），也把胰臟萃取液注射進狗的體內，進而使狗兒的血糖回歸正常。包勒斯克甚至還把這個神奇的萃取物取名為「pancreine」（當時未發表成英文）。不幸的是，這些早期的學者沒有辦法複製自己的結果。整個過程是讓人抓狂的複雜與精細；換句話說，不僅只分離與萃取胰島素是困難的，就算你真的做到了，也很難證明這件事。

班廷最原始的想法既不新創也不成功，但他堅持了下去；他的堅持而帶來的解決之道，就是新創又成功的。日後他說，要是自己對於文獻與這個主題更熟悉，又知道前人嘗試的歷程，他一開始就不會試著實現這個想法。對於伊莉莎白．休斯，以及其他數百萬名的孩子而言，幸好他什麼都不知道。

11 一九二〇年十月～一九二一年四月，多倫多或巴斯特

班廷決意就在那個早上的課堂之後，向米勒醫師解釋自己的看法。他有點等不及了，他打算向米勒要求一些資源用來驗證理論：一個實驗室、一間開刀房、幾隻狗，還有足以讓他完全投入於研究的薪水。

課後，班廷與米勒見了面，並且解釋了他的點子，以及想法從何而來的。因為太過於亢奮，米勒被迫兩度請他講慢一點。雖然實驗細節還沒完全搞定，米勒的理解是班廷相信自己已經想出分離胰臟萃取液的方法了。米勒也同樣理解，班廷對於自己的方法成功與否擁有絕對的自信，而且他也正以這樣的自信說服米勒。米勒試圖鼓勵，但是生化還有新陳代謝並非自己專精的領域，所以就科學上而言，他的職務並不適合評估這個想法。話說回來，他是不可能答應班廷的，因為當時沒有可給的實驗室。西安大略大學的科學部門目前正在進行複雜的校舍籌建募資，新大樓正在建造中。米勒與班廷沉默地坐了片刻，然後米勒的表情突然開朗了起來。

「你有可能是史上最幸運的人。」米勒眨了一下眼說道。

「什麼意思？」

「因為新陳代謝領域最厲害的權威之一現在就在多倫多，不知為何我一開始沒想到。」

「他是誰？誰？」

「麥克勞德這個名字，你有印象嗎？」

「沒有。」

「那個……你應該要知道才對呀！他寫了本關於糖尿病的課本，現在人就在那間大學裡。」

「他在喔？我不記得什麼麥克勞德的。」

「你念書的時候他還沒來，幾年前才從美國一個很大的醫學院過來，這對多倫多來說是很大的成功。如果我沒記錯，他當時好像是醫學院的副院長，還是生理部門的部長。他的實驗室多到自己都不知道該怎麼用！你的時機好到不能再好，不久前多倫多的生理部門得到了一百萬元的贊助，所以他們所有的設備都是頂尖的。」

「他會願意跟我談嗎？」

「為什麼不？你是校友，而且這個主題是他的研究領域，應該對他有吸引力。你可以告訴他，是我建議你去找他的。全世界沒有比麥克勞德教授更適合指導你的人了。」

班廷從米勒的會見離開時有了個想法：如果他的腦力激盪真的能夠成為醫學突破，這樣就可以拿來替自己辯白了。這可以向肯恩、伊蒂絲，還有所有在多倫多拒絕雇用他的人，證明自己的價值。這也會證明倫敦那段不愉快的人生章節，並非平白浪費自己的時間與父親的金錢。每當質疑悄悄潛入他的心靈，他都自問：「為什麼不是我？」愛因斯坦冒出「相對論」的構想時，也只是個卑微的智慧專利局辦事員，不是嗎？畢業時不也就像班廷一樣很難找到工作嗎？他不也是宣稱想像力比知識更重要嗎？當人們忽略了提出大膽問題的重要性，或是不敢挑戰過往的歷史，科學就失敗了。一九一九年十一月的《紐約時報》頭條宣告著「光線都會在天堂扭曲。科學人或多或少急切盼望日蝕觀察的結果。愛因斯坦的理論獲勝。」倫敦的《時代雜誌》頭條是這樣寫的「科學的革命。宇宙的新理論。牛頓理論被推翻。」報導大致描述了一九一九年五月二十九日的日蝕，印證了愛因斯坦的預測。而班廷告訴自己，愛因斯坦跟自己沒有兩樣，一開始依憑的都是直覺。那是個充滿偉大點子的時代，當時的英雄是愛迪生、特斯拉、馮・齊柏林（von Zeppelin）、愛因斯坦、居禮。班廷這個名字也會被列上去嗎？他做好了前往多倫多的計畫。

從倫敦到多倫多去見偉大的麥克勞德教授，路程有一百二十五英里，每接近一英里，班廷的信心就增加一些。一九二〇年十一月初，班廷踏入麥克勞德辦公室時，熱情滿滿得讓人以為他的假說無懈可擊。班廷對麥克勞德的第一印象是一個坐在大辦公室的小個子。麥克勞德比班廷年長十歲，看起來氣度非凡，身著哈里斯（Harris tweed）羊毛製成的西裝，態度正式而矜持。他的皮膚略顯蒼白還有雀斑點綴，淡棕色的髮際線略有後退，鬍子濃密。

麥克勞德一碰面，就對班廷有種溫暖的感覺，不僅因為他是校友，更多是來自於他是CAMC的退役軍人——代表著勇氣及欣然參與歐洲的戰爭。麥克勞德夏天是在蘇格蘭度過的，這是他在戰後首度返鄉。他回到多倫多也才幾個月，與父母跟姊妹們重逢，並陪伴克萊門特度過最後一段時光。克萊門特從RAMC退役，跟班廷一樣獲頒了十字徽章（麥克勞德與班廷會面後不到兩週，克萊門特就過世了）。

班廷完全不是麥克勞德想像的樣子。他顯得侷促不安，口條也不是很流暢，甚至緊張到拒絕入座。他在辦公室走來走去，喀喀喀地按壓著指關節。他說話速度飛快，有時會冒出嚇人的大聲量，有時話說到一半卻又突然暫停，然後皺著眉頭展開另一個話題。

班廷講話帶有外科醫師的迫切感，缺乏了學者沉穩的冷靜。他的提案（勉強稱為提案）看起來未經深思熟慮。基本上班廷就是昂首闊步走進了辦公室，喋喋不休地說著研究計畫的基本項目，然後開口要求計畫執行所需的資源。看他在書桌前來回走動，就像在看野生動物一樣：有趣，但是你不會想靠太近。

「你找幾隻狗開刀，定位出連接胰臟與小腸的那些管子。綁紮這些管子，澈底截斷它們，接下來縫合傷口。大概七週之後，狗從手術後恢復，分泌消化酵素的腺體細胞會萎縮。之後再把狗給打開，就可以收成蘭氏小島了，理論上蘭氏小島只會含有小島的分泌物。在此同時，你也已經切掉了另一隻狗的胰臟，使牠呈現糖尿病狀態。你拿著收成的分泌物，將它導入那隻胰臟被切掉的狗，在導入之前與之後分別測量尿液與血液中的糖分。如果糖尿狀態解除，那我會說我們成功了。如果狗死了，我們就失敗了。」

「我了解。那你建議要怎麼將這個分泌物導入那隻胰臟被切掉的狗呢？」

「可以肌肉注射，或是靜脈注射。甚至可以將那個胰管被綁起來的胰臟，移植給那隻沒有胰臟的狗，看是要怎樣將它植入才好，這我還沒想出具體方法。重點在於能讓糖尿病的狗活多久。」

「非常有趣。」麥克勞德說，「你應該有發現這個點子並非史無前例吧！」

「什麼意思？」

「我的意思是類似的事有人做過，也許你能向我說明一下自己的點子與前人所想的有何不同？」

「為什麼？」

「為什麼？讓我看到你的想法是如何獨創而值得支持啊！」

「我沒有要獨創，我要找的是能夠成功的方法。」

「這樣說沒有錯啦，但我們還是先從前人到底做了些什麼開始比較妥當，閱覽過往的文獻也許是個好的開始。」

「為什麼？」

「為什麼？當然是從中學習啊！糖尿病的研究是個發展飛快的領域，某些當代最傑出的頭腦都曾嘗試解決這個問題，你難道對他們的發現不感興趣嗎？」

「我對於找尋糖尿病治療的方式，比閱讀他人如何失敗更感興趣。」

麥克勞德差點大笑出來。

「我很欣賞你的熱情，班廷醫師。你的點子也很有趣，但是取得胰臟萃取液中的有效成分，可是有著很長的失敗史，我認為先熟悉這些過往會讓你有更好的表現。」

「但是沒有人用過胰管被紮斷的胰臟啊！」

「這樣的敘述並不十分正確，若你讀過整段歷史就會知道了。你確定不要坐下嗎？」

「不了，謝謝。」

「你應該有注意到，目前仍未有人有確鑿的證據得以證明這個分泌物真的存在，這個研究領域裡也有一群人認為它根本不存在。」

「所以呢？」

「你發現自己站在一間研究大學的校園，沒錯吧，班廷醫生？」

「喔，我懂你的意思。你是個研究者、一位學者，我是個外科醫生。大部分我會的東西都是戰場上學來的，其中我學會的一件事就是：我寧可拯救生命，而非贏得辯論。」

「儘管如此，你還是來到了多倫多大學的辦公室，然後要求研究贊助。」

「是的，但是我只想投入臨床應用的部分。在我浪費時間於醫學圖書館的同時，一條條的生命可能正在流失。」

「班廷醫師……，可以請你坐下嗎？」

「我說了不，謝謝。」

麥克勞德完全不知所措，此時他懷疑起班廷是不是從佳士得街（Christie）榮民醫院精神科病房晃出來的病人。他此刻就安靜看著班廷在自己的辦公桌前來回走動。

「我知道你在想啥：為什麼要把錢跟實驗室給一個沒有研究背景的人。」

麥克勞德什麼也沒說。

「你就應該這樣做！你看，我不是個會說話的人，你知道，我也知道。為了要說服你，我可以在這裡再站四十五分鐘，當然這不是很有說服力的方式。或者，你現在就答應，這樣可以省去我們倆一些時間。」

終於，麥克勞德察覺到班廷期待的可能是立刻開始。說不定他在辦公室外，就放著一個皮箱和一袋外科手術器械。

「想當然，你應該不會期待這次簡短的會談之後，我就給你答案了吧？凡事都有流程的，班廷醫師。你必須把提案寫好送來。」

班廷停止來回走動，在「提案」這個詞被說出來的時候，生氣地瞪著。

「如果我根本不知道你想要什麼，我要如何回應你。需要多少錢？需要怎樣的實驗室？需要多久？多少隻狗？需要助理嗎？」

「反正就讓我開始，你不會後悔的。我告訴你，這個點子會成功的。」

麥克勞德忍住了嘴角上揚的衝動。如果班廷看起來不那麼具有威脅感，其實他還滿有娛樂性的。他的外表略帶一點小丑的感覺，笨拙的姿勢、跟身體比例不相稱的大手、與馬相似的臉部表情。麥克勞德發現自己對他的情緒有時會轉成同理與擔心。

即使麥克勞德對班廷有著那樣的感覺，但單就一個科學家來說，他對班廷其實有些同情。學者間的見解一致，如果要很乾脆地一次性證明那個神祕物質是否存在，最根本的方法就是分離它。儘管這位前軍官對於紮斷胰管充滿著狂暴的信心，但是麥克勞德知道這是個極為棘手困難的步驟。

麥克勞德自身在努力的理論，認為最好的解藥可能來自於大海。真骨魚目包含了條鰭魚，像是鱒魚、鱸魚、鮭魚，還有鮪魚；另外也有釣游魚類，像是大西洋旗魚、劍魚，以及馬林魚，這些魚種的胰島細胞長在肉眼更容易發現的結節。解剖時，胰島細胞就可與其他腺體組織分開，所以要收集它的分泌物是簡單的，也不會有胰島細胞與腺體細胞分泌物彼此汙染的問題。如果麥克勞德的點子被證實了，那就克服了臨床使用萃取物的路上，最令人生畏的障礙。

麥克勞德計劃一九二二年夏天，在新布倫瑞克省（New Brunswick）的聖安德魯（St. Andrews）實行魚類胰臟研究。他甚至聯繫上了商用船溫施高號（Venosta）的船長，以便整個夏天都有源源不絕的硬骨魚可用。麥克勞德希望在接下來的秋天完成一篇論文，基於這目的，班廷那個看起來一定會失敗的行動，剛好可以支撐往魚類胰臟這個研究方向走。

「要不然這樣，」麥克勞德說，「你先去醫學圖書館在相關文獻中做些搜尋，然後寫一封信給我，告訴我你的研究需要哪些東西。」

「然後你就會贊助我經費？」

「我絕對會認真考慮。」

「你是說，你會考慮。」

「學校委託我要明智的分配資源，如果你可以接受，我是打算這麼做。」

「我何時能夠等到你的回覆？」

「我何時會收到你的信？」

班廷怒氣沖沖離開，發誓再也不要浪費時間在麥克勞德，還有他那些裝腔作勢、愛穿高級羊毛的保守同類身上。

一週又一週的過去，班廷當初的高昂志氣被經濟因素還有自己的躁動消磨著。在土裡翻出伊蒂絲訂婚戒指後的五個月，他又發現自己在試圖回收當初親手拋棄的東西。一九二一年三月八日，他寫信給麥克勞德，表達自己想要在五月底、六月與七月，在麥克勞德實驗室工作的想法——如果當初的提議還存在的話，他可以在一九二一年五月二十一日上工。

儘管寫了那封信，班廷對於接下來要做什麼還是很矛盾：是要申請加入北國的石油探勘，還是要把夏天花在多倫多給狗開刀。他獲知石油探勘會到馬更些河谷（Mackenzie），那裡還是個原始區域，住著麋鹿、馴鹿、大山貓，還有大棕熊。西北領域大約是安大略省的兩倍大，面積占了加拿大的五分之一左右。在兩個選擇之間，他傾向大自然的呼喚。他很渴望冒險，而一群待在野外的男人，似乎可以保證建立起如同他在大戰期間極度享受的友誼。他決定去面試石油探勘的工作，但是既然已經寫了信給麥克勞德，就順手丟進郵筒吧。班廷決定哪邊先回覆，就接受那一邊。

麥克勞德思考著班廷的信。大部分班廷要求的研究時間，幾乎他跟瑪莉都在蘇格蘭，所以對他個人而言，把實驗室借給班廷不會有太多不便。另一方面，他又想著，在沒有監督的情況之下，讓這個陌生且個性顯然不穩定的人使用這些設施，是不是有點不負責任。

三天後，麥克勞德回信了，同意班廷五月十五日起，可以在多倫多大學展開研究。麥克勞德的回信到達班廷手中時，他的心幾乎偏到石油探勘那邊了，以致於晚了一個月才回覆。直至有消息傳出石油探勘並沒有打算帶上隨隊醫生，麥克勞德的提案才顯得較具吸引力。一九二一年四月十八日，班廷回信告訴麥克勞德，他接受提議。

12 一九一六與一九二〇年，總統政治學

大戰結束之後，美國人一直在爭論著和平。威爾遜的任期就快要結束了，他的力量與健康也在衰退。將近兩年的時間裡，他很熱切且不厭其煩地推廣著自己的十四點和平原則，以及建立一個促進和平的合作性國際組織——國際聯盟。查爾斯．伊凡．休斯則是大聲反對美國加入這個聯盟，他認為美國應該要保留重大事件的決定權（參戰與否應視每次狀況而定，而非預先安排好自己的盟邦）。一九一九年九月二十五日，威爾遜在遊說批准國際聯盟盟約的演說中倒下；十月二日，他嚴重中風了，導致左半邊癱瘓與左眼失明。

一九二〇年，美國國會駁回了這個盟約，拒絕參與這個擁有四十四席會員的國際聯盟。政治孤立主義在美國人之間興起，政客們討論著要對移民做出限制。威爾遜喪失了行為能力，同時也被隔絕，無法與副總統還有內閣閣員接觸。威爾遜的第二任妻子伊蒂絲．高特．威爾遜（Edith Galt Wilson），在剩下的任期裡代為發聲，也因而得到了「美

國第一位女總統」的封號。雖然威爾遜病重的消息被封鎖，但是有件事是肯定的——他不會再參選了。

時序來到了十一月的總統大選，共和黨覺得這將是屬於他們的一年，黨內頭人們四處尋找適合的參選人。此時已經五十八歲的休斯，再度成為共和黨的可能人選。他曾在一九〇六年當選紐約州長，在煙霧繚繞的密室或是私人俱樂部裡，那些大人物的深度對話中不時就會聽到他的名字。直至此時，他都堅守班傑明・富蘭克林（Benjamin Franklin）的信條：一個人不應主動尋求公職，但是當他被要求擔任某個職位時也不應拒絕。

然而，一九二〇年查爾斯與安東妮幾乎要被悲傷毀滅了。二度競選總統這件事壓在他們身上顯得沉重；許多個傍晚，他們都用在安靜地洞察這一切，想著萬一真的被徵召該如何回應。先不用想是否能贏得選舉，他們真的能夠鼓起力量來忍受整個競選過程嗎？還有伊莉莎白（很實際卻悲傷的問題），她何時會過世？如果查爾斯真要參選，他會如同一九一六年那樣需要安東妮全程陪伴；但是伊莉莎白如此病重，她怎麼離得開女兒呢？他們能夠忍受伊莉莎白全天候都住在物理治療所嗎？經濟上又有辦法負擔嗎？

休斯並不嚮往總統的位子，他把擔任公職視為「永不間斷的辛勞，有時甚至難以忍受；在某些特殊榮耀所予或人民付託之下，公職會是種義務，甚至是愉悅的，但絕對稱不上是他的野望」。他是個著重隱私、深思熟慮、品味儉樸的男人；走路上班，通常中午會返家跟太太吃個簡單的午餐、穿著保守，還有自己修鬍子。一位法院的同事日後回憶說，他擔任首席大法官時，在法官餐廳吃的東西幾乎天天都一樣：兩顆水煮蛋、一小杯濃縮咖啡，還有一小碗湯。雖然他對所有人都很友善，卻沒有什麼很熟的朋友，最親近的就是妻子與孩子。

「如果她在六個月內走掉，那我們該怎麼辦？」安東妮問。

「我們只能取消競選活動，然後回家。」他輕聲回答。

「如果她沒有馬上走掉，而是昏迷好幾週呢？我們要退選嗎？」

要考慮到這麼現實的層面，真的非常糟糕；但是忽略伊莉莎白的現實狀況繼續往前走，毫不顧慮相關後果，這樣對於黨還有美國人民都是很大的損害。無論如何，誰會把票投給將病重瀕死的女兒丟在家，全國到處走、到處親別人家嬰兒的候選人？諷刺的是，對於不參選的決定最失望的，卻是伊莉莎白。

一九二〇年的伊莉莎白對偉人相當著迷，住進白宮的想法能讓她立刻進入興奮的幻想情境。她想像每天都有一整排的知名訪客（從皇室成員到電影明星），還有數不盡的派對與宴會。除此之外，海倫一直灌輸她在何處處理事情是非常重要的，特別在這個年代，尤其是女性。第十九條修正案將在一九二〇年八月通過。伊莉莎白無法容忍自身的狀況是讓爸爸無法擔任總統的原因，以及這個國家將無法誕生查爾斯．伊凡．休斯這位總統。

她最早的記憶之一就是一九一六年選舉日當晚，父親抱著她站在華爾道夫飯店房間的陽台。休斯很早就取得領先，勝券在握，甚至贏得預期將由威爾遜拿下的紐澤西。當時只剩加州還沒開出來。等待結果的同時，父女倆呼吸著夜晚的空氣，彷彿在第五大道（當時飯店的位置）上空的鷹巢裡，朝著西北方俯瞰——視線貫穿整個狹長曼哈頓島的中心直到時代廣場。在那兒，有著大型慶祝的營火，火花就像正噴向從他們頭頂滑過的星星上。跟其他人一樣，他們緊盯著第四十三街與百老匯交叉口三百五十七英尺高的時代大廈；根據傳統，上頭的燈號會顯示出大選結果。三十英里外（從紐澤西的帕特森〔Paterson〕到紐約的柏油村〔Tarrytown〕，再到史泰登島〔Staten Island〕）都能看到時代大廈亮出的結果。

午夜時分，大廈發出了「休斯獲勝」的訊號。二十萬人聚集時代廣場，一起喊著「休斯！休斯！休斯！」，聲音像極了廟裡的鐘聲，簡直就像魔法。接下來是收音機傳來的確認：休斯獲勝。一個氣喘吁吁的服務生拿了份《紐約時報》進來，頭條寫著：「總統當選人——查爾斯．伊凡．休斯」。男孩的臉看來非常開心，想著日後可以跟人吹噓自己替總統送過報紙。

一九一六年的選舉之夜，全美各大城市都點燃著盛大營火，其中一營就在奧克拉荷馬的契克夏（Chickasha）熾燒著，位在契克夏大道與第三街的街口，第一國家銀行大樓前。正看著營火的十二歲少年威廉．歌塞特，怎麼也想不到自己未來會為大名鼎鼎的查爾斯．伊凡．休斯工作，更難以想像某天會和他的女兒談戀愛。

營火繼續燃燒著，雖然加州還沒計完票，查爾斯還是去睡了。

第二天早上，官方計票公布了，全國普選票休斯得到八百五十三萬八千二百二十一票，而威爾遜得到九百一十二萬九千六百零六票，休斯輸了三個百分點。女性投給休斯的比例是二比一，但當時她們的票僅在州內計數。全國性的選舉人票數差是此前美國史上最接近的一次，當選門檻二百六十六張選舉人票，威爾遜拿下了三十州與二百七十七票，而休斯則贏得十八州與二百五十四票。要是休斯拿下了加州以及它的十三張票，當選的就是他了。九年之後再來回顧這段歷史，《紐約時報雜誌》是這樣註解的：「他睡覺前是美國下一任總統，起床後卻成了普通人。」

休斯所有的職務裡，他覺得法院的工作最能自我滿足。他甚至在一九一六年接受提名的信中寫道：「我並不渴望被提名，我一直都希望可以留任法官，但在這個國家的關鍵時刻，我了解你們有權召喚我，而我有至高的義務要回應……，因此，我接受提名。」這封信寫於一九一六年六月，後來交給了共和黨全國代表大會主席華倫．哈定（Warren G. Harding）。

在休斯擔任美國最高法院大法官的六年裡，對休斯家來說是很開心的一段時光。當時安東妮與查爾斯很有信心他們會在華盛頓過著長期又穩定的日子，於是用僅有的存款在第十六街與第五大街口西南買了塊安靜的空地，接著就在雪萊頓－卡洛拉馬區（Sheridan- Kalorama）第十六街二二〇〇號蓋了棟優雅的喬治亞式磚房，每一處細節都符合他們心中的理想。他們在一九一一年十一月搬進來，打算在這裡度過餘生。安東妮、凱薩琳與伊莉莎白坐著電動車在城裡晃來晃去；查理剛從哈佛法學院畢業在紐約市展開執業生涯；海倫在瓦薩學院念書；凱薩琳與伊莉莎白在國家大教堂學校就讀，那是華盛頓特區天主教國家大教堂的附屬女校，羅斯福家、洛克菲勒家，以及泛世通家（Firestone）的孩子也在那裡念書。休斯家最年長與最年幼的成員（休斯阿嬤與伊莉莎白）

住在房子的頂樓。

同此時間，伊莉莎白開始感激身為查爾斯．伊凡．休斯女兒所帶來的特權與責任。休斯對自己還有別人都設下了嚴苛的標準，而且從來不羞於表達自己的不滿。所有休斯家的孩子與安東妮都有一種不需言明的感覺：我不應該讓他失望。一九二〇年共和黨全國黨代表大會，六月八日至十二日在伊利諾州的芝加哥舉行。於此前夕，國會議員亨利．卡伯特．洛奇（Henry Cabot Lodge）、小詹姆斯．沃茲沃斯（James W. Wadsworth）、威廉．卡爾德（William M. Calder）聚在華盛頓，討論應該提名誰代表黨參選；每位議員各自心有所屬，也都有自己無法認同的人選，不過他們都可以接受休斯作為替代人選。於是議員們去找了邁爾．史坦布林（Meier Steinbrink），請他徵詢休斯提名事宜，也順便探探休斯的反應。

史坦布林是共和黨的層峰之一，與休斯關係良好，因協助休斯完成兩件大事而彼此關係更為親近：義務徵兵法上訴委員會，以及一件航空事件的調查。休斯與史坦布林約在律師俱樂部午餐。史坦布林對於自己朋友外貌的改變有所警覺，休斯似乎老了十歲。因為預期休斯可能不會讓他把話說完，他請求休斯在提議說完之前先不要發表意見。休斯同意了。接著史坦布林告訴休斯，議員們希望能在大選時把票投給他，同時也解釋了原因。

休斯信守自己做的保證，聽完了史坦布林的話。他努力維持鎮定，懇求史坦布林理解在海倫過世前將近一年，他與太太徹夜守護陪伴，讓他們沮喪氣餒又失落。休斯做了個很不像自己的非典型決定，他請求解除參選美國總統的義務，並且盡量不要讓他的名字成為選項。他很有可能沒有力氣與耐力去應對下屆總統會遇上的國內外事務（就是讓威爾遜病倒的這些事務）的挑戰。而他並未提及伊莉莎白的狀況。

就像多數人一樣，休斯認為獲得共和黨代表大會提名的人，就會當選下任總統。他向史坦布林預測在這個不愉快的國際動盪時代，接任的人可能活不過自己的任期。休斯不想成為這個人。他這個不祥預言後來成真，諷刺的是之後建立國際和平的重責大任還是落在了他的身上。

夏末秋初之際，一九二〇年總統大選進入高潮。拿到共和黨門票的正是一九一六年邀請休斯參選的人，華倫・哈定。他是來自於俄亥俄州的年輕議員、報紙發行人；副手則是麻薩諸塞州堅忍的州長卡爾文・柯立芝（Calvin Coolidge）。哈定是威廉・麥金利（William McKinley）的崇拜者，哈定也是在麥金利總統任期內，展開國會議員政治生涯的。他擁有好勝的性格與一張堅毅帥氣的臉孔，透過這樣天生的資產，成功讓俄亥俄州馬里恩市（Marion）慘澹經營的小報《每日之星》（*The Daily Star*）變成全美最成功的報紙之一。

民主黨的人選是俄亥俄州長詹姆士・考克斯（James M. Cox），副手是富蘭克林・羅斯福（Franklin D. Roosevelt）。一九二〇年十月三十日，也就是班廷在安大略省倫敦頓悟的那一天，《紐約時報》刊出了一篇文章，標題是這樣寫的「羅斯福在一天之內進行了十二場演講；他在奧西寧（Ossining）提到：『事情看起來很棒，我們會贏』。」這是他競選行程的第八十一天，已經去過了三十一個州。

一九二〇年十月，查爾斯・伊凡・休斯放棄參選的機會，但是他公開宣布自己支持黨提名人。哈定雖是新聞業出身，不過他會浮誇吹噓，而且用詞遣字顯得輕率。哈定在英文字典中至少塞進了一個新的字，是他在競選宣傳時發明的，那就是「常態」（Normalcy），它引動了美國人的歡欣，就像聽到晚餐鈴聲隆隆作響一般。

「不是英雄事蹟，而是療癒機會；」哈定宣稱，「不是熱鬧繁華，而是回歸正常；不是挑釁衝動，而是調適！不是外科手術，而是安穩；不是戲劇性變化，而是冷靜；不是實驗，而是平衡；不是沉浸在國際主義中，而是可長可久的國家主義。」[1]

共和黨員威廉・吉布斯・麥卡杜（William Gibbs McAdoo）形容哈定的演說是「一支由各種浮誇詞彙構成的軍隊，在整個大陸移動著，目的則是在尋找出一個想法。」

美國迎來史上女性選票首度正式納入計算。一九二〇年八月十八日，伊莉莎白十三歲生日的前一天，國會批准了憲法第十九條修正案[2]。一整天下來，伊莉莎白努力忍著想哭的衝動，一直回想起只差四個月就可以見證此事的海倫，她是多想要看到這歷史性的一刻啊！現在法案終於通過了，對休斯家來說卻是個苦澀的諷刺。不僅海倫沒有活到能夠投票，伊莉莎白很可能也沒法撐到。

一九二〇年十一月選舉將至，春天以來便一直在削弱伊莉莎白免疫力的感冒與扁桃腺炎終於暫時緩解。為了穩定她的代謝，艾倫醫師把她的每日攝取熱量降到了五百大卡。十月的時候，她的體重是六十五磅；到了隔年三月，降到了五十四磅。

哈定與考克斯的選舉結果，最早是由一個西屋公司擁有的商業電台播報出來的。當官方公布華倫・哈定當選了美國第二十九任總統，伊莉莎白在布蘭琪的大腿上啜泣了起來。

矮小的哈定在辦公室的第一個行動，就是指派一個巨人擔任他的第一位閣員；查爾斯．伊凡．休斯接受了國務卿這個職位。對於將國外事務交給一個具有優秀腦袋的人，這是五年來美國人首度產生安心感。

伊莉莎白的父母告訴她這個消息時，她高興得宣稱自己要在白宮的噴泉裡洗澡。凱薩琳的回應則剛好相反：她正與甫在紐約市展開執業生涯的律師尚恩西．華德爾（Chauncey Waddell）談戀愛；她說服了父母，得以留在布朗克斯，與哥哥查理及嫂嫂瑪裘瑞同住，這樣維持兩人的關係會比較容易些。所以查爾斯、安東妮與伊莉莎白就又搬回了華盛頓。

休斯預計在一九二一年三月就職，安東妮準備好要離開海倫與伊莉莎白生病的房子。在華盛頓尋找住處的期間，伊莉莎白要怎麼辦？物理治療所聽起來似乎是最好的選擇了，起碼在安頓好之前是如此。對於這樣安排會開心的大概只有三個人：艾倫醫師、

1〔譯註〕此段哈定的演說，翻譯參考了楊照先生於二〇一五年六月十七日的臉書文章。

2〔譯註〕第十九條修正案主要為禁止因性別而剝奪人民的選舉權。

一名叫做艾迪（Eddie）的患者（之後伊莉莎白將協助他安置一隻金絲雀），以及一個只有二十七磅的小男孩泰迪・萊德（Teddy Ryder）。泰迪在一九二二年七月將要度過七歲生日，這似乎注定是他最後一個生日，而且還是在治療所裡度過的。

13

一九二一年，紐澤西，莫里斯敦，物理治療所

物理治療所幾個月前已靜靜地開始收治病人，而一九二一年四月二十五日正式開張時可是大張旗鼓，數百位內外科醫師參與了開幕式，致詞的包括了卡內基基金會的執行長亨利・普里切特（Henry Pritchett）醫生，以及佛德列・艾倫醫師自己。艾倫再三確認《紐約時報》的報導寫明了「各種經濟狀況」的病人都能在此獲得幫助。很快的，這裡就額滿了。

安東妮努力在華盛頓展開生活新篇章之際，同時也會一邊收到來自莫里斯敦的信件轟炸。在伊莉莎白給媽咪的信中，可以看到目前維持她存活的療程詳細記載。一份典型的早餐包括一個蛋、二又四分之一大匙（一百二十五克）煮過三次的豆角，以及咖啡配一大匙的鮮奶油。十點左右她可能會吃半顆小橘子（五十克）；中午則吃兩大匙半的鱈魚、兩大匙煮了三次的抱子甘藍、五顆小橄欖、半小塊牛油，還有茶。晚餐會吃一顆全蛋、一份蛋白、兩大匙煮了三次的菠菜、半小塊牛油，還有茶。一週會安排一天禁食。

物理治療所先進的廚房進行著創意食譜的實驗，最重要的任務就是製作出味道尚可的麵包替代品，其中含麩質蛋糕或瑪芬（麩、黃豆、酪製麵粉製成），這些食品被大量配給病人。能夠使用的食物種類非常貧乏，本質上又不怎麼好吃，因此替病人備餐需要非常用心。黃瓜做的杯子，還有鬱金香造形的蛋很受歡迎。在卡路里演員清單上，蛋扮演了非常重要的角色；而努力不懈的營養師似乎會變魔法，發明出許多烹調方式：蒸蛋、與番茄一起烤、半熟蛋加巴西里、剖半蛋一號食譜、剖半蛋二號食譜、水波蛋、布雷蛋，還有雞高湯煮蛋小球。

每位物理治療所的成員（不論病人或工作人員）心思都在食物上，有時是放在缺乏的那一面。瘦小骨感的泰迪・萊德只要一有力氣，就喜歡充實自己的剪報冊，治療所裡有好幾位病人閒暇時都喜歡如此打發時間。泰迪會花好幾個鐘頭翻閱那些色彩豐富又光滑的雜誌，剪下裡頭食物的照片，然後深情款款地把這些照片貼進剪報冊。這個動作一直被虎視眈眈的護士們監看著（這是艾倫醫師要求的，確保他不會把糨糊吃進嘴裡）。健康孩子的剪報冊象徵了他們的日常生活：成績單、手做情人節卡片、押花與照片；但是物理治療所孩子的剪報冊象徵的則是他們無法擁有的日常生活，一個他們無法經歷的童年。一般孩子玩遊戲的開頭常是：長大之後你想做什麼？在這裡，這個問題卻被如果什麼都能吃，你想吃什麼取代了。礙於現實，這些孩子的野心都很短視。

去年泰迪四歲時被診斷出患有糖尿病，絕望的母親米爾瑞德（Mildred）帶著他看過一個又一個醫師，被告知的預後總是一樣的，總是殘忍的。其中一名醫生試圖阻止她繼續尋求治療，建議讓這個注定會死的孩子，在僅剩的時間裡吃遍所有喜歡的東西；而艾倫醫師卻向泰迪的父母厄爾（Earle）與米爾瑞德宣告令人吃驚的消息：他可能有辦法讓他們的兒子再活兩年。

萊德夫妻帶著泰迪四處奔走時就聽說過艾倫醫生的治療方法，他們徵詢過的許多醫生並不認同，因為太殘忍、太現實了。儘管如此，他們還是在一九二〇年十一月十九日讓泰迪住進了物理治療所。在莫里斯敦，他的每日攝取熱量逐步被調降，有時甚至一天只攝取兩百二十四大卡（同齡孩子每日所需約一千五百大卡）。大多數的時間裡，他只能吃果凍、煮過三次的包心菜，或是水洗的麩製餅乾。每次他回到家鄉紐澤西州基波特（Keyport），鄰居都會搖著頭咒罵那個江湖郎中，利用詐術欺騙萊德家把兒子餓死，這個處方很明顯是在傷害泰迪，他們怎麼能如此信任這個醫生？一九二一年耶誕節泰迪回家時，家裡沒有耶誕樹；萊德夫妻並未預期兒子能活到那年耶誕，可是泰迪堅持了下來，繼續懶洋洋地編輯著他的剪報冊。

在堅信教育非常重要的瑪莉．貝爾．威沙特冷冰冰的監督下，布蘭琪在治療所的廚房擔任學徒。威沙特小姐曾經在密蘇里大學與康乃爾醫學院就讀，每位營養師與成員皆有相當專精的家政訓練。威沙特與艾倫醫師看法相同，認為伊莉莎白住院會比較妥當，而且她對布蘭琪替伊莉莎白備餐的能力感到懷疑。

伊莉莎白與布蘭琪很認真地證明了那些懷疑是錯的。她們一起閱讀了兩本喬斯林醫生寫的書、兩本艾倫醫師寫的書，當然還有小紅書。她們將學得的知識寫在一張張閃卡上面，互相抽考對方要如何等量換算成碳水化合物、蛋白質與脂肪。伊莉莎白沒有自居為糖尿病的受害者，而是化身為糖尿病的學生。伊莉莎白投入在糖尿病的研讀，認真到一副必須如此才能活命的樣子，事實上她也真的需要這樣才能活命。一公克的脂肪等於九．三大卡。一公克的蛋白質等於四．一大卡。一公克的碳水化合物等於四．一大卡。一大卡的熱量可以把一公斤的水升溫一度C。一公斤等於二．二磅。

伊莉莎白特別喜歡大她一歲的憂鬱男孩艾迪。伊莉莎白與艾迪都很喜歡鳥類，他們會討論歐洲來的知更鳥是否排擠到了美國本土種的知更鳥，或是旅鴿是不是真的絕種了。他們列出了一份清單，把在治療所裡看到的林鶯科候鳥、金鶯、唐納雀科、綠鵙科，還有啄木鳥記錄下來。伊莉莎白想起了為休斯家帶來歡樂的寵物金絲雀「完美」，建議艾迪也可以在治療所養一隻。她向艾倫醫師提出這個想法，但是醫師卻皺眉以對。首先，艾倫本人不是什麼動物愛好者，再者他很擔心動物對這一個個免疫不佳的病人們產生影響。伊莉莎白辯駁著每位病人在每日強制的體能活動時，就已暴露在上百隻細菌之下，而且人與人之間的傳染可能性，似乎比動物對人的傳染來得大。她又繼續說道，除了上述原因，能夠照顧某樣東西可以讓艾迪心情好一些，而且才有下床的動機。她甚至還問艾倫知不知道金絲雀這個詞的由來是西班牙岸邊的金絲雀島。這個治療所的開幕與蘭氏小島有關，那養隻名字是從島嶼發源的鳥，聽起來不是很合理嗎？伊莉莎白下定決心要完成一件事時，你很難抗拒她，就連艾倫這樣的人都妥協了，最後答應實驗性地養了一隻金絲雀。

如同那個年代的男孩們，艾迪對於戰爭很感興趣，特別是信鴿，因為他的叔叔隸屬美國陸軍通訊兵團，在法國服役而有大量使用這種鳥的經驗。其中最出名的戰爭鴿子，就是一九一八年十月救了美國陸軍第七十七步兵師兩百人的契爾．阿米（Cher Ami）。當時美軍被困在敵區，四周被數量遠遠超出許多的德軍包圍。更慘的是美國的砲兵開始不斷朝向查爾斯．惠特爾斯（Charles Whittlesey）少校及士兵所在的溝壑攻擊。每隻惠特爾斯送出的鴿子都在空中被擊斃了，契爾．阿米是最後一隻。

少校寫了一張紙條：「我們正在平行於二七六．四的道路上，自家的砲兵正對著我們發射砲彈，幫幫忙好嗎？請停下來。」他捲好了紙條，把它塞進契爾．阿米左腳上的小罐子。他把鳥放了出去，翅膀的拍動又迎來了一陣德軍砲火，但是契爾．阿米飛越了子彈射程的高度，二十五分鐘後飛到了二十五英里外。美軍的砲轟突然停了下來，士兵們獲救了，但是契爾．阿米卻受了致命的重傷。

起初艾迪揚言要叫這隻鳥「雞腿」，不過後來決定改叫牠阿米，用以紀念那隻殉難的信鴿。伊莉莎白發現艾迪願意不時走下床，而且非常寵愛他的金絲雀，於是到處吹捧自己的實驗大獲成功。

★★★

安東妮認為伊莉莎白需要的正是「常態」。她並不喜歡伊莉莎白與艾迪、泰迪或是任何沒有未來的孩子成為朋友；關於這點，她與艾倫醫師倒是取得了共識。而伊莉莎白越來越仰賴布蘭琪，不僅只在飲食方面，還有陪伴、娛樂、心靈支持，到最後甚至連生命都需要她。

14 一九二一年夏天，多倫多大學

一九二一年五月十四日星期六，班廷鎖上了位於倫敦的房子，前往多倫多。他打算找到房子之前，先與表哥佛萊德．希維爾（Fred Hipwelll）及他的妻子莉莉安（Lillian）同住。

麥克勞德請了兩位學生研究助理查爾斯．貝斯特（Charles Best）與克拉克．諾貝爾（Clark Nobel）到辦公室來，並向他們說明暑假期間協助一名外科醫師執行研究計畫的機會。兩個年輕人的主修都是生化，接觸手術會是很好的經驗；再者，如果日後他們追求的職涯是醫學研究，肯定得在動物實驗室裡尋找工作方向，可以藉此了解這樣的環境是否吸引他們。麥克勞德建議他們輪流在班廷手下工作，請他們自行分配細節。諾貝爾與貝斯特決定把暑假拆成兩個四週區段，這樣他們也能與家人、朋友共度這個夏天，然後用擲銅板來決定由誰先開始。

來到多倫多不久，班廷在辦公室與麥克勞德見面，並且被引薦了帥氣金髮的二十二歲學生查爾斯・貝斯特。麥克勞德把他們帶到動物實驗室所在的生理大樓二樓，暑假這段期間，班廷可以在這兒追尋自己的想法。這裡不是班廷幻想中乾淨明亮的實驗室，看起來比較像是瑪麗・雪萊（Mary Shelley）筆下《科學怪人》裡的那種。流理臺、架子與儀器，都被灰塵與蜘蛛網構成的網紗層層裹住，不過儀器看起來很新。專用的動物手術室在當時是很前衛的想法，校園裡的科學研究員還沒發現這些設備帶來的好處。三個男人站在門口無話可說，打破沉默的是麥克勞德。

「我猜想你們需要澈底打掃一下。我會請清潔員送些打掃用具來。」麥克勞德嘰嘰喳喳說著，同時將兩支鑰匙交到班廷手中。

「給你們一人一支鑰匙。有什麼問題嗎？」

班廷涉險走進房間中央，一邊走一邊用手掃過長石凳，上頭都是毛毛的灰塵，然後轉頭看著麥克勞德。他張了嘴想說話，卻又吞了回去。

「很好，那我讓你們倆去忙囉！」說完便消失在長廊盡頭。

班廷轉向貝斯特。

「嗯，查理，這就是你擲硬幣贏過諾貝爾的獎勵。」

「你怎麼會覺得我是贏的那個？」

緊張又顯得有點長的沉默之後，貝斯特臉上露出了大大的笑容；而班廷笑得又大聲又氣長。

接著就聽到清潔員帶著打掃用具出現在走廊轉角。

「這裡看起來比較像考古現場，而不是生理學。」班廷說。「我被告知這一團混亂之下有張手術桌，我們要試著把它找出來嗎？」

「現在嗎？」

兩人的穿著都不太適合勞動。班廷觀察著查理蒼白柔軟的手，又小又乾淨，看起來握過最恐怖的東西，大概是打槌球的球桿了吧。查理在緬因州的西朋布洛克（West Pembroke）長大，父親是當地備受尊敬的醫生。查理的年輕時代充滿了文化、特權、校隊、傑出的學業成績，最後還得到了生理部門老大有薪研究助理的位子。相較之下，班廷的母親是在安大略省新墾區的白人第二代，多數阿來斯頓長大的孩子都是光著腳、穿著吊帶褲的。他們通常在八年級念完之前（高中入學考之前）就離校。佛萊德的三個哥哥都走向了農場人生，只有他繼續升學，有時他會騎著家中的馬——老蓓西（Betsy）去上學。乞丐與流浪漢有時會在鄉下亂晃，不時到他們家乞求一餐或在穀倉過夜。因為那邊有口溫泉，班廷家土地北方的田常常會有箭矢與槍尖出現。班廷想要考驗一下他的年輕助理，便把兩隻手從褲子的吊帶伸脫出來，讓吊帶垂在身旁，然後脫掉去襯衫並掛在門把上。

「選日不如撞日」班廷說。

雖然有些難為，貝斯特也照做了。所以，醫學最偉大的進展之一就是從漂白水、水桶、海綿，還有拖把開始的。

洗刷的過程中，班廷得知貝斯特已經與一位美麗的小姐瑪格麗特．馬弘（Margaret Mahon）訂婚了，交往過程像是數不完的派對與舞會。班廷忍不住想起自己與伊蒂絲互相折磨的經驗，他們倆的交往過程多數倚靠郵件，或是到教堂聽伊蒂絲的父親布道。無論伊蒂絲、開業、他的朋友比爾，還有那棟大磚房，全部都是過去式了。現在的他，擁有的是八週、十隻狗，還有一個點子。

班廷也得知貝斯特最喜歡的阿姨就是死於糖尿病的。而班廷的好朋友喬．吉爾克斯（Joe Gilchrist），一九一七年多倫多大學畢業的同學，也有糖尿病。對大部分CAMC退役官兵而言，戰爭已經結束了；但是對於可憐的喬來說，之前是替自己的國家而戰，而現在則是為自己的生命而戰。

幾個小時之後，這個動物手術劇場已經準備好迎接第一位患者，而此刻的班廷與貝斯特看起來卻像足了挖礦工人。麥克勞德預期班廷整個夏天應該會用到十至十二隻狗。每個實驗都會需要兩隻——捐贈犬與受贈犬；捐贈犬是犧牲者，牠的胰管會被綁住，然後萃取胰臟分泌物，以供應給另一隻（也就是胰臟被切掉的）狗。

雖然班廷未曾在狗身上動過手術，但他似乎不覺得這會是成功的阻礙，不過麥克勞德可不這麼想。五月十七日，麥克勞德執行了第一個胰臟切除，班廷與貝斯特在一旁看著。麥克勞德示範了胰臟切除的正確步驟（即受贈犬的部分）。當時用的是赫敦術式（Hédon），把胰臟切除分為兩個步驟。首先切開肚子，麥克勞德幾乎把所有的胰臟都摘除，只留下一小部分。他把這一小塊拉了出來，並縫在內側的皮膚。這一小塊尚有功能的胰臟，為的是讓這隻狗在恢復期不得糖尿病。手術幾天之後，這一小塊胰臟就會被剪掉，切除胰臟的過程到這裡才算完成。接下來這隻狗就等於得到了糖尿病，注射胰臟萃取物才能繼續活命，否則牠一週左右就會死掉。班廷對於手術的精細度非常訝異，因為與人相比，狗肚子上能開的洞實在非常小，而裡頭裝的東西卻是如此相近。

然而，最佳的學習方式就是動手做，他是這麼推論的。班廷在一九一六年動了這輩子第一個手術，是他在校的最後一年，地點是在士兵的恢復醫院。某位士兵的喉嚨裡，有個需要被切開引流的大膿包，引流才能讓這位士兵康復返回海外的營區。現場值班的軍官，除了班廷沒有任何醫療人員，他們以為班廷是個有經驗的醫生，遂要求他執行。班廷認為自己具有與其他人一樣的資格，所以也沒有反對。手術很成功，那名士兵在四十八個小時後就歸建所屬營隊了。

班廷與貝斯特從回顧文獻開始，他們討論了莫塞斯．巴隆的文章，當然也看過米爾蘭（Murlin）、克萊爾、赫敦、奧佩（Opie）、諾頓（Knowlton）、史達林、梅林，還有明科夫斯基，更看了麥克勞德與皮爾斯（Pearce）寫的課本《現代醫學中的生理與生化》（*Physiology and Biochemistry in Modern Medicine*）；其中最有用的書就是佛德列．艾倫的著作《尿糖與糖尿》（就是那本艾倫向父親借來五千元發行的書）。貝斯特說自己與班廷在發展胰島素的過程中，幾乎把這本書當作聖經。

查理若不在實驗室，就是在打網球或高爾夫球，又或者是與他的完美伴侶瑪格麗特膩在一起。而班廷的課外活動幾乎充斥著冷峻與憂鬱，他時常在分析自己與伊蒂絲到底哪裡出了問題。查理不時鼓勵班廷跟他和瑪格麗特一起出去，班廷偶爾也會答應，並邀請某位醫學大樓的祕書同行，但通常大家的感受都不算太好。

班廷與貝斯特終於開始認真工作了。貝斯特負責所有的血液與尿液檢驗，而班廷負責手術。第一隻狗由於麻醉過量意外死亡，第二隻狗死於失血過多，第三隻死於感染。

一九二一年六月十四日，麥克勞德啟程前往蘇格蘭時，班廷與貝斯特已經因為手術而失去了三隻狗，另成功綁完了六隻的胰管（起碼他們是這樣認為的）。從麥克勞德的觀點，這樣的開頭有些不太順遂，不過綁胰管是困難的手術，這樣的損失不算太令人吃驚。胰管綁得太緊可能發生感染，但綁得不夠緊，胰腺細胞不一定會萎縮；胰管綁得不完全或是不正確，實驗也可能會失敗。每隻狗的解剖構造也不太一樣，這隻狗有效的方式，在下一隻狗身上可能行不通，而且胰管其實滿容易漏看的。

他們工作的環境不是很理想，手術室地板無法好好沖洗，因為水會滲進樓下的天花板。手術檯是木製的，無法好好消毒；手術用的布巾有染漬、破破爛爛的。還有就是當時的高溫，一九二一年夏天是有紀錄以來，最熱的夏天之一。實驗室與狗窩的高溫及惡臭真是難以忍受。

在悶熱無人的校園中漫步，班廷的悲慘逼近破表。他身無分文了，因為已經向父母借錢買了倫敦的房子，無法再向他們開口。五、六月時，班廷靠著做扁桃腺切除賺了些錢，賣掉一些手術器材也賺進了二十五元。晚上，他靠著實驗室的本生燈煮著寒酸的晚餐。有時他也嘗試著找各種理由去表哥希維爾家蹭飯。週日，他會去學生時期曾參加的聖詹姆士廣場（St. James Square）長老教會聖經班，他常去吃免費的餐點。

六月中，貝斯特短暫離開十天前往尼加拉（Niagara）參加教召，使得班廷得獨自清理餵食那些狗兒。他的住處與學生時代相同，是格林威爾街（Greenville）上的寄宿房，七乘九英尺的房間，每週租金兩元。班廷把這些悲慘的事態怪罪在麥克勞德身上，並且對他的評論感到不滿：沒有結果，也是一種有助益的結果。

六月底，貝斯特回來後先去找了瑪格麗特，向她敘述教召發生的事，接著決定路過實驗室看一眼。他大概在晚上十一點抵達，很意外班廷竟然還在，更讓他訝異的是班廷氣到快沸騰了。班廷喋喋不休抱怨著實驗室，憤怒地一個個點名：玻璃器具上頭有刮痕、金屬用品附著碎屑、流理臺有詭異的污漬。查理很是震驚，身為助理僅能接受班廷的領導，讓上司來訂定標準。這刻之前，他對班廷還算滿意，如果有什麼失望的，多數是手術的結果。班廷一直說一直說，強調著這份工作可能的重要性，說著自己做了多大的犧牲，也一直說著自己期許的是士兵般的忠誠、貢獻與誠實。終於，班廷說完了，貝斯特渾身顫抖。有那麼一刻，貝斯特看起來像是要揮出拳頭，而班廷已經準備好要打一架了。過了又熱又長的一刻，貝斯特轉了身，保持著石頭般的沉默，洗刷起實驗室。班廷不發一語的離開。貝斯特認真地工作到凌晨，不放過清理任何器材。班廷第二天早上回來時，實驗室一塵不染，前晚的事沒有再被提起過，那天之後，班廷與貝斯特結成了一個團隊。

克拉克・諾貝爾要來跟查理・貝斯特換班之際，所有人都認為貝斯特繼續做下去會比較好，他與班廷已經磨合了兩人間的稜稜角角。工作持續進行著，班廷與貝斯特移除了兩隻狗的胰臟，準備接受之前綁住胰管等待胰腺萎縮狗隻的萃取液。七月五日，班廷打開了其中一隻捐贈犬的肚子，當他看到本該萎縮的胰臟還完好無缺，實在是太震驚了。綁紮胰管徹底失敗了，班廷開始一隻接一隻打開捐贈犬的肚子。氣溫來到華氏九十七度，班廷把實驗服的袖子剪下，在頭上綁了條毛巾。手術中，貝斯特把小溪流般的汗從班廷的臉與手上擦掉，卻還是有汗滴入那些小小的腹腔。班廷發現七隻捐贈犬，有五隻的胰管結紮失敗了，這是非常沉痛的一擊，但他忍著吞下這一切並整理好情緒，繼續在那五隻狗身上重新綁紮胰管，而這次改使用絲線來綁。術後幾天，有兩隻狗死了。另外兩隻受贈犬則因等不到萃取液也死了。

他們的研究進行七個星期了，至此除了屍體沒有其他可以秀的。班廷與貝斯特用完了配給的狗之後，他們開始在多倫多街頭尋找犬隻的來源。在無人起疑的狀況下，可以用每隻一到三元買到；有時甚至上街徘徊捕抓流浪狗。班廷挺喜歡狗的，也盡量輕巧地對待牠們，不過實際上不是時時刻刻都能如此。日後他宣稱這些狗好像了解實驗的重要性，似乎擁有參與的意願。他還說有隻狗對例行性的抽血很習慣，時間一到就會自己跳上桌子。

七月十一日，班廷與貝斯特移除了「狗四一〇」的胰臟，那是隻白色梗犬。接下來那週他們要暫時休息，順便等待狗兒的傷口復原。查理告訴瑪格麗特，他厭倦了這個工作與糟糕的工作環境。七月十八日，他們把「狗四一〇」最後一小塊胰臟摘除。那隻狗只有一點輕微的糖尿病，班廷懷疑可能是體內還有殘餘的胰臟，又或者牠罹患糖尿病的病程就是比較久，他們決定繼續觀察。等待的期間，他們又切了「狗四〇六」(可麗牧羊犬)的胰臟。這次他們決定捨棄赫敦的兩步作法，胰臟一次性全切除，直接讓狗進入糖尿病狀態。

七月三十日星期六，他們用氯仿麻醉了捐贈犬「狗三九一」並移除胰臟。組織如預期萎縮了，貝斯特遵循麥克勞德示範的液體萃取步驟：先將胰臟切成一條條的小組織，將其浸泡在裝著冷卻的林格氏液（Ringer's solution）的臼裡。那個臼有一部分浸泡在很低溫的鹽水中，直到裡面的胰臟混合物有部分開始結凍為止。接下來他以冰凍過的椿慢慢搗軟內容物，接著過濾，最後得到的就是帶著點粉紅色的棕色液體。注射之前會先將這個液體加熱到體溫的溫度。

早上十點十五分，他們取了四毫升打入受贈犬「狗四一〇」體內。正常的狗，血糖值約在〇．〇八到〇．一三的測量範圍。注射前，「狗四一〇」的血糖驗起來是〇．二。注射一個小時後，「狗四一〇」的血糖是〇．一二，降了四〇%。他們又等了一個鐘頭，注射了第二次，這次血糖微降到〇．一一，他們受到了鼓舞。兩點十五分，儘管再次注射，「狗四一〇」的血糖卻升到了〇．一四。那個下午，他們嘗試餵狗喝糖水，希望觀察這個萃取液能否幫助狗兒代謝糖水，但是一不小心將餵食管插到了肺部，差點讓那隻狗溺死。十五分鐘後，牠似乎恢復了，於是再度嘗試。執行的過程是成功的，儘管每個小時都進行了注射，「狗四一〇」的血糖還是升到了〇．一八～〇．二二的範圍。

經過好幾個星期，他們終於在可行的患者身上，得到了可以記錄的結果；即使如此，他們仍在晚間六點十五分離開，第二天早上之前都沒再回來過。等到他們回來時，發現「狗四一〇」陷入昏迷。他們在牠死前取得了一次血糖數值，測到的是〇．一五。不知為何，他們並沒有進行解剖。一九二二年二月，發表於《實驗室與臨床醫學雜誌》（*Journal of Laboratory and Clinical Medicine*）的文章提到，他們推測「狗四一〇」應該是在抽血的當下死於感染。

八月一日星期一，那隻可麗牧羊犬「狗四〇六」昏迷瀕死躺在那兒，一樣可能是因為感染或是糖尿病。班廷與貝斯特一次就打了八毫升的萃取液到靜脈裡，牧羊犬的血糖開始下降。那隻狗曾經一度醒來，還起身在實驗室裡走來走去，班廷與貝斯特高聲歡呼。不過突然之間就又倒下陷入了昏迷，即使他們試著反覆注射，最終還是死了。

八月三日星期三，他們在另外一隻可麗牧羊犬「狗四〇八」身上展開實驗。「狗四〇八」注射胰臟萃取液之後的狀況還滿好的，不過後來嘗試注射肝臟與脾臟的萃取液，就沒有得到相同的反應。他們也嘗試注射了煮沸過的胰臟萃取液，結果是無效的。接下來四天，他們持續注射胰臟萃取液，每次注射完血糖都會下降。第四天，他們徹夜進行實驗，在那之後狗就死了。事後解剖，死因是感染。終於他們有了夠好的結果，足以向麥克勞德報告。班廷與貝斯特第一次為這個萃取液取了名字——小島素（Isletin）。

八月九日，班廷寫信給麥克勞德「我有太多事要告訴你，都不知該從何說起了。」除了報告實驗結果，班廷另外提出了五個要求，一、讓他留下來繼續工作；二、要有薪水；三、環境更好的實驗室；四、聘雇一個男孩來照顧犬隻以及打掃實驗室；五、實驗室的地板要翻修。聘雇照顧狗兒與打掃的專責人員，是班廷最堅持的。

同一封信，圍繞著核心主題（胰臟萃取液是否能有效降低血糖？），班廷提出了十六個問題。這些問題大致上是關於萃取液的化學組成、萃取出最有效及最大量液體的方式、注入體內的方式、蛋白酶是否真的摧毀了萃取液中的有效成分，當然還有液體的臨床應用。他寫道：「對於能否繼續在你的實驗室工作，我非常焦慮。」

班廷與貝斯特發覺大概得要三週才會收到麥克勞德的回覆，而麥克勞德四週之後就會回到多倫多了，所以與其等上三週，他們乾脆假設第一個問題麥克勞德的答案是同意的，等麥克勞德回來，再繼續溝通其他部分。理想上，等到麥克勞德抵達時，他們就能提供更具說服力的結果。

於是他們又切了兩隻狗的胰臟——「狗九二」與「狗四〇九」。計畫是要替「狗九二」注射小島素；「狗四〇九」則是控制組，也就是讓牠從手術恢復，但是不給小島素。他們繼續工作，汗水持續流到手術檯、止血鉗、手術刀，以及這些器械的擦拭布上。感染的問題會繼續存在，一點也不讓人意外。

「狗九二」與「狗四〇九」的比較實驗，進一步證實了假設無誤。八月十三日，「狗四〇九」幾乎無法走路了，而「狗九二」（黃色的可麗牧羊犬）就像寵物狗般在實驗室裡跳來跳去，跟著班廷屁股後面轉兒。八月十四日，他們給了「狗九二」過量的小島素，要看看血糖是否會降到正常值以下，結果是「會」。他們實驗起各種濃度的小島素，而「狗四〇九」的狀況也一邊在惡化。「狗四〇九」在八月十五日死了。萃取液似乎讓「狗九二」保持良好的健康狀況，牠是一位配合度特別好的患者，班廷越來越喜歡牠。

八月十七日，班廷與貝斯特嘗試用完整的新鮮狗胰臟來製作萃取液，並且注射到「狗九二」體內，看看是否同樣有降血糖的效果，答案是「有效的」。實際上用整個胰臟的效果，似乎比用綁紮胰管的萎縮胰臟來得好，不過他們似乎沒有發現這件事的重要性。貝斯特仍然認為在準備小島素的過程中，腺體細胞需要先萎縮掉才行。他們喜愛的「狗九二」開始愈來愈衰弱，因為他們手頭上已經沒有胰管綁紮好的狗可以提供那個奇蹟液體了。

八月十九日，為了讓自己最喜歡的患者繼續活命，班廷想到了獲得萃取液的新方法。當時，十二指腸分泌的胰泌素（Secretin）可以刺激胰臟分泌消化所需的蛋白酶，已經廣為人知。班廷的想法是找一隻狗，一直給牠注射胰泌素，讓所有腺體細胞內的消化酵素都被分泌殆盡。接著他麻醉這隻狗，摘出應該只會有小島素的胰臟，貝斯特就能從這裡取得萃取液。對「狗九二」來說，時間就快不夠了，牠已經站不起來了。他們趕緊替這個手術做準備。這個手術非常複雜，其中還包含了部分的腸道切除。後來花了快四個鐘頭才終於讓胰臟耗盡蛋白酶。

八月二十日傍晚，「狗九二」接受了這種方式取得的萃取液，反應極佳。第二天早上，他們的小黃牧羊犬又再度搖著尾巴在實驗室裡跟著班廷屁股後面轉，班廷坐下寫筆記時，牠把頭垂放在腿上趴在一旁休息。那天下午，他們記錄到了「狗九二」從自己的籠子跳到地板上，高度大概有兩英尺半，牠能穩穩落地。班廷之後形容這是他人生中最美好的經驗之一。儘管他正歡欣鼓舞，但這一點進展只能算是緩刑而已，「狗九二」很快就會需要更多的小島素好活命。

接下來幾天，班廷與貝斯特做了幾個實驗，其中包含將糖與萃取液加入同一個試管中；或是把萃取液與蛋白酶加在試管中，再打入「狗九二」體內，藉此觀察血糖下降與否。答案是「不會」。八月二十二日，萃取液又用完了，他們決定藉這個機會來確認這個萃取液在不同物種間是否能通用，畢竟他的目標是臨床應用而非醫學研究。那天，他們又重複了同樣的實驗，以胰泌素刺激的方式來取得萃取液，只是這次是實驗在貓的身上。那隻貓直接死在手術檯上，不過他們還是決定直接摘除胰臟來準備萃取液，並把萃取液打入「狗九二」體內。「狗九二」陷入休克，進入緩慢退步的過程，血糖逐漸高起。牠努力殘喘了九天，越來越虛懶衰弱。這隻牧羊犬在八月三十一日死去，在沒有胰臟的狀況下，破紀錄的存活了二十天。班廷把臉轉開不讓貝斯特看到他在哭。「只要我還活著，就永遠不會忘記那隻狗。」他在一九四〇年寫著。「我看著病人死亡，不曾流過一滴淚。但是那隻狗死去時，我只想獨處；不論我怎麼做，眼淚就是會流下來。」

只要有人願意聽，班廷就會大聲地長篇抱怨實驗室極其惡劣的環境，並繼續將遇到的困難與停滯不前歸咎於麥克勞德。其中一個被班廷說服來幫忙的是史達爾醫生，他安排讓班廷與貝斯特使用外科的研究實驗室。另一個帶有同理心願意聆聽的是藥理學教授維爾因・韓德森（Velyien Henderson）；由於某些怪異的舉止，當時的一九一七年畢業班給他取了個綽號叫做「害蟲韓德森」（害蟲〔Vermin〕與維爾因音近）。班廷學生時期對這位教授沒太深的想法，當他們在一九二一年成為同事後，卻為能認識他而欣喜。韓德森答應班廷，藥理部門有職缺時會通知他。開始有薪水是很好的轉變，畢竟他已經沒有太多能變賣的東西了。韓德森先是建議班廷考慮撰寫論文，於是班廷與貝斯特決定多花些工在優化筆記與記錄上。在學術界，把發現寫成論文發表，遠比發現的過程來得重要。公開發表就等於宣告這個點子歸功何人，他不打算讓像麥克勞德那樣的小眼蘇格蘭人阻礙這件事。

八月底，麥克勞德向姊妹們道別，並去巡訪了兄弟們的墓，他是家中唯一還活著的兒子。兄弟的孩子們沒有父親，他與妻子則沒有小孩，徒勞與悲傷在他們身上形成沉重的枷鎖。最近班廷來了封信，內容充滿了華而不實的宣稱與憤慨的要求，讓他心情極為不好。這世界的公理到底何在：粗野無比的班廷可以在那兒需索，而他那具有天分的弟弟克萊門特卻只剩苔蘚之下的白骨了。

他與瑪莉鐵下了心踏上為期兩週的海上之旅，而這次離開了摯愛的蘇格蘭，不知道何時才會再回來。很顯然當下還只是「何時」的問題，暴力隨後又將撕裂歐洲大陸好不容易贏來的和平。

根據威爾遜於一九一八年協商的停戰協議，如果德國偏離了協定的條件，同盟國的軍事行動就會在四十八個小時內展開。同盟國的賠款委員會在比利時、法國，以及英國部分地區巡視，並評估損傷狀況。一九二一年四月宣布的賠償金額為一千三百二十億國家馬克，或說四十九億九千萬英鎊，每年賠償二十五億馬克直到一九六一年。法國認為這個條件太過寬容，德國則認為過分嚴苛。德國在一九二一年付了第一筆賠款，但是年關將近時，德國的經濟已經接近崩盤，付不出一九二二年的賠款了。英國同意了三年的寬限，不過比利時與法國開始對德國的工廠、貨物與智慧財產出手，其中還諷刺地包含了抗發炎藥物阿斯匹靈的專利權。

接下來的四年，有個人的聲量將壓倒其他人，在世界外交體系成為顯著的指標，他會努力協助盤整棘手的國際關係棋局，溝通並向前邁進，這個人就是查爾斯·伊凡·休斯。

15 一九二一年三～九月，華盛頓特區與紐約波頓市

眾所矚目，一九二一年三月四日哈定就職總統，並帶來了宛如明星隊的內閣，而任命休斯擔任國務卿，也讓不少重要指標性人物願意在他的任期服務。安德魯・梅隆（Andrew Mellon）擔任財政部長、赫伯特・胡佛（Herbert Hoover）擔任商業部長、亨利・華萊士（Henry C. Wallace）擔任農業部長。哈定也指派了前任總統塔夫特就任大法官，共和黨起始就跨出好的一步來兌現競選承諾：「少點政府在企業裡，多點企業在政府裡」。佛羅倫斯・哈定（Florence Harding）說道如果自己不是政治人物的妻子，她就要把自己貢獻給動物權。她一到華盛頓就下令把所有動物的頭部標本拿走，包含了駝鹿、馬鹿、熊、大角羊等，這都是老羅斯福總統掛在白宮國家餐廳裡的戰利品。

一九一九年八月，國債來到了兩百六十億美元的新高。整體來說，聯邦政府在一九二〇年的稅收接近六十億美元，是一九一七年的六倍了。哈定在與梅隆認真研究減稅及引進聯邦稅收制度的同時，也讓休斯在維持世界和平方面擁有自由發揮的空間。

第一次坐進華盛頓的國家、戰爭與海軍行政辦公大樓（現艾森豪威爾行政辦公大樓）辦公室的寬板書桌前，休斯似乎就展現了領導這個中央部會的天分。他的習慣是大約九點上班、七點之後下班，通常會將相關文件帶回家，晚餐後繼續詳讀；每天的上午十一點與下午三點半召開記者會。

安東妮也很快對份內事上手。她常在位於第十八街的家中舉辦晚宴，有時精心規劃下午茶。某些日子開放給閣員妻子與「在家休假」的官員，通常意味著這是個開放性的邀請。安東妮首次邀請「在家休假」官員的那天，有超過一千人拿著名片來訪，好幾個路口外交通就打結了；食物吃得差不多了，人還是一直湧入。

查爾斯與安東妮來到華盛頓即將要滿一個月時，收到了當時留給大兒子照料的凱薩琳來信，是一封信！凱薩琳寫的。信裡訴說自己與尚恩西・華德爾訂婚了。安東妮實在太震驚了，便立刻開車前往國家、戰爭與海軍行政辦公大樓，嘴巴張得開開的，手中握著信，像日間行軍般走進了查爾斯的辦公室。查爾斯有點警覺的從辦公桌後起身。安東妮不發一語便把信交給了他。他一邊掃視這封信，臉上笑出了皺紋，鬍子蓋過了他笑著的嘴唇，而安東妮驚訝地看著這一切。

「這就是我們的凱凱（CaCa）啊！」，他笑著說，用的是伊莉莎白嬰孩時稱呼姊姊的小名。「到最後都是那麼樣的獨立。」

「可是他為什麼沒有來請求你的同意呢？」安東妮滴咕著。

「世界已經改變了」查爾斯說，然後走向安東妮，在她的臉頰溫柔地親了一下，「我們必須相信她的判斷」。他把信交回結縭超過三十年的太太手中，「畢竟這是好消息！我們家要有一個婚禮了！」安東妮擔心這個消息會讓伊莉莎白很憂鬱，因為她和海倫一樣，大概沒有辦法活到能夠結婚。

一九二一年夏天，華盛頓的氣候相當悶熱，正因如此，八月時安東妮安排了伊莉莎白與布蘭琪，前往喬治湖附近、格倫斯瀑布鎮北方二十二英里的紐約州波頓市避暑，她們將與家族的世交一起住。這可能會是伊莉莎白最後一個夏天，安東妮想要保護她，不要讓她流失的健康成為華盛頓或是莫里斯敦窺探的焦點。伊莉莎白與布蘭琪將一直住到一九二一年九月中。

在靜水小木屋（Stillwater Cottage）這頭，女傭與廚師盡心照顧款待伊莉莎白。她重新與家族好友胡伯斯家（Hoopese）與海德斯家（Hydes）相聚，並遵循多年傳統，夏天都待在這一帶活動。伊莉莎白說：「氏族又團聚了」。自然環境似乎讓她充飽了能量，很快的，她的信件便滿是自身活力十足的熱情報告。顯然，他們幾乎完全不知道她每日飲食的細節。

那裡的早晨很冷，臥室裡的溫度可能只有華氏五十幾度，她常常在床上吃早餐，從熱可可喝起。她很熱中閱讀冒險相關主題的書籍，特別是牛仔、童軍或是邊疆的故事。她非常喜歡踏足戶外，從不放過任何拿起釣竿與布蘭琪一起坐進小船的機會；布蘭琪會把船划到小島上，兩人中午在島上野餐。布蘭琪用女童軍露營烹飪餐具組，為伊莉莎白煎蛋，而其他人可能會吃剛抓到的魚、肉排，或是烤玉米。每天下午，布蘭琪（伊莉莎白開始稱呼她為「B太太」）會強迫伊莉莎白睡一個小時以上的午覺。

現在這裡有四架水上飛機了，其中一架非常大，是雙引擎的，兩名駕駛之外，還能搭載十三名乘客……，機身的保護色塗層讓它看起來像是一條魚。湖濱這帶的人幾乎都搭過其中的某一架，每趟十元，飛行時間約十至十五分鐘，帶你飛往喬治湖水道狹窄的那頭……。每次看到飛機飛向空中，我都會嘆口氣，因為我真的好想飛上去看看。一九二八年八月十九日（伊莉莎白二十一歲生日），我計劃要做幾件事，飛上天跟其他相比好像有點蠢，但我還是想要，並且打算在航程中閱讀《咆嘯山莊》。

伊莉莎白信裡有些令人屏息的描述，敘述她成功的釣魚經驗（黑鱸魚與河鱸）、賞鳥（白頭海鷗、大藍蒼鷺，以及野鴨），以及搭乘新的動力船蛇鯊（Snark）在湖上航行的驚險經驗。園遊會、聲樂演唱，還有網球比賽，她都會加入大夥；週日也會到波頓蘭丁（Bolton Landing）參加浸禮宗禮拜。

> ……昨晚真的是這些日子以來最重要的一夜，我永遠不會忘記。救世軍的將軍卜婉懿（Evangeline Booth）與祕書來這兒晚餐……，她似乎每年夏天都會來露營度假，但這好像是她不想讓人知道的祕密……。喔，她是我遇過最棒最出色的人……。那天的晚餐派對真的非常美好，也是我第一次參加正式的晚餐派對。我們總共有十四個人，直到八點四十五分大家才離開。

紐約上州對伊莉莎白來說就像第二個家，她與布蘭琪正享受著美好的夏天。但是伊莉莎白還是擔心著母親，海倫離開一年多了，而母親卻仍在恢復中。

> 媽媽，我希望你能對我坦白，並且答應我，如果你因為寂寞或任何理由需

要我回家，拜託要讓我知道。華盛頓加上熱帶區的高溫都無法阻礙我回家，答應我，好嗎？

大夥舉辦了野餐形式的午餐，慶祝她十四歲生日。伊莉莎白吃了自己那小小的蛋製卡士達與可可，而其他人的則是咖啡、三明治、沙拉與西瓜。餐後，海德太太送了個貼滿粉紅色紙張的帽子盒，象徵生日蛋糕，上面還真的插滿了十四支閃著火光的蠟燭。伊莉莎白在信裡提到，從她吹了幾口氣才將所有的蠟燭吹熄來推斷，她還有十一年才會結婚。帽盒裝著給她的禮物，有書、RCA發的唱片，以及兒時玩伴波莉．胡伯斯（Polly Hoopes）送的針插。

伊莉莎白開始收集鳥巢與蛋，甚至還建議當時候真的到了，她也想把家裡的金絲雀寵物完好地送去給標本師處理，用以增加自己的收藏。

談到鳥的時候，我就控制不了了，我愈研究、愈看著那些可愛的小東西，就愈著迷，這是我自己也無法解釋的感覺。我寧可狩獵、閱讀，或是對小鳥說話，而不是做其他的……

那個夏天，她還寫了個關於釣魚的故事，並且投稿到極受歡迎的兒童期刊，故事被刊了出來。

如果我的《聖尼古拉》（*St. Nicholas*）被寄到家裡了（雖然我覺得可能沒有），請打開它，翻到後面找到寫有「聯盟」字樣的地方。在那兒，你可以看到一個熟悉的故事，是關於魚的，故事篇名是〈驕傲時刻〉，作者就是伊莉莎白．伊凡．休斯。請你不要漏掉一件事：這個故事贏得了銀質徽章，這可是最高榮譽裡最厲害的。你有這樣的經驗嗎？當我看到自己的名字跟故事出現在上頭，差點就要跌翻過去了；再看到我的故事還贏得了銀質徽章，我簡直高興到不知所措了，你能想像嗎……。這件事對我的啟發就像「新鮮的小牛肉……」。告訴爸爸，這是我邁向他所謂「人生」的第一步，未來我一定會一直寫作下去！

夜裡，在蟋蟀與春雨蛙的叫聲，還有貓頭鷹偶間的呼聲中，伊莉莎白口裡複誦著自己所愛的一切，逐漸飄入夢鄉。如同禱告一般，她輕輕唸著每個字：樹、吟唱的鳥、狗、初霜、暴風雨、針葉的味道、在森林踩著針葉的感覺、雲母在陽光下閃爍、閱讀、寫作、文字、火車旅遊、搭船旅遊、葉子的形狀、搭乘動力船橫渡喬治湖時臉被水花噴濺的感受、野餐、瓢蟲、貓楊柳、雨聲、春泥的味道、營火爆裂聲……

這樣的行為有時是種信仰，有時是種文字練習，更有些時候是種生存方式，這一串字詞裡很明顯沒有任何食物。她跟泰迪·萊德採取了相反的方式來達成一致的目標，他們倆人都在收集留下的理由，用自己唯一的賭注（願意承擔活著的痛苦）試圖贏得這場賭局。

沒有任何意外，伊莉莎白在唸完清單前就睡著了。

16 一九二一年十一月十二日～一九二二年二月六日，華盛頓會議

這一頭安東妮開始試想凱薩琳的婚禮，那一端休斯計劃著自己要主持的會議，而這將是世界史上最著名的和平會議——華盛頓海軍限武會議（華盛頓會議），這是他就任國務卿後的第一個重大任務。歐洲遍地人禍之後的慘狀：羅曼諾夫王朝（Romanoff）、哈布斯堡王朝（Hapsburg）、霍亨索倫王朝（Hohenzollern）被推翻，維持數世紀之久的階級制度也廢除了，調停出新和平是必要的。可是該如何做呢？為了讓這個重大會議順利運行，休斯一週七天幾乎都在工作。

他不時從這個耗費心神與智力的工作中抬起頭，並對著安東妮說：「這事我不可能完成的啦」；而安東妮便會提醒休斯，他以前也曾經多次對自己接下的工作這麼說過。休斯回嘴：「這次不一樣，這次接下的工作超出了我的能力範圍。」接著安東妮會甜甜地笑說，這句也是常說的呦！她的丈夫正在試圖解決世界的問題，而她正努力讓他不要在這個過程中自我毀滅。

六月時，安東妮來到了錫耳弗貝參加海倫教堂的奠基儀式，地點位於海倫在錫耳弗貝常常獨自安靜待坐的角落。建築師是來自波士頓的艾倫與柯林斯事務所的柯林斯先生，建材則使用當地的花崗岩。

安東妮帶領一群年輕健康的YWCA小姐，穿越了夏日寬闊的草皮來到教堂預定地，她們身穿長及腳踝的白色棉裙。再三個月安東妮五十七歲生日就要到了，與那些跟在後頭臉色紅潤的年輕女孩相比，身著黑裙與帽子顯得孱弱，現在的她就像是從一個強大健康的身體中被挖空下來似的。

正確來說，華盛頓會議是在十一月十二日早上開始的，前一天則是停戰日與無名英雄墓（Tomb of the Unknown Soldier）落成的日子。一九二一年十一月十一日，軍車載著一口裝著不知名士兵的棺材，從國會大廈的圓形廳開離。那口棺材停柩在國會大廈曾經停放林肯、加菲爾德（Garfield）與麥金利（Mckinley）的靈柩台上兩天，由儀隊守護著。儀式伴隨士兵踏步與三聲國家禮炮，這口棺材接著被置入了一個石棺裡。

肅穆的盛會剛好很適合作為次日國務卿發射外交禮炮的序曲。這個會議在第十七街憲法廳召開，那裡是美國革命女兒會之家。寒冷的日子裡，場外集結的數千人希望有親瞥名人的機會，數百名媒體記者自期能毫無遺漏地報導這個盛事。十點之後不久，出席人員嚴肅列隊進入中央大廳，會議桌排成了一個大大的長方形。這些出席的代表原本預期的是枯燥無害的照本宣科，可能有些不可少的歡迎致詞、互道歡迎、開幕禱告，以及會議相關的後勤事宜；然而休斯走向講台卻帶來了極為驚人的演說，並要求各方保密。即使事前極為小心謹慎，為了避免提前走漏導致謠言四起，休斯請求哈定同意不要將這場演說排在會議第二天，而是首日就舉行。哈定同意了。

休斯的這場演說大膽到超出預期，他不僅提出要廢棄美國的軍艦，也同樣對英國、日本提出這樣的挑戰，朝向五：五：三的比例努力。在場與會人員不可置信地交頭接耳討論著，懷疑是否自己聽錯了，而國務卿則繼續著自己的演說。然後他又提出了十年內暫停主力艦的建造計畫，一瞬間空氣為之凝結，接著眾人騷動了起來。

談判桌準備好了，各種想法也在交流著，目的就是要達成前面所說的比例。減產的原則是依照現況執行，所以造好的或是建造中的船隻都要列入計算。很快的大家都明瞭，要達成目標三大強權都必須放棄部分現有的艦隊。英國必須犧牲最多竣工的船艦，而現存與在製船艦廢棄總和數量最多的是美國。總的來說，美國要放棄三十艘船艦，計八四五七四〇噸；英國是十九艘船艦，計五八三三七五噸；日本則是十七艘船艦，計四四八九二八噸，以上這些行動必須在簽署協議後九十天內完成。休斯的這個計畫兼具了令人興奮的理想主義與澈底的具體化。

美國海軍的上將們氣炸了。由於事先沒有諮詢他們，休斯違反了外交準則。他們辯駁，認為如此劇烈的戰力削減會危及國家安全，尤其美國在太平洋戰區的駐軍，特別是菲律賓一帶。實際上，海軍部門政策制定者認為美國海軍規模應該要大到英國加日本的總和。

日本希望的美日比例是十：七，而非休斯提出的五：三。除此之外，休斯的計畫要求日本放棄新近完成的陸奧號戰艦，而日本斷然拒絕任何犧牲陸奧號的可能。日方宣說這艘大船有很重要的情感意義，從設計到製作全都是國造的。這些審議就這樣持續不間斷，直到冬天假期結束進入一月。《紐約時報》曾經刊出刺眼的頭條：「會議結束遙遙無期。休會的彩虹再度在疲倦代表的眼中瞬間轉逝。」日復一日，世界和平就懸在這些審議的脆弱平衡中，而審議通過的重責就落在查爾斯．伊凡．休斯的肩上。每次談判結束回到辦公室，他就會來回踱步擔心起自己設下的這場高風險、高獲益，以世界和平為賭注的賭局。

17

一九二一年十一月，紐澤西，莫里斯敦，物理治療所

感恩節那個月的某天，時近傍晚，艾倫醫生走進書房打算寫信給安東妮．休斯。這是一封他忍了好一段日子沒寫，也很不想寫的信，但為了伊莉莎白，他得要動筆了。

在艾倫醫師的窗外，貝爾．威沙特彷彿隱身般地穿越傍晚的昏暗，目的地是院子管理員的小木屋。她手中拿著的空鳥籠，像是一盞沒有火焰的燈籠。空氣中的沉重感，有如暴風雪即將來臨的壓迫般，她把身上的毛衣拉得更緊，好把自己給包覆好。那天下午下了點雨，草地還是濕的，威沙特小姐走得很慢，每一步都把腿抬得高高的，像足了一隻涉水的水鳥。

小木屋裡的那個老人坐在火爐旁，他彎下腰，正用指節明顯的手修理編織面前的椅子。他聽到威沙特到來便打直身子走向門邊，打開了門的上半部後，皺起了眉。

他一直都在為康先生管理庭院，轉換新雇主其實適應得不輕鬆。他並非介意新增的工作或是預算受限，他仍想看到這個地方一如往常在夏日傍晚點滿燈、開起派對，火炬

燈熊熊燃燒，門廊飄著爵士樂，女士身著絲綢、男士穿戴鞋罩在這個修剪好的花園漫步、抽菸與嘻笑。現下的死寂，他真的很難適應。

她拿著鳥籠走向前。

「晚安」她說。

他點了點頭。

「謝謝」她簡潔的說。老人的手依舊插在口袋裡。

「這不是那個小女孩借走的鳥籠嗎？」

「是的」。

「要我再幫她抓一隻鳥嗎？我很會抓喔！像是一般的雀鳥或山雀。」

「那不是她的鳥。那是別人的，一個叫做艾迪的小男孩的。」

「他還要一隻鳥嗎？」

威沙特小姐搖了搖頭。

老人很不情願地打開了門的下半部，拿回鳥籠並放在地上。

「他是怎樣死的？」

「糖尿病。」

管理員的眉宇散發出不可置信的氣息。

「不是那隻鳥，是小男孩。艾迪死了。」威沙特小姐解釋著。「他吃了給小鳥的種子，這讓他的代謝……系統整個大亂。」

老人皺了眉頭，努力想聽懂。

「謝謝你的籠子。不過我想理由很明顯，我們不會再養鳥了。」威沙特小姐轉身緩慢地踏出像鸛一樣的步伐，朝著豪宅的方向前進。

老人依舊皺著眉頭，看著她走了幾步之後出聲叫她。

「威沙特小姐，夫人，那隻鳥後來怎麼了？」

威沙特小姐沒有停下，轉頭往肩膀的方向看著。

「我打開窗，放牠自由了。」

管理員用力把門關了起來，用手搓著自己灰白的臉頰，回到溫暖的火爐旁，把空空的籠子留在門邊。鳥籠擱在那好幾週，他無法直視那個籠子，他無法不去想那件事。他希望威沙特是騙他的，那個小男孩應該還吃到了其他東西，而不是只有一點種子。他有時會看見大房子窗戶裡那些幽靈般的小小臉孔，即使房子有些距離，仍舊可以感受到他們的絕望。

除了將艾迪的悲劇當作應注意事件說給物理治療所的住民聽，他還能做什麼？如果他不這麼做，艾迪的死就沒有帶來任何教訓與價值，那可是悲劇加上悲劇了。因此，艾倫指示了貝爾．威沙特宣達給護理師，告訴所有病人發生了什麼，如果病人問到細節，就有問必答。

雖然艾倫希望艾迪的死能替所有病人帶來教訓，但是他覺得自己才是被懲罰得最深的。他非常羞愧，因為第一時間的判斷失誤，才讓自己被說服許可小男孩養鳥。當然他無須這樣嚴苛待己，可以寬厚一點，但是寬厚僅適用於向病人收費的會計部門，而不是針對病人的臨床治療。

一九二一年十一月，伊莉莎白的體重掉到了五十二磅，接下來就維持在這個水位。這一年多數的時間裡，她可說是處於半失能的狀態，頭髮幾乎掉光了，皮膚鬆弛乾燥。艾倫拿出了安東妮最近一次寫來的信，平鋪在書桌的吸墨紙上。信中她說因為伊莉莎白連普通感冒都無法承受，所以她打算冬天的那幾個月讓伊莉莎白與布蘭琪在百慕達度過。他一直沒有回覆，不想因為自己反對而讓她失望；然而艾迪的死正逼迫著他的手，他不能再因為心軟而危及任何病人。

為了不讓自己的良心消散，艾倫必須發聲。解藥來臨時（艾倫非常肯定必然會有），他們就會感謝艾倫將伊莉莎白照顧到能看見那偉大日子的朝暉，但是他要如何表達自己這個情感上有些親密的關切？布蘭琪與伊莉莎白一起去過喬治湖、華盛頓，接下來還有百慕達。她們會一起織毛衣；每天一起散步，四處蒐羅物品來擴大伊莉莎白的大自然收藏，包含貝殼、羽毛、葉子、花，以及種子莢。她們喜歡大聲閱讀，在彼此之間傳閱書籍；她們也喜歡窩在一起，伊莉莎白樂得把頭靠在自己個人護士的頸彎。有時她們會一同朗誦劇本，這樣可以一人分飾多角。飢餓難耐時，布蘭琪會把伊莉莎白拉到自己的大腿上，輕輕地搖著她。

他開始動筆寫信，休斯太太能理解身體極其細緻的代謝平衡，很可能因為微妙的情緒轉變、天候、情境而受影響嗎？他最關切的是伊莉莎白與布蘭琪的關係（這該怎麼寫比較好呢），這事目前讓伊莉莎白情緒興奮，但未來可能證實是對伊莉莎白有害的。艾倫的治療好比複雜的煉金術，為了病人好，他努力讓治療所裡維持著常態中性的氛圍。

她們兩人的親密程度日漸增進是顯而易見的，伊莉莎白一開始稱呼布蘭琪為「護理師伯吉斯太太」，後來變作「B太太」，最後直接稱呼「布蘭琪」。

他停了下來，又重新開始動筆。她應該毫無疑問會注意到伊莉莎白的治療，在很多方面上都不算正統。舉例來說，伊莉莎白有非住院期，還有家裡堅持雇用的私人護士，也正是後者把他推到不很舒服的位置，迫使他得要寫這封信。如果布蘭琪是治療所雇用的，他也不用為了自己的煩惱去打擾休斯太太。如果布蘭琪是治療所員工，那麼他會採取的行動是顯而易見的；或許令人不快，卻很明確。然而布蘭琪的雇主是國務卿，他的病人是國務卿的女兒。再者，國務卿是治療所的主要贊助者之一。艾倫醫師深知，因為有國務卿在信頭上的加持，才讓他能夠募款啟動這個治療所。即使目前工作成果不錯，營運採用了創新的商業模式，但未來的財務狀況離安全穩定還遠得很。

他又停了下來。信件最後尚未完成的這一部分，莫名激發了他心中痛點的憤怒；他痛恨得把時間分成兩半：一半處理真正的工作，另一半花在貪婪的附屬差事，但也正是這些差事，才能在經濟上支持那些真正的工作。幾乎沒有哪天他不擔心的，擔心附屬差事將真正的工作給吞噬。心情不好的日子，他會覺得就算擁有學位與目前的名聲，他的實際職務比較像是介於馬屁精與應急水泥工之間——整天嘗試著用金融泥漿、沙漿、灰泥、薄泥漿，甚至拐杖，支撐瀕臨傾倒的結構。從一開始這兩個角色就是相衝突的：他必須做對伊莉莎白有益的事，另一方面又不能得罪她的父母。他自己開業不就是為了避免這類的政治問題嗎？

他試著用友善大叔的口吻而非苛責來寫這封信，這個想法立刻讓他的臉浮現了輕蔑的一笑。他想起了奧圖．康，也就是蓋了物理治療所這個豪華大院的前屋主。奧圖．康穿著考究、受人喜愛，是紐約知名的金融家，也襄贊藝術。艾倫突然發現，奧圖．康正好集合了他所欠缺的特質。奧圖．康替有錢人賺錢，而艾倫看到飢餓的人不會給他們食物。奧圖．康的客戶不吝於給他讚美，且邀請他參加時尚社交活動；艾倫的客戶則是勉強地忍耐著他，因為他是在救命。艾倫不溫暖，不和藹文雅，穿著也不講究；儘管是非常成功的頂尖醫師，更身處在許多優秀男性因為戰爭損傷的戰後時代，但是他一直到數週前的十月份都還是單身。終於，他在四十二歲時與貝爾．威沙特結婚了。

如果艾倫保持沉默，伊莉莎白與布蘭琪就會航向百慕達，她們會離開好幾個月。他能想像那樣閒適恬靜的氣氛下，她們將變得更加親密。他幻想在藍寶石般的水域搭乘豪華船舶、在懸崖上野餐並俯瞰白色小屋與罕見鳥類，吹過的微風將承送來夾竹桃的香味。她們待的地方不就叫做「蜜月小屋」嗎？他認為布蘭琪最終會因為心軟與同情而無法堅持飲食原則，只是時間問題而已。還有，他需要再提醒休斯太太解方就在不遠處了嗎？

他知道不遠，卻不知道真的很近了。當艾倫在安靜富麗堂皇的物理治療所掙扎地寫這封信，有個貧困的無名外科醫師正坐在多倫多的實驗室裡，他不停抽菸好壓制狗糞帶來的臭味，他努力掙扎地寫著論文，用以總結整個夏天的工作成果。

數週之後，在距離艾倫書桌只有一百多里遠的地方，此人會向一群傑出的內科醫師包括艾倫與艾略特．喬斯林發表這篇論文。這篇名為〈某種胰臟萃取液對於糖尿病的正向影響〉（The Beneficial Influences of Certain Pancreatic Extracts on Pancreatic Diabetes）的論文，將澈澈底底改變整個世界。艾倫在接下來的十年內就會被遺忘，他的名聲將黯然失色，而最終物理治療所會被永久遺棄。

18 一九二一年九～十一月，多倫多大學

一九二一年九月的第一週，班廷開車前往阿得雷德北街四四二號。他帶著堅定的決心，要將倫敦這個不愉快的章節迅速了結。一天之內，他就把大白屋與裡頭的家具都賣掉了。他把最後剩下的幾件物品搬上車，恨不得用光速離開倫敦及它相關的一切。

當他回到多倫多，麥克勞德從蘇格蘭來的回信已經等在那兒了。

班廷可以留在大學繼續目前的工作，麥克勞德也保證盡力協助，更同意班廷繼續使用史達爾找來的開刀房，起碼可以用到更好的解決方案出來為止。新的解剖大樓正在興建，竣工後會有更多設施可用。他建議他們倆在建築之間搬運狗狗要小心慎重，反活體實驗的運動已經強大到足以讓多倫多大學校方緊張。讓班廷這樣的人出現在校園就是另一種風險。把研究結果公開是眼下極其重要的事，麥克勞德的語氣帶有鼓勵基調，卻還是警告了班廷沒有犯錯的空間。麥克勞德提出了一些問題，毫無疑問是為了協助班廷。班廷一定會受到學術界質疑，屆時他得要能夠替自己辯護。一如往常，麥克勞德非常謹

慎，他最出名的就是常對學生說：「只發生過一次的結果，不能稱作結果」。

班廷的邏輯完全大相逕庭。在他看來，麥克勞德的信是對他與貝斯特的工作投下不信任票，而且是壓抑他想像力的指示。班廷懷疑這位偉大的教授並未認真看待他，也許從一開始就沒有。

九月五日，班廷與貝斯特為了準備捐贈犬，綁紮了兩隻狗的胰管。九月七日，他們切了兩隻狗的胰臟，以備妥兩隻受贈犬，分別為「狗五」與「狗九」。這將是這個夏天最後的一個實驗。麥克勞德快要回來了，壓力迫近，他們需要盡可能蒐集數據。

等待那兩隻捐贈犬腺體細胞萎縮的同時，他們嘗試以胰泌素刺激法產生小島素，但手術進行兩個小時之後，狗就死了。他們依例摘除了狗的胰臟，並用這個胰臟依循步驟製作了萃取液。當晚，他們先用之前剩餘的最後十毫升萃取液，由直腸注入「狗九」體內，然而並未產生任何效果。

另一方面，從靜脈施打新的萃取液到「狗九」的體內，則讓牠的血糖戲劇性地降低：晚上六點半到午夜，血糖由〇．三降至〇．〇七。然而，注射本身似乎讓狗兒感到疼痛。第二天注射降血糖的效果差了很多，從直腸注射則是無效。

九月十二日，他們嘗試了胰泌素刺激法，打算耗盡貓胰臟內的分泌物，但是貓在刺激開始後九十分鐘就死了。他們取了牠的胰臟來製造萃取液，並用這個萃取液在「狗九」身上做了幾個實驗，其中包括直接注射心臟。這讓牠的血糖稍微降了一些，但接著而來的就是休克與死亡。驗屍之後，他們認為死因應該是栓塞引起的，也就是萃取液中混進了比較大的胰臟組織。顯然他們在匆忙之中製作萃取液，沒有好好剁碎並過濾。而做為控制組的「狗五」被安樂死了，筆記裡的記載是牠可能有腹腔感染。

九月十七日，他們又開始利用胰泌素刺激法獲得萃取液，並注射進最後一隻胰臟切除的狗兒身上。他們首度嘗試皮下注射，而非靜脈注射。貝斯特記錄了狗兒注射部位的皮膚上，有個兩毛五美元硬幣大小的洞，且還有些出血，血液主要來自一條部分萎縮的表層靜脈。狗兒的血糖保持不變，沒有降也沒有升。因為這些結果不具有決定性，因此他們決定就此打住，等到可以取得沒有蛋白酶的萃取液再繼續實驗。夏天的工作於此告一段落。

九月中，一位藥學部的年輕成員離職了。維爾吟．韓德森寫信詢問法爾科納校長能否雇用班廷遞補。九月二十一日，韓德森寫信的同一天，麥克勞德回到了多倫多。九月底或十月初時，班廷、貝斯特與麥克勞德碰面了。麥克勞德十分鼓勵他們重新實驗以確認結果，而班廷提醒了麥克勞德那些要求：一份薪水、一個照顧狗的男孩、一個工作間，還有修理手術室的地板。麥克勞德不是非常情願，新的手術室即將完工之際，幹麼還要去修舊的呢？他也指出經費有限：多分一些錢給班廷的計畫，便會排擠到其他研究者。

時隔十一個月之後，班廷寫下了這個會面的情景：

> 我告訴他，如果多倫多大學認為我們獲得的成果，不足以讓校方滿足我的那些要求，那我就去其他願意提供的地方。他的回答是：「對你來說，我就是多倫多大學」。他告訴我，我們的研究「沒有比部門中其他的來得重要」。我告訴他，為了這個研究，我放棄了其他的一切，所以我一定會繼續做下去。如果他不能提供我的需要，我就離開。他回答：「那你最好就閃人吧」。

麥克勞德後來變得比較柔和。班廷建議麥克勞德參與實驗，這樣或許可以滿足他的某些疑問。麥克勞德回拒了。班廷建議或許詹姆士・伯川・柯立普（James Bertram Collip）也可以在團隊中扮演某種角色。

聰明傑出的柯立普，是愛民頓市（Edmonton）艾伯塔大學（University of Alberta）

生化部門的助理教授。一九二一年春天，他剛好在多倫多。他獲得了為期一年的洛克菲勒旅行獎學金，得以在多倫多、倫敦（英國）與紐約做研究；而當時他就在大名鼎鼎的碳水化合物代謝權威麥克勞德旗下，研究血液酸鹼值對血糖的影響。他非常尊崇麥克勞德，所以選擇在多倫多與他共事。麥克勞德前往蘇格蘭前，將一些人介紹給了柯立普，班廷正是其中一位。

整個夏天，柯立普都表現出對小島素研究的興趣。對於班廷來說，柯立普加入團隊是極為合理的，他的專長與技術正是下個階段需要的，但是麥克勞德否絕了。目前團隊還不到擴張的時候，麥克勞德也警告班廷不要想太遠了。班廷感到挫敗，回到了實驗室繼續嘗試產出一些結果，好讓麥克勞德願意相信他們的工作不僅有效，而且值得更多資源的投入。

十月，班廷的名字出現在薪資單上，受雇名義是藥理部特別助理，這一切要感謝維爾吟．韓德森。他的薪水是每個月二百五十元。麥克勞德也追發了暑假的薪水，所以貝斯特領了一百七十元（正常的學生助理薪水），班廷則是一百五十元，因為當時的他還未具備校方的正式職稱。

一九二一年十一月中，在整個離析胰島素的冗長歷史中，班廷貢獻了新點子。他想到了在農場的日子——胚胎小牛的養分來自母牛，出生之前都不需要任何消化酵素。他也記得通常母牛在宰殺前都會強迫受孕，因為這會使牠們更胖更會吃。十二月初，班廷與貝斯特到了當地的屠宰場，他們切下了九頭胚胎牛的胰臟帶回實驗室。他們用胚胎牛的完整胰臟製作了萃取液，將它打入了胰臟被切除（也就是得到糖尿病）的受贈犬，而血糖毫無疑問的下降了。他們重複實驗，取得了相同的結果。現在小島素的來源比較穩定可靠了，班廷報告了成果，終於首度讓麥克勞德滿意且印象深刻。

麥克勞德邀請班廷與貝斯特，在十一月多倫多大學生理部的期刊俱樂部，報告夏天的工作成果。班廷並不喜歡公開演講，但是他渴望宣告自己的發現，以證明這場賭博並不全然是浪費時間。

這將是班廷與貝斯特一九二一年夏天工作首度半正式的公開。期刊俱樂部的會議在十一月十四日舉行，似乎是好兆頭，因為那天是班廷的三十歲生日。他們同意分工如下，班廷報告論文內容、貝斯特秀出表格與圖片，麥克勞德則是為他們引言。班廷詢問了麥克勞德名字是否要出現在論文上，麥克勞德選擇不列名在作者群中。

終於迎來了這天，麥克勞德開始了他的引言。而根據班廷所述，麥克勞德不僅只是介紹他們，接著還講起了後續的內容。基本上麥克勞德把班廷要講的都說完了，麥克勞德要將會議交給班廷時，班廷除了傻眼，還有了被羞辱的感覺（之後班廷回憶起，麥克勞德整場演講的主詞都是「我們」，但實際上整個過程他人幾乎都在蘇格蘭，沒有參與實驗）。這個事件讓班廷對麥克勞德的憎恨更加穩固，這天在無力與焦慮中度過，當晚班廷無法入睡，他在日記寫道：「我的大半人生都完了」。結果，他距離人生的盡頭，比他自己想得還要近。

一九二二年二月，那篇論文發表於《實驗室與臨床醫學雜誌》，標題為〈胰臟的內部分泌〉。作者列示為F. G.班廷醫學學士與C. H.貝斯特學士，僅在參考資料中提到了麥克勞德。

論文發表之前，醫學研究領域就流傳著多倫多有重大發現的消息。麥克勞德開始收到臨床醫師渴望拯救悲慘病人的來信。那年十一月，艾略特・喬斯林是這樣寫的：

> 我剛剛從阿肯色州溫泉城（Hot Springs）開完南方醫學會。我聽巴克醫師（Dr. Barker）提到你們正在用蘭氏小島的萃取液做實驗……，如果有那麼一絲絲希望，我想告訴病人你們正在努力了。這不僅只對病人，對我也是莫大的安慰，我已經看了太多太多可悲的病例了。

明尼蘇達羅徹斯特市梅約診所的羅魯醫師（Leonard G. Rowntree），三週之後來信寫道：

> 我輾轉聽到你們最近在蘭氏小島與糖尿病的領域有重大發現……，我手頭上有個四歲的小傢伙，儘管竭盡所能，他仍然一副要從我們手中溜走的樣子。如果你的研究涉及糖尿病治療，要是能提供相關訊息，我們會非常感激。

多倫多大學的泰勒醫師（N. B. Taylor）參加了十一月班廷上台發表的那場會議，他建議班廷透過讓糖尿病犬生命延長來證明萃取液的效果。班廷、貝斯特與麥克勞德都表示贊同。不到一週後的一九二一年十二月六日，他們開始了一個長壽實驗，對象是「狗三三」，後來被重新取名為「瑪裘瑞」(Marjorie)。

這個物質一直都被稱小島素，班廷與貝斯特整個夏天努力奮戰時就是這樣稱呼的。麥克勞德則堅持要更名為胰島素，這可違反了「過河半途不換馬」的原則。他指出胰島素這個詞早在一九〇九年迪·梅爾就提出了，後續在一九一六年也被愛德華·沙佩沙爾爵士（Sir Edward Sharpey- Schafer）認可，用於一個假設性的分泌物。對班廷來說，麥克勞德堅持將小島素重新命名，再度證明了自己在這個偉大學者底下，完全是權力真空的狀態。

班廷越來越沒耐心並急於想要證明自己，就算在這些無止盡的實驗中證實了這個活性物質的存在，但他們真的離臨床上人類解藥有更接近嗎？十一月二十三日，班廷告訴貝斯特，要給自己注射這個萃取物，請貝斯特見證並記錄發生的一切，以免屆時班廷喪失能力。班廷寫了簡短的訊息給父母說明一切，並且向他們道歉，接著將這個紙條別在實驗袍的前面，然後自己用皮下注射的方式打了一．五C.C.的萃取液。「沒有任何效果」，班廷把這件事記錄到實驗室筆記本裡，沮喪無比地離開了。

一九二一年十二月，第三十四屆美國生理學會大會預計在康乃狄克州紐海芬市（New Haven）舉行，並廣徵論文發表。麥克勞德是當時這個頂尖組織的主席，他鼓勵班廷將夏天的工作內容整理好去投稿。班廷詢問麥克勞德，希望他同意將名字與班廷及貝斯特共列作者，這樣能增加論文錄取的機會。麥克勞德同意了，而這篇論文也順利錄取了。

會議時間是在一九二一年十二月二十八日週三至十二月三十日週五。早在會議開始前數週，各種消息就在醫學研究圈滿天飛，說是多倫多發現了很有希望的東西。報告的標題是〈某種胰臟萃取液對糖尿病的正面效果〉，作者有三人，一名會員、兩名外賓，分別是J. J. R. 麥克勞德、F.G. 班廷（外賓），以及C.H. 貝斯特（外賓），而夏天裡執行不佳的實驗則在這篇論文裡被略過了。

這篇論文預計在週五下午發表，是議程中最差的時段，因為不少與會者都提前離開去趕火車了。最後，儘管已經接近午夜，起碼還是有三個人留下來聽了這個十二月三十日在紐海芬的發表會。此三人分別是來自麻州波士頓的艾略特．喬斯林醫師、紐澤西莫里斯敦的佛德列．艾倫醫師，以及印第安納州印第安納波利斯市（Indianapolis）禮來公司（Eli Lilly）研究部門主任喬治．亨利．亞歷山大（暱稱艾利克）．柯羅威醫師（George Henry Alexander〔Alec〕Clowes）。

19 一九一九～一九二一年，印第安納州，印第安納波利斯市，美國的十字路口

艾利克．柯羅威（Alec Clowes）是個耀眼如龍捲風般的人，不管是在印第安納波利斯市開著豪華的迪森貝格（Duesenberg）汽車橫衝直撞，還是對著研究員同事不間斷噴射問題。他幾乎總在東奔西跑地活動著、開會老是遲到、對話經常從中間插嘴。他對細節不耐，卻又不肯把細微的事項指派給他人。他寫字快到連自己都辨識不出寫了什麼。他無視組織的階級並非常厭惡各種委員會。他很容易沮喪進而情緒大噴發，但同時也充滿了慷慨寬宏的肢體語言。他英俊的臉最明顯的是一對濃密突出的眉毛，覆蓋在一雙熱切的藍眼睛之上（閃爍著想到了好點子或是惡作劇的光芒）。雖然他不是醫生，但熟識的人都會稱呼他一聲醫師。他把車停在自己喜歡的地方，打高爾夫球的順序隨興決定（通常是從停車處最近的那洞開始）。伊利．禮來對他的評語是：「他是我認識的人之中，每天活上最多個鐘頭的傢伙」。

柯羅威在一九一九年加入禮來公司，任務是替禮來尋找具有商業發展可能性的醫

學研究。這是很奇特的任務，而柯羅威可以自由發揮。由於工作需求，他可以任意探索感興趣的清高學術領域。當時的氛圍下，醫學研究與藥物事業利益是完完全全無法兼容的，學者最關切的是自己的研究能否透過書寫或口頭發表，最後變成科學論文。藥廠有興趣的則是製造與販賣商品來賺取利益，任何藥廠做的研究都會被醫師及校園中的學者蔑視。一九一五年美國醫學會的藥物理事會發表了「實驗室必須與製造商毫無瓜葛，如此才能期待真正的藥學進步」這個觀點，當然班廷與麥克勞德也信奉「以利益為動機會阻礙研究」。除此之外，不少生化相關的研究學者也與班廷、麥克勞德相同兼具了醫生身分，他們曾經宣誓希波克拉底誓詞，禁止醫師利用知識來達成特殊目的（如營收），因為這可能損及人們的身體健康。

二十世紀初，藥廠比較像是調劑師，販售源於十九世紀的祖傳配方。當時他們鞏固專利權的方式是改良市面上現存的藥物，而非發明新藥。一九二〇年代，禮來公司銷售較好的商品，包括了治療消化不良的碳錠劑（Charcoal Lozenges）、便祕用的開普蘆薈（Cape Aloe）、用於焦慮與失眠的佩斯拉利亞（Passolaria）、貧血用的布勞德液（Liquid Blaud），還有萬靈藥六十三號，成分有貓薄荷與茴香，可用來治療感冒、頭痛、腸絞痛及發燒。

伊利．禮來是禮來公司創辦人的孫子，他認為未來的關鍵是新點子的專利，而非一直在改進老東西。喬治．威斯丁豪斯（George Westinghouse）與湯瑪士．愛迪生（Thomas Edison）不就證明了產業界與發明者的合作，可以催化出發展的進程並改良產品嗎？禮來是這麼斷定的：藉由公司內部的研發部門，可以發展全新的藥物並擁有專利權。他也認為藥物製造的未來來自基本生物研究。這是個激進的想法，本質上他確實預見了未來幾十年，甚至延續至今日的超級大藥廠產業模式。

伊利．禮來意識到此事後，在創造公司內部可信的研究小組時，面臨到了如同銅板正反兩面的雙重障礙。第一個是說服公司的董事投資基礎研究部門。第二個是找到一個願意走出象牙塔的研究科學家來承擔工作。面對第一個挑戰，他有個強大的盟友，也就是公司的總裁、他的父親老禮來先生（J. K. Lilly）。

老禮來具有少見的判斷力與仁慈，幾乎認識他的人都抱持著尊敬與喜愛的心。他的父親伊利．禮來上校，在一八七六年老禮來十四歲那年，創辦了禮來公司。老禮來在一八八二年，以最高榮譽從北美洲第一間藥學大學——費城藥學大學畢業後就進了公司。禮來上校過世後，老禮來在一八九八年成為公司總裁。北美洲第一個救命藥物的發展與問世，交給這樣的人再適合不過了。

伊利在一九〇七年加入家族企業裡的一人財務部門，便一直想要倡導新想法。在伊利仔細分析液體萃取部門後，盛裝液體的桶子由木桶改為內裡鍍銅的桶子，便就此減少了桶子吸收的耗損，讓公司每年省下一萬五千美元。他設計的瓶子，由瓶口到瓶身像肩膀般斜向下垂，如此盛裝粉狀藥物時，比較不容易卡在瓶身內部，亦避免了浪費。他也深受亨利．福特（Henry Ford）的影響，將流水式生產線概念帶入了藥物製造業，產線上包含了特殊設計的建物、輸送帶、滑槽、滑車，還有管道。

董事會的會議廳裡有許多耗時長久的討論，改革創新派由伊利主導，保守派的論述則通常由查爾斯．林恩（Charles Lynn）領頭。林恩是公司的總經理，是深受老禮來信任的得力左右手，更是決策圈中的第一位非家族成員。林恩是個笨拙愛抽菸的務實主義者，本能上對於創新想法都會以看似合理的理由質疑。最終伊利贏得了這場辯論，公司將設立研發新產品的研發部，並去尋找這個部門的領頭人。林恩粗暴地咬著嘴中的香菸，但是他能說什麼？老禮來正逐漸把公司移轉到兒子伊利的手上。

伊利找尋著願意跨入工商領域、有經驗又受人尊重的醫學研究家，但是誰願意來呢？很明顯這個人要有以下特質：足夠的聰明、野心與好奇心，這樣才能抗衡研究領域中其他同儕可能產生的不屑；要有足夠的成就，這樣反對派才不能把他解雇；能夠連結兩邊相差甚遠的文化，以化解相異之處進而產生解決問題的方法。要做到上述這些，這個人得有用不完的精力。最重要的是，這個人需要的不僅僅只有知識，更需要的是想像力。禮來認為柯羅威可能就是他要找的人。

柯羅威所受的醫學教育主要是在化學方面，先是在倫敦皇家科學院就學，接下來在德國哥廷根大學（University of Göttingen）取得了博士學位（十九世紀末到二十世紀初，英國與德國被認為是世界科學的領頭羊）。一九〇一年，柯羅威逃離歐洲死板的學術界與充滿階級的職場來到美國，好讓他足智多謀心靈手巧的特質有所發揮。接下來的十八年，他在紐約州水牛城的羅斯威爾公園（Roswell Park）癌症研究所工作。在水牛城，他與伊蒂絲．懷特希爾．欣克爾（Edith Whitehill Hinkel）結婚成家。大戰時，他加入了華盛頓的美國陸軍化學兵部隊。一九一八年大戰結束，柯羅威就住在華盛頓的高級私人俱樂部宇宙俱樂部（Cosmos Club）裡找尋新方向。當時的他已經四十一歲了，一般人在這個年齡不會冒著風險轉換跑道，但柯羅威不是一般人。他是要回到水牛城還是找新工作？剛好禮來家邀請他到印第安納波利斯午餐面試，這個時機真是再好不過了。

一九一八年十二月，柯羅威一踏下火車進到羅馬式建築風格的聯合車站，就對印第安納波利斯有了很好的印象。拱形穹頂天花板像在頭頂翱翔，陽光從天窗射進來，照在大理石地板上，這讓他想起了那些倫敦的雄偉車站。印第安納波利斯的聯合車站建於一八五二至一八五三年，是全美第一個經過整合的中央車站。由於鐵路交通不斷擴張，一八八八年還增建過。

印第安納波利斯擁有不少大型工業，像是汽車製造、汽車零件，以及肉類加工與分裝；這些事業仰賴大量員工，而這些員工必須仰賴全球最大的城市電氣化鐵路——城際電車。一九一八年，總共有超過七百五十萬人次，經由十二萬八千一百四十五車次乾淨、方便、便宜的火車運輸。城際電車路程數百英里，往各個方向幾乎都有車班，營運時間從早上六點直到午夜，分為快車與區間車，艙位有包廂與臥鋪，範圍涵蓋超過二千三百萬英畝。

市中心的建築造形很吸引人，似乎永遠充滿了能量；有著優雅的歌劇院、引人注目的市政辦公廳，圓環正中心更矗立著兩百四十八英尺高、優美肅穆的士兵與水手紀念碑。一九二〇年，全美就業數據將是史上首度製造業與工業大於農業。一九二五年，《國家地理雜誌》將把印第安納波利斯標示為「美國的交叉路口」。柯羅威看出了這個城市還有許多值得推薦之處，這非常重要，因為他得說服伊蒂絲離開紐約州水牛城的娘家到這裡建立家園。

五十七歲的老禮來與他三十三歲的兒子伊利在聯合車站與柯羅威碰面，他們搭著私人司機駕駛的轎車來迎，並帶他進行了四十五分鐘的印第安納波利斯城市遊，全程幾乎都是熱情的伊利．禮來說個沒停，老禮來偶爾打岔幾句。柯羅威非常喜愛車子，而印第安納波利斯在美國汽車文化中深耕已久。伊利告訴他的團員，大概有六十多種汽車品牌是在這個城市製造的，包括陸上汽車（Overland）、柯爾汽車（Cole）、美聯汽車（Marmon）、斯圖茲汽車（Stutz）、迪森貝格汽車、亞特斯─奈特（Atlas- Knight）汽車、經濟汽車（Economycar）、胡希爾敞篷車（Housier Scout），以及開拓者汽車（Pathfinder）。這個城市在汽車製造業是底特律及克里夫蘭的競爭對手，但是只有印第安納波利斯擁有印第安納波利斯賽車場，以及拿過美國及歐洲賽道、公路賽、長途賽冠軍的斯圖茲跑車熊狸（Bearcat）。加農砲．貝克（Cannonball Baker）開著熊狸從聖地亞哥到紐約，花了十一天七個小時又十五分鐘。福特在印第安納波利斯的大型製造廠，每年可生產兩萬五千輛T型車（Model T）。作家西奧多．德萊賽（Theodore Dreiser）的小說《胡希爾假期》（*A Hoosier Holiday*，一九一六年發行），描寫的就是從紐約到印第安納波利斯的車程，這將汽車文化推廣到了美國每個角落。

印第安納波利斯也是查爾斯．費爾班克斯（Charles W. Fairbanks）的家鄉，他曾經當過八年的國會議員，後來擔任老羅斯福總統的副手。一九一六年的總統大選，與查爾斯．伊凡．休斯搭檔競選。

三位男士在印第安納波利斯運動俱樂部（Indianapolis Athletic Club）用餐，禮來家事先安排好了菜單，要讓這位貴客的味蕾對胡希爾（Hoosier）的料理留下深刻印象。午餐間，他們討論了藥物的發展，並拿阿司匹靈作為例子，三人對這段歷史基本上都算熟悉，而柯羅威更是曾在哥廷根大學仔細研讀過這個部分。西元前四百年，希波克拉底就已經從柳樹皮與葉子研製出粉末，用以緩解疼痛與發燒。一八二九年，科學家辨認出柳樹中的這個有益物質叫做水楊苷。後來法國化學家亨利．德魯（Henri Leroux）改善了萃取過程；接著義大利化學家拉斐爾．皮里亞（Raffaele Piria）更精煉了水楊苷而分離出水楊酸。水楊酸非常有效卻會讓胃有不適。一八五三年，另一位法國化學家查爾斯．葛哈特（Charles Gerhardt）成功緩衝了水楊酸並讓藥效不打折；就像個學者般，葛哈特把自己的發現發表成論文就沒有後續了。直到一八九七年，距離葛哈特的發現已經超過四十年，德國拜耳公司（Friedrich Bayer & Co.）的化學家菲力克斯．霍夫曼（Felix Hoffman），為了緩解父親的關節痛，再度研究起這個化合物。一八九九年，拜耳的阿司匹靈膠囊已經銷到全世界。

年輕的禮來先生幾乎是在大聲哭喊：「葛哈特發現後到拜耳成功製藥的這四十六年間，有多少人承受著這不必要的痛苦啊？」

柯羅威點了點頭，這個年輕人的熱情吸引了他。如果一八五三年拜耳就參與了整個過程，或許病人能更早受惠這個物質的臨床應用。「點子無法治療人，藥物才能。」禮來繼續說著，「這也是為什麼我們需要把研發的科學家與藥物製造商串連在一起」。

如此進行，雙方皆需承擔一定的風險。長年跟隨柯羅威的祕書曾這樣比喻，當一個致力於研究的人將目標商業化之後，其他的科學家會覺得他是把自己與生俱來的權利給賣了，換了一鍋爛粥回來。對禮來而言，這是需要鉅額投資卻不保證能有回報的事。此般的企業投資冒險，禮來並非毫無經驗，禮來上校曾發現病人不願意吃藥有個很重要的理由，就是太難吃了，因此他努力尋找可以解決的全新投藥機制。競爭對手添加糖或是其他口味之際，他在一八九五年做了第一個以吉力丁包覆藥物的藥丸。一八九八年，禮來的價目表多了空心、好吞的吉力丁膠囊，總共有七種大小。這是個大成功，一九〇五年，公司銷售業績突破了百萬大關。

三個人達成了共識，柯羅威一九〇一年移民美國展開的賭局，於是繼續了下去。這回他在一九一九年離開了熟悉的研究世界，加入了商業界的藥物製造。他與伊蒂絲，還有兩個兒子，一九一九年春天從水牛城搬到了印第安納波利斯。在柯羅威要求下，禮來公司贊助了麻州伍茲荷（Woods Hole）的一個研究機構，讓柯羅威得以繼續追求自己所愛的海洋生物研究。每年夏天他都邀請科學家到那邊，如此也能促進禮來與研究領域的合作。他很喜歡划船，海洋的微風能緩解他的過敏性鼻炎。他常常在伍茲荷待到十月初。有兩年半的時間，禮來對柯羅威展現了最大的誠意——相當大方，提供了純研究的職位，並讓他在喜歡的地方與時間工作。這個慷慨與大方讓柯羅威更努力尋找所謂的黃金機會，可是來到印第安納波利斯的兩年多，還未有重大發現或發展。承受這個賭注的人已經不只是他自己了，禮來家願意在沒有任何基礎上信任他，伊蒂絲也是（還因此搬了好遠的家）。現在，機會可能就在一九二一年耶誕節到來。

他承認會來參加美國生理學會憑的純粹是直覺，這直覺來自於某篇論文中出現了J. J. R.麥克勞德的名字。糖尿病研究歷史幾乎是謎團，有的是完全錯誤的假設，有的其實很接近真相。麥克勞德是如此驕傲與精明，他不會同意名字跟自己無法確信的概念綁在一起；就算如此，加拿大實在不太像能夠產生重要醫學突破的地方。對柯羅威來說，有麥克勞德那種地位又願意來到多倫多，原因簡直像個謎；但他猜想麥克勞德對於他投靠更為奇特的工商領域，應該也會有類似的感覺。

柯羅威來到康乃狄克州紐海芬參加那次會議，根本是集合了許多的不可能。他是在美國工作的英國佬，他是在產業界工作的研究學者，他的主要專長是癌症不是糖尿病。查爾斯・休斯與艾利克・柯羅威根本不認識對方，但不久之後他們即將對彼此產生極大的影響。他們有個共同點：因為疾病而失去了一個孩子。休斯失去了海倫，而柯羅威在水牛城時因為白血病失去了三歲的兒子。那天來參加這個會議而未與家人共度耶誕節是不小的犧牲，可是如果多倫多來的傳聞屬實，百萬計的父母將毋須經歷失去小孩的痛苦。

正當班廷與麥克勞德忙著準備在紐海芬要發布的消息，世界強權仍在華盛頓討論裁軍。一九二一年十二月《印第安納波利斯新聞》（*The Indianapolis News*）都用固定的版面來處理華盛頓會議的進展，其中某天的頭條是這樣的：「會議終於休息一天：不滿意的休斯先生總算同意耶誕節小憩，但大夥週一需要上班。」內頁則是塞滿了廣告，循環留聲機店提供了「各式留聲機給不同需求的人，價位從二十五元到一千五百元都有」；調皮或乖巧的孩子都會喜歡雪橇，從一元到五・五元都有；「告示區」則列出當週上映的電影圖片，主角有瑪莉・畢克馥（Mary Pickford）、諾瑪・塔爾梅奇（Norma Talmadge）、傑基・庫根（Jackie Coogan），還有巴斯特・基頓（Buster Keaton）。史賓克斯—

阿姆斯旅館（Spinks-Arms）剛好開幕周年，以傳統耶誕午餐一份特價一．五元來慶祝；至少有五十七間教堂公布耶誕節禮拜時間與主題。艾利克與伊蒂絲很少錯過市中心圓環美國聖公會教堂（Christ Episcopal Church）的週日禮拜，他們在那兒通常會遇到教友伊利．禮來與他的妻子伊芙琳（Evelyn）、女兒伊薇（Evie）。

每到十二月，伊蒂絲．柯羅威就會帶著兒子們（小喬治〔George Jr.〕與艾倫〔Allen〕）到印第安納波利斯市中心看耶誕裝飾。她戴著手套的優雅雙手，一邊牽著一個小孩，三人在美麗敦大街（St. Meridian）充滿義式風格的商店前閒逛，接著走到西南與華盛頓大街的轉角，那兒站著印第安納波利斯最高級的百貨——艾爾斯百貨（Ayres），八層樓共六部電梯，還有總長度來到兩百五十英尺的窗戶，每到耶誕節這些窗戶就會變作精緻的透視櫥窗。一樓大廳的室內露台，身著白袍的合唱團以愉悅的耶誕節歌曲撫慰著購物的人們。六樓整層被改造成「玩具樂園」，玩具展示堆置到天花板高，適合各種小朋友的玩具吸引著眼睛發亮的小訪客目光。對柯羅威一家來說，一九二一年的耶誕節和以往不一樣，十二月二十五日天還沒亮，艾利克．柯羅威就要離開他的公爵夫人（他很愛這個屬於聰明精巧太太的綽號）以及兩個兒子。他要先搭火車到紐約市賓州車站，然後橫越市區到大中央總站，轉乘前往紐海芬的火車。

柯羅威本來就是不好睡的人，有時太陽還沒出來，他就會出門散步，而相伴的是他的登山杖跟愛犬，一隻叫做羅迪（Roddy）的可麗牧羊犬。過去幾個月，他顯得更為焦急，常常四點起床便開始閱讀與思考。這個耶誕節早上，他照慣例穿著沒有熨燙過的英式貝里克羊毛西裝，來到印第安納波利斯聯合車站，也就是兩年前與伊利・禮來展開冒險的起點。他當時還無法想像後來的十八個月，會有多頻繁地走過這裡的大理石地板。接下來的時間裡，旅行將頻繁到他抵達車站後，可能會迷惘地走到月台上找具電話，打給法蘭西斯（Frances）詢問這趟究竟自己要去哪裡。

平安夜，印第安納波利斯的氣溫驟降三十度。第一天早上聯合車站空曠到在他走向列車時，可以聽見自己的腳步聲迴盪在大廳中。他坐進頭等車廂，把公事包放在對面座位後就閉上了眼，腦海浮現了自己剛離開不久的黑色都鐸式磚屋。他想像著曙光照射在前院結冰帶霜的白楊樹枝頭，想像著兒子們比賽衝到樓梯前耶誕樹的模樣。

火車緩緩開過了市區，在白雪皚皚的大平原上加速。柯羅威思考著接下來的會議，以及多倫多傳聞真實的機會究竟有多大。過去沒人能成功分離這個胰臟萃取液，不代表現在辦不到。想像著一年之後（也就是一九二二年的耶誕節），老禮來會收到很多耶誕卡，這些卡片都是強壯充滿活力的糖尿病孩子表達對救命之恩的感謝，並且瘋狂詳盡的寫著他們現在可以吃的食物清單，會很奇怪嗎？想像著就在二十年內，一個十歲糖尿病孩童的餘命，將比這個孤單耶誕節的當下多了二十五倍以上，會很奇怪嗎？

也許真的非常非常奇怪，然而，奇怪的事就這麼發生了。

20

一九二一年十二月二十八～三十日，康乃狄克州，紐海芬市，美國生理學會

直到出發前往美國生理學會的前夕，多倫多方面都在瘋狂趕工。不到一週前，體力透支的班廷踏上了前往新英格蘭的火車。麥克勞德終於鬆口同意班廷的請求，讓柯立普正式加入胰島素團隊；顯然，麥克勞德最終被說服了，認同班廷與貝斯特的研究值得投注更多資源，因為他不僅把柯立普納入團隊，同時還拉了艾蒙．佛萊奇（Almon Fletcher）、約翰．赫本（John Hepburn）、拉契福（J.K. Latchford），以及克拉克．諾貝爾。他們也加入了兩個目標的競逐：首先是製造出純度足以進行人體試驗的萃取液，再來是發展出可以連續大量製造有效萃取液的流程。

新團隊充滿了活力，麥克勞德試圖駕馭並有效地組織這一切，他分配任務給每位成員，克拉克．諾貝爾主要藉由協助柯立普的兔子實驗，研究萃取液的穩定度與效能。柯立普專注於製造純度高到足以用於人體試驗的萃取液。約翰．赫本醫師原本是拿到美國生理學會的贊助，要來多倫多參與麥克勞德的研究，他與查理．貝斯特被指派研究呼吸

生理學的參數與實驗（當時認為利用吐氣中二氧化碳與氧氣的比例商數，可以推測體內碳水化合物是否有效燃燒）。最後，也是最重要的班廷，負責進行團隊所需的手術。

大部分的壓力落到了柯立普的身上了。他是具有特別天分、與身俱來的生化專家，最適合這個任務，能夠有他加入胰島素團隊真的很幸運。依他原本的洛克菲勒旅遊獎學金安排，一九二一年十二月他應該已經離開多倫多前往倫敦或紐約了；可是他反而把自己隔離在多倫多總醫院病理大樓的實驗室內，幾乎毫無停歇地工作，把自己逼到極限。他很快注意到自己工作成果的重要性，所以決定放棄獎學金，並把剩餘的時間都花在多倫多。

這段期間，柯立普與麥克勞德之間的合作非常密切，這也是他願意留在多倫多的另一理由。兩位教授幾乎每天一起午餐，他們的努力有了又快又顯著的進展。一隻糖尿病的梗犬注射了柯立普的萃取液後就通過了尿糖測驗。

柯立普運用兔子來實驗萃取液的效能。他斷定一單位就足以讓一隻兔子開始抽搐、陷入低血糖昏迷，然後死亡。這是種很昂貴的實驗方式，兔子一隻要一．二五元；柯立普使用兔子的速度實在太快了，這筆帳愈積愈多且全算在生理部門頭上。看到克拉克．諾貝爾從兔子身上抽血做化驗時，麥克勞德是第一個想到可以給昏迷的兔子打葡萄糖液回復狀態的，如此這隻兔子就還能再做其他實驗。

除了正式分配下來的工作，班廷與貝斯特仍繼續實驗以整個胰臟製作萃取液，以及牛胚胎萃取，另外也嘗試不同萃取方式。他們嘗試了柯立普的萃取方式，好比真空蒸餾法；也實驗不同的投藥方式，好比透過胃部的管子給藥；甚至用肝臟、脾臟、甲狀腺或是胸腺的萃取液注射到狗身上，不過只有胰臟萃取液才能降血糖。或許是因為糖尿病的狗不夠了，也沒有時間準備這樣狀態的犬隻，所以他們首度在健康的狗身上做實驗。班廷與貝斯特似乎把本應合作的關係轉變成了競爭，他們非常堅定的要比柯立普更早純化這個萃取液，卻反而激怒了柯立普。

一九二一年十二月二十日，班廷的老友喬．吉爾克斯成為第一個接受胰島素的人類。班廷希望這個歷史性的一刻能讓他在會議上有戲劇性的消息發布，而他不打算提前告知麥克勞德。因為萃取液不夠純，所以不能直接注射到體內，喬只能口服。沒有產生任何效果。

現在主要的工作落到化學家手中了，班廷開始覺得不干己事且缺乏安全感。周遭的人都開心地準備要與太太或情人過節，查理要回緬因州與瑪格麗特過節，柯立普會跟太太蕾（Ray），還有他們的年輕家庭一起慶祝。傑克與瑪莉·麥克勞德會在多倫多羅斯戴爾區溫馨舒適的英式建築中度過。

班廷把自己隔絕在寄宿之家，他透過窗戶上煤炭痕跡中的縫隙，瞪著樓下開心購物的人們。他不敢回阿來斯頓的家，因為自覺與家人似乎變得很疏遠。他知道一旦回家，無可避免會被問上很多問題，但他全無答案。這些問題皆出自農家的角度，他們身上充滿了每次收成間財務及溫飽的務實氣息。

他們覺得班廷的生活簡直不像樣、毫無道理。哪裡會像樣呢？三十歲了，幾乎沒有其他人際關係，工作似乎也只是兼職。他放棄了一切去追求一件直到現在仍無人認為值得的事。現在其他人終於發現這件事的潛力了，他們似乎只想把他給擠出去，讓他不要擋路並試圖邀功。他向家人道歉後繼續留在多倫多，表面上說是要準備人生首次科學論文公開發表，實際上他只是在杳無人跡的校園散步。下午，他常到佳士得街醫院拜訪退伍軍人，或是到實驗室找他的忠心夥伴瑪裘瑞（耶誕節時，沒有胰臟的牠已經活了三十七天了）。

★★★

他想，狀況應該不會更糟了，卻還真的就變得更糟了。

班廷到了紐海芬，被孤立的感覺更嚴重了。一九二一年的美國生理學會約由三百名傑出的菁英組成，他們彼此相識。在一定距離之外，班廷以嫌惡的眼神看著一個個科學界的菁英繞去跟麥克勞德握手。有幾次他聽到這些人跟麥克勞德說，他們有多期待聽到「他的」演說，而班廷也注意到麥克勞德並不急著糾正。在這群人中，麥克勞德認出了艾利克．柯羅威，好奇著他的英國同鄉在禮來伍茲荷海洋生物實驗室的研究進展。目前為止班廷還未遇見任何熟悉的臉孔，查理還要再晚一些才會從緬因直接趕來。

會議從十二月二十八日星期三展開，班廷參加了課程還有演說，希望學習如何讓自己的演說加分。他痛恨公開演說，當心煩的時刻越來越接近，他幾乎焦慮到懷疑起自己的整個想法。他去聽了同樣來自多倫多的泰勒演說，泰勒也出席了那次加拿大期刊俱樂部的演說。他也聽了歐內斯特．史考特的兩篇論文發表，史考特不僅綁過狗的胰管，並藉此拿到哥倫比亞大學碩士；他還將酒精用於整個胰臟萃取的過程，而這樣的方法目前多倫多大學也在使用。雖然史考特認為自己發現了胰島素，但是他的實驗結果很難複製；一九一二年，他發表了一篇描述自己研究的文章，卻因遣詞用字太過謹慎小心，反而讓人忽略了研究結果的重要性。史考特最後完全放棄了這個領域，而那個十二月他發表的內容，與此完全沒有干係。

那個十二月，大家真正想在紐海芬聽到的，就是傑克．麥克勞德還有他的同事發表的胰臟萃取液演說，大會企劃人員也知道，所以刻意把這場演說安排到最後一天下午，這樣大夥才不會提前離開。當那個命中注定的週五午後來到，會議室坐滿了具有慧眼的聽眾，他們都是頂尖科學家，其中包括了佛德列．艾倫、艾略特．喬斯林、艾利克．柯羅威、以色列．克萊爾、安東．卡爾森（Anton Carlson），還有歐內斯特．史考特。實驗中一點點瑕疵都會被這些人注意到。

班廷與貝斯特兩人都不是美國生理學會的會員，所以是由麥克勞德開場介紹他們，並向大家說明整個夏天的工作內容。麥克勞德觀察到班廷的驚恐不安正在攀升，為了預防班廷表現失常而無法好好演說，他直接完整說明了整個實驗的內容。班廷注意到了他在整個演說中不斷使用「我們」，班廷的脖子因為憤怒而開始轉紅，回想起七、八月裡一週又一週是如何孤獨、餓肚子，心裡卻又著急地在惡氣沖天的實驗室度過。他陷入了一陣刻薄的思索裡，所以麥克勞德邀請他上台時，他沒有聽見。

「班廷醫師？」麥克勞德重複了一次邀約，手比著講台並向後退了一步。

班廷起身走到麥克勞德剛剛所站的位置，他轉向這群傑出的聽眾，手緊握著講台，指節都握到變白了。

他結結巴巴地開始了，好不容易敘述一九二一年十二月三十日，有隻沒有胰臟的狗存活了四十二天，靠的就是每天一針的胰臟萃取液。現在的目標放在精煉出能讓人類使用的萃取液。班廷繼續演說的過程裡，臉色越來越紅，聲音越來越小，最後近乎喃喃自語，會議室後面的人根本聽不見他的聲音。他最後的總結就是告訴大家，他的同事查爾斯．貝斯特準備了一些表格跟圖片來描述他們的實驗，便走到查理身旁的空椅坐下了。

聽眾不是很確定班廷是否要拿那些表格與圖片繼續演說，所以沒有人鼓掌。班廷低頭看向自己的腳，查理看向麥克勞德。麥克勞德清了清喉嚨走回講台，這場演說提早結束了，而下場演說開始前還有不少時間。

「謝謝你，班廷醫師。」麥克勞德以帶有權威的聲音說著，拯救了全場尷尬的沉默。一小段掌聲後，人們紛紛起身朝向麥克勞德移動，有的想向他提問，有的是謹慎地祝賀。史考特是最早走到他面前的人之一，他想讓麥克勞德知道自己也進行過與他們在多倫多幾乎相同的實驗，最後結果不一。艾倫來到這邊則主要是替自己每隔一段時間發行的期刊《代謝研究雜誌》(*Journal of Metabolic Research*）找資源，他想邀請麥克勞德擔任下一期的特約編輯。每一期都匯集了許多傑出知名研究者的研究內容與成果，班廷、卡爾森、柯羅威、麥克勞德、米爾蘭、寶林（Paullin）、伍德亞特（Woodyatt）等名字都在不同時期出現在刊頭過。在等待要與麥克勞德說話的空檔，他想起了伊莉莎白・休斯。他說服安東妮不要讓她們去百慕達果然是正確的，現在終於可以證明自己是對的，他可以大方告訴她有確切的證據說明突破性的進展終於來了，而且他還親自握過了發明人的手。

眾人往麥克勞德身邊移動時，柯羅威走向了班廷與貝斯特。他們倆仍坐在講台旁面帶困惑。他伸出了手朝著佛萊德・班廷微笑。

「很棒，班廷醫師。真的很棒！」他以口齒清晰的英國腔說著。「謝謝你省去了過往學術發展的過程，以及已經發表過的實驗。我們都知道，重要的是從現在開始能做哪些事。」

班廷眨了眨眼，面帶疑惑望著艾利克・柯羅威那雙看穿一切的藍眼睛。

「禮來公司，艾利克・柯羅威」，他中氣十足的說。柯羅威給了班廷一張名片。班廷收下了並說：「柯羅威醫師的名片真是讓人印象深刻。很抱歉我沒有名片可給，而且這不是只有我一個人的努力，查理也一同努力著。」

貝斯特跳了起來，握了握柯羅威的手。柯羅威也給了他一張名片。

「我目前看到的挑戰是要如何提高產量，您同意嗎？」

班廷點點頭。

「我想要推薦禮來先生，他可以提供一切的協助：經費、純化、劑量、製造、行銷等等，你們會需要的，這將讓整個製程馬力大增。如果你把這麼重要的發現留在學術界，你會花大量時間在參加委員會與各種會議，根本沒時間拯救糖尿病患者。我會很快跟你們聯絡的。」然後他就走掉了。

稍晚，柯羅威在麥克勞德下榻的旅館留了紙條，告知禮來公司很願意協助把這個成品變成藥用等級。雖然麥克勞德滿尊敬柯羅威的，但對於商業利益還是很存疑，尤其又是一間美國公司。除此之外，大學本身有資源可以生產胰島素，不需要借助國境以南的力量。麥克勞德迅速簡單地在紙條背面回覆：「感謝你的關注與慷慨，多倫多大學擁有商業製造單位——康諾特醫藥研究實驗室（Connaught Laboratories）」。

麥克勞德指的是隸屬於多倫多大學，獨特的醫學研究與公家事業機構；多年前，在班廷與貝斯特做出重大發明的同棟建築物地下室開幕。起初設立是為了製造加拿大的白喉抗毒素，讓每個省的健康部門都能免費獲得這個解藥，它可以說是衛生部教授約翰·費茲傑拉德（John G. FitzGerald）的智慧結晶。一九一五年大戰時全球破傷風用藥短缺，那時康諾特醫藥研究實驗室為了因應需求而擴張並搬遷，後來搬到距離校園西北方十二英里、占地五十八英畝的農地。麥克勞德一開始就在想，時機點若對了，康諾特醫藥研究實驗室將被賦予量產胰島素的任務。他已經跟法爾科納校長討論過，校長當然熱切贊同——多倫多大學發現了胰島素，並且掌控胰島素的發展與生產。

麥克勞德在紐海芬多留了幾日，處理美國生理學會的事務。演說當晚他與學會幹部在高級牛排館用餐，完全沒有注意到班廷對他的不友善。就他所知，一切都進展得非常順利，那場會議是很大的成功。

班廷與貝斯特當晚就離開了。不論經濟或情感上，他們都無法再多待在紐海芬了。他們預約了開往多倫多夜間列車的臥鋪，但班廷完全無法好好躺下。他整夜都留在吸菸車廂，一直回想著這又是場宿敵給他的羞辱難堪。

「他們全都是禿鷹與毒蛇。」落座時，班廷自顧自地說著。「我告訴你，查理，如果我下地獄，一定會帶上麥克勞德。」

「下地獄？你才剛剛發現胰島素耶。」查理突然罕見地有點情緒。「你不是常常告訴我，這是在巴斯德發現狂犬病病毒後，最重大的醫學突破嗎？」

「比那個還要重大，查理。患糖尿病的人遠比狂犬病要多。」

「所以呢？」

「沒錯，沒錯。我的用途已經利用完了，而這個學期也結束了。麥克勞德現在應該希望我閃一邊，安靜搬回阿來斯頓去擠牛奶。」

「可是韓德森在藥學部給了你一個職缺啊！每個出版品上都有你的名字。我們回去時，柯立普可能已經有辦法純化到足以人體試驗的程度了。我們可以看看那個禮來的傢伙能做些什麼。」

「忘了他，他是麥克勞德的朋友，我看到他們在旅館大廳說話。」

「很可惜你這麼想，佛萊德。我覺得他是真的相信你。」

「除了我自己，沒有人相信我。我的家人、伊蒂絲、麥克勞德，沒有任何人。查理，從現在開始就是戰爭。關於戰爭，我敢說我知道的一定比麥克勞德更多。」

查理回到了臥舖，擔心著在這兩個影響他學術領域甚深的人之間，要如何避開戰火以免被碎成紙片。

柯羅威還在水牛城時研究過水與油的互斥性。未來處理與傑克・麥克勞德及佛萊德・班廷的交易時，這將是最好的準備。

對於麥克勞德最初的回絕，柯羅威一點都不灰心。他快速走到最近的西聯匯款公司分處，向禮來送了一封關於美國生理學會的電報，電報只有短短幾個字：找到了。

21 一九二二年一月，多倫多大學，成功與失敗

班廷與貝斯特從美國生理學會回來後，與柯立普之間的競爭越來越白熱化。人體試驗不再遙不可及，因此鄧肯．格林漢（Duncan Graham）開始跟麥克勞德討論如何實踐。格林漢是多倫多大學最近任命的伊頓醫藥教授（Eaton Professor of Medicine），負責多倫多總醫院的教學病房。他們決定由目前最好的生化學家（柯立普）繼續提供純化的萃取液。但麥克勞德與柯立普都不是臨床醫師，所以在格林漢指導下，華特．康貝爾（Walter Campbell）被要求監督整個試驗的臨床過程。臨床試驗會在H病房進行，那是多倫多總醫院的糖尿病病房。格林漢不時跑到病理大樓的頂樓，也就是柯立普實驗室所在處關心狀況，同時也會加入麥克勞德與柯立普的午餐。

可想而知，班廷聽到這個計畫的風聲肯定怒氣沖天。他一直以為自己會是第一個執行這個臨床試驗的人，畢竟這是他的點子，而且臨床應用本來就是他的初衷。然而鄧肯．格林漢不允許，班廷不曾真的治療糖尿病患者；再者，他在多倫多總醫院並無正式

職稱，大學部的職務也是臨時的。

班廷怒氣沖沖跑進麥克勞德的辦公室，要求格林漢使用他跟貝斯特的萃取液，而不是柯立普的，並且要求由他執行注射。麥克勞德反駁道，人命關天之際誰先誰後根本不重要。他試圖說服班廷，如果試驗成功，團隊的每個人都會受益。但是班廷大吼回擊，要是如此就更該使用他的萃取液，因為這個萃取液讓小狗瑪裘瑞存活超過兩個月，目前也只有它被證明是有效且安全的。麥克勞德很感謝自己與班廷之間隔著大書桌，他很好奇坐在外頭的祕書聽到裡面的狀況會怎麼想，並告訴班廷他會考慮的。

雖然有些厚顏無恥，麥克勞德還是希望自己的好朋友鄧肯・格林漢默許班廷的要求，以維持平和。格林漢堅持注射必須由康貝爾醫生執行；更進一步表明，只要他掌權的一天，班廷或貝斯特在醫院裡就不會擁有任何特權。不過看在麥克勞德的面子上，他勉強同意使用班廷與貝斯特的萃取液，雖然純度比不上柯立普準備的。這件事的急轉直下，以及在其中所扮演的角色，讓麥克勞德自覺羞愧，所以試驗開始前，他都不敢再跟柯立普說話。

在這一切戲劇性與故作姿態之中，一名萎靡、下巴鬆弛、體重六十五磅的十四歲男孩，獲得了慈善資助，在一九二一年十二月二日住進了多倫多總醫院。他是雷奧納・湯普森（Leonard Thompson），是康貝爾的病人，康貝爾宣告他已是幼年型糖尿病末期，也是致命期，所以來向格林漢求救。雷奧納非常虛弱，身體幾乎沒有一點肉，得要父親把他抱進格林漢的辦公室。他的頭髮幾乎掉光了，腹部異常脹大。他的呼吸帶有丙酮的味道，血糖落在三．五～五．六mg／cc，而正常是在一mg／cc左右。很快地他就嚴格執行起每日四百五十大卡的熱量限制，但依舊繼續惡化；他如同掉進了一個深不可測也回不來的漩渦，而康貝爾醫師已經看過太多這種漩渦了，康貝爾被迫要直白地打斷奇蹟可能存在的幻想，告訴湯普森先生，已經沒救了。

一月十一日，在康貝爾醫師的監督之下，艾德．傑佛瑞（Ed Jeffrey）醫師在磨刀石上磨好了一支二十六號不銹鋼針頭。接下來，他把針頭裝在玻璃瓶上扭緊，完成針具的組裝。他把透明褐色液體抽入玻璃瓶，走進了躺著雷奧納．湯普森的病房。傑佛瑞在男孩身上總共注射了十五C.C.，臀部兩邊各七．五C.C.，這個劑量大約是同體重的狗兒注射量的一半。湯普森的病歷記載著注射的物質叫做「麥克勞德血清」（Macleod's serum）。結果不是很明確，血糖略略下降，但注射部位腫成了大膿包。

柯立普發現原訂計畫被改變時，把這件事視為麥克勞德的背叛。同時，班廷到處跟人說這個試驗會失敗是因為劑量不足，每每遇到願意停佇腳步聽他說話的人，班廷就會大聲宣揚遭遇的不公與困苦待遇。每說一次就更加深信麥克勞德對他真的很糟。班廷很不明智地把這些看法告訴了鄧肯・格林漢，這讓格林漢驚覺班廷原來是如此的脫韁不受控制，他立刻把這些對話告訴了麥克勞德，鼓勵麥克勞德終止班廷與學校間的受雇關係，並讓班廷與學校盡可能保持距離。但這用說的比較簡單。

對麥克勞德而言，很不幸的是他沒辦法就這樣讓班廷離開，因為班廷一直哀號著自己是如何從核心人物變成了路人甲，所以開始有人同情他了。維爾吟・韓德森是班廷的頭號知己，韓德森個人不甚喜歡麥克勞德，這同時也影響了他對班廷的觀點。班廷的表哥佛萊德・希維爾也站在班廷陣線。另外，同屬班廷這方的還有大學老同學喬・吉爾克斯，以及過去的指導老師、被稱為比利・羅斯（Billy Ross）的喬治・羅斯醫師（George W. Ross）。

比利・羅斯醫師是剛成為安大略省自由黨黨魁的知名人士喬治・威廉・羅斯爵士（Sir George William Ross）之子。正因如此，羅斯醫師各方關係都很好，也從不羞於運用關係來達成個人或政治的目的。他也是個熱情的愛國主義者。一九一七年加拿大在維米嶺（Vimy Ridge）為盟軍贏得關鍵性戰役後，又有新的一波聲浪希望成為內部統一的獨立國家，而非附屬在大英帝國光輝下。維米嶺一戰強化了加拿大想要自治政府的念頭，這個念頭最早源於一八六七年的英屬北美法令，首波高潮出現於一九三一年的《西敏法令》（Statute of Westminster），允許大英國協的領地擁有自己的立法自治權。而這個權利在一九八二年的加拿大法令中更加鞏固了，加拿大的立法權不再依附於英國。在佛德列·班廷的身上，比利·羅斯看到了加拿大的榮耀還有與英國的區隔。羅斯認為，班廷屈服於麥克勞德，就象徵著加拿大臣服於大英帝國，對此他樂於做出捍衛。

羅斯有個病人叫做羅伊·格林威（Roy Greenaway），是任職於《多倫多每日之星》（*Toronto Daily Star*）的年輕記者。羅斯認為這是個機會，於是就把班廷的不幸故事告訴了格林威，更提到了臨床試驗失敗有多令人失望，以及其重要性。當然他是以班廷的角度述說這個故事，所以格林威現在有了獨家，以及一位備受欺凌的英雄。

沒多久，格林威找到了生理大樓，並看見正獨自工作著的查理·貝斯特。格林威聞到腐爛內臟跟狗便味後有些退縮，貝斯特覺得這個畫面看起來很有趣。

「不是你平常在用的古龍水？」他開玩笑說。

查理在政治上相當謹慎，所以他把格林威帶到了麥克勞德的辦公室。格林威覺得這是大好機會，很樂於跟這個故事中的每個人聊一聊。麥克勞德對於大眾媒體可能提前發表尚未成熟的研究結果相當震驚，他的職業生涯已有夠多事要煩了，他無法想像萬一這個新聞發布，如洪水般的困擾可能會淹沒學校。他警告格林威目前成功的只有動物實驗，過度解讀是很不負責任又很超過的。他甚至根本不想對格林威說這麼多——一不小心，說不定會把那些反活體實驗團體弄到校園抗議。

「醫學進步是個漫長的過程」他嚴肅地建議著，「我只能說我們整個夏天都在研究胰臟萃取液，而這個液體似乎對於減緩糖尿病動物的症狀有幫助。讓人們覺得解藥就快要來臨了，可是殘忍的自利行為。」

一月十四日，這篇文章出現在《多倫多每日之星》上，標題是：

糖尿病研究有進展

多倫多醫療人員期待解藥降臨

男孩進入治療

效果很好所以持續注射

文章大部分遵循了麥克勞德的建議，格林威使用的文字遠比預計的保守多了。麥克勞德與班廷是唯二被文章指名道姓的。

班廷看了之後，只把重點擺在麥克勞德用了「我們」與「我們的」這兩個詞來敘述長達八個月的實驗。班廷怒火升起，因為他想起了夏天的那幾個月，麥克勞德人在蘇格蘭度假。他沒有想過麥克勞德可能是在保護他、保護學校的利益，甚至是在保護進展中的這一切。

在印第安納波利斯的伊利．禮來與艾利克．柯羅威都讀了這篇文章，他們倆一起走到老禮來的辦公室要讀給他聽。老禮來告訴柯羅威要用盡一切方法，讓公司在胰島素的發展中占有一席之地。

從一月到四月，柯羅威一共去了多倫多四次，通常都是與麥克勞德見面，幾乎沒有碰到班廷。法爾科納校長希望整件事能「保持加拿大專屬」，所以在柯羅威面前，麥克勞德裝造出團隊興盛的模樣，並再三重複著並不需要來自印第安納波利斯的協助。

然而現實並非如此。麥克勞德每天早上出門上班都得掙扎一番，瑪莉無助地看著丈夫變得易碎、退縮，彷彿那些在克里夫蘭的黑暗時光要在多倫多重現了。他的健康狀況也在惡化，關節炎帶來的疼痛讓他的關節更僵硬，他也因此很少去打高爾夫球了。某個早晨，他與瑪莉在餐桌上待了很長一段時間，期間喃喃自語說著自己應該像個馴獸師，帶張椅子跟鞭子去上班。那天早上他與瑪莉靜靜地決定，搬回他們摯愛的蘇格蘭成為可能的選項。

一月十六日，柯立普在自己孤單的地盤上工作，用著會讓自己心跳加快的速度生產一批又一批的萃取液。他不再為了做筆記停下來，看起來就像他已經融為了生產過程中的一部分。他的心靈與身體被不知名的力量控制住了，說不定是被萃取液本身希望被發現的意志給掌控了。

他正在進行的系列性任務稱作分餾。他先將胰臟與酒精混合，再把混合液拿去離心排除無法溶解的沉澱物與雜質；這個步驟反覆執行之間，使用的酒精也要濃度遞增。舉例來說，柯立普先將胰臟混入濃度三〇%的酒精，把混合液加入試管放到離心機上去轉；大概三十分鐘後離心機停止，試管底部會有無法溶解的蛋白質與雜質形成的彈丸，以及上清液。他會將底部的彈丸丟棄，再將酒精加入上清液，直到濃度變成四〇%；接著又會把這個混合液加入試管放到離心機，重複進行前面的步驟。當機器停止，試管中會有不溶於四〇%酒精的蛋白質彈丸，之後再把上清液取出加進酒精，每次濃度都會逐步增加，五〇%、六〇%、七〇%，以及八〇%。

濃度來到九〇%時，柯立普發現萃取物中的重要元素是無法被酒精溶解的，也就是說，九〇％的酒精萃取液離心完成時，柯立普就把這個活性物質（即胰島素）困在底部的彈丸裡了。此外，這樣的胰島素是很純的，大多數的雜質已經在整個分餾過程中被沉澱排除了。日後他會用兔子血清試劑來證實這件事。多年之後，柯立普說道：「我獨自在老舊的生理大樓頂樓經歷這一切，這大概是這棟建築遇過最大的驚奇，而我就是促成這個驚奇的人。」

過了幾天，柯立普走到生理大樓二樓告知查理·貝斯特這些消息，他看到班廷與貝斯特同在實驗室裡。他告訴他們，自己純化了萃取液，但是對於方法三緘其口。他拒絕說出這個祕密，不管理由為何，這都讓班廷抓狂。根據一九四一年《時代雜誌》的形容：「班廷在校園走廊上撲向柯立普並壓倒了他，把他的頭撞上了地，大吼：所以你打算要稱之為柯立普血清，是嗎？」查理拉住佛萊德的脖子，試圖把他抓下來。柯立普掙脫後站了起來，憤怒地不發一語就走出這棟樓了。

此日，柯立普馬上向麥克勞德報告了這個事件。麥克勞德去找法爾科納，滿心篤定法爾科納會支持解雇班廷；他以為自己會找到盟友，沒想到卻受到了一大波飛快的責難。怪罪麥克勞德應該為部門不和諧負責，這讓學校蒙羞。

「柯立普再過幾個月就會回到艾伯塔，」法爾科納說著，「你認為他會對在這兒的時光有什麼評價？」

麥克勞德驚訝到無法回答。

法爾科納建議開個會把話說清楚，主持人最好不要是麥克勞德，而是有足夠權威可以擺平事情的人。法爾科納建議去找康諾特裡頭解毒實驗室的費茲傑拉德。於是麥克勞德拉下了臉，請了費茲傑拉德來調停團隊裡越來越嚴重的個人恩怨。費茲傑拉德答應了，並同時提出可以在技術與經費上提供協助，以量產新的萃取液供應給後續的臨床試驗。這個會議定在一月二十五日星期三。

這團騷動間，科學似乎還是能夠兩方進行：研究與臨床。一月二十一日，因為要把萃取液保留給人體試驗，班廷與貝斯特停止了小狗瑪裘瑞的注射。一如預期，他們寵愛的實驗室吉祥物開始衰弱了。

一月二十三日星期一，華特・康貝爾醫師替雷奧納・湯普森注射了第二劑胰島素，這次有五C.C.，是柯立普的萃取液。六個小時之後，小男孩又被注射了二〇C.C.。第二天他接受了兩針，各別都是一〇C.C.。湯普森的尿糖幾乎消失了，血糖從五・二mg／cc快速降到一・二mg／cc。這肯定是個奇蹟。

此時，瑪裘瑞幾乎站不起來了，班廷無法看著牠繼續惡化，所以給牠注射了一些剩下的珍貴萃取液，牠立刻回復成之前親人的小狗。牠在實驗室裡跟著班廷屁股後頭走，也很願意讓人抽牠的血。

一月二十五日，班廷、貝斯特、柯立普、麥克勞德、費茲傑拉德，還有法爾科納，齊聚開會。柯立普的臉上有個黑眼圈。班廷沒有梳洗刮鬍子就來了，他穿著皺巴巴的羊毛夾克，沒有戴手套所以兩隻手感覺特別冷，而褲子上則有很多菸灰燒出來的洞。直到這次開會之前，除了查理之外，班廷岌岌可危的精神狀態並沒有人知情。

班廷指控麥克勞德想要霸占他之前的功勞，他舉出了湯普森的病歷，這個歷史性文件記載了「麥克勞德血清」的例子。麥克勞德心灰意冷且畏懼地想著：如果不是格林漢，班廷哪有可能知道這件事。

「也許這與功勞無關，反而是跟責難有關。」費茲傑拉德平靜地說。「如果湯普森死了，必須有人負責，負責的人必須在大學裡有正式職稱，因此我覺得格林漢不會讓你的名字出現在病歷上。並非你的名字不值得出現，而是如果失敗，你無法代表學校發言。無論如何，麥克勞德是想保護你。我沒有說錯吧，麥克勞德教授？」

麥克勞德僵硬地點了點頭。

會議裡，麥克勞德與法爾科納都沒說太多話。法爾科納不想說，而麥克勞德是不能說。麥克勞德說的任何話都可能被目光短淺的班廷視為輕蔑，因此他自動將自己消音。

會議達成了幾個共識，最實質的就是一份由班廷、貝斯特、柯立普，還有麥克勞德簽署的文件，文件標題相當冗長，〈康諾特醫藥研究實驗室合作備忘錄——J. J. R. 麥克勞德監督指導的研究，由班廷醫師、貝斯特先生、柯立普醫師共同研究，取得對血糖有特定效果的胰臟萃取液〉。」備忘錄有兩個重點。第一，在研發團隊與康諾特實驗室合作期間，班廷、貝斯特或是柯立普都不能私自取得專利或是與商業公司合作生產開發（從製程到產品皆不可）。第二，如果要改變這個協定，必須諮詢班廷、貝斯特、柯立普、麥克勞德，以及費茲傑拉德。此時也拍板定案，如果未來公開發表，作者列以英文字母排序，排起來將是班廷、貝斯特、柯立普、麥克勞德。

一月二十五日與二十六日，柯立普回到實驗室製造更多萃取液。雷奧納．湯普森這兩天沒有接受注射，二十七日恢復注射；再度注射的同時，健康狀態也逐漸好轉。他越來越敏捷，也越發生氣勃勃，血糖持續保持在不太高的狀態。最棒的是，柯立普的萃取液越來越純，雷奧納．湯普森所需的劑量可以減少到每天兩次，一次四 C.C.。

一切看似回到正軌。多倫多總醫院這頭，柯立普血清有好的結果；而貝斯特在康諾特醫藥研究實驗室，與費茲傑拉德一起致力於如何量產。可是班廷一直覺得自己被邊緣化了，他越來越急切，想要鞏固自己不可磨滅身為想法原創者的權利與頭號功臣的角色。

他把腦筋動到了小狗瑪裘瑞身上，牠已經在沒有胰臟下存活了七十天，打破了任何生物的紀錄。每日注射萃取液讓牠維持生命的事實，清楚證明了班廷與貝斯特生產出了有效且安全的胰臟萃取液。

一月二十七日一早，班廷獨自來到了實驗室。他打開了瑪裘瑞的籠子，餵牠吃了一塊儲放在冰上的胰臟。接著班廷在實驗室裡裝忙，瑪裘瑞就在他的腳邊轉，牠靠得很近但又不會跑到腳下礙事。每當班廷視線向下看牠，牠就會搖起尾巴。班廷試圖不要讓牠看見自己眼中的淚水。班廷抱起牠輕輕放在桌上，小心翼翼不要碰觸到牠的膿包，牠也從未有厭怒的反應。班廷輕撫著牠帶著斑點的毛，而牠也回視，彷彿異乎尋常地理解接下來會發生什麼。班廷用實驗衣的袖子擦了擦自己的鼻子。

班廷命牠坐下，然後躺著。這是最後一次了，牠像往常一樣聽話照做。班廷一邊注射著致命劑量的氯仿，一邊輕聲對牠說話。他感謝牠的忠誠、仁慈、勇敢與大方，並對於牠承受的痛苦及最終的犧牲而道歉。他承諾牠不會白白犧牲，他會拯救更多孩子的生命作為贖罪，而且每個小朋友都會知道牠的名字。確定牠死去後，班廷把牠包覆在被子裡，橫跨校園帶到了多倫多總醫院。即使感受到牠的體溫正在流逝，班廷還是把牠緊緊抱在胸前。班廷把自己的頭低埋進牠柔軟的毛裡來擦拭眼淚；他覺得在整個胰島素團隊，狗是僅有的文明生物，人類似乎對待狗比對待自己的同類來得人道多了。現在，他親手殺了團隊最棒的成員。要把模糊的想法變成實際的應用，這中間到底還得要有多少的犧牲？

他很快就會有答案了。麥克勞德一直都很質疑瑪袞瑞的胰臟到底有沒有被切除乾淨，為了解決麥克勞德的疑慮，班廷找了任職於多倫多總醫院、與團隊成員沒有任何利益關係的病理科醫師進行解剖。班廷將瑪袞瑞的遺體送到魯濱遜醫師（W. L. Robinson）那裡。

當天稍晚，班廷會得到一個讓他懷疑且沮喪的結果。魯濱遜在瑪袞瑞十二指腸後方，找到了直徑約三毫米、殘存的胰臟小結節，雖然他並沒有在這點組織中看到任何小島細胞，但光是這個結節存在，就會讓班廷與貝斯特最自豪且成功的長壽實驗受到各方質疑。

現在班廷的心徹徹底底被輾碎了。

22 一九二二年四～六月，多倫多大學，失敗與成功

在多倫多總醫院，華特．康貝爾與艾蒙．佛萊奇又收了六名病人進H病房注射柯立普血清，每個都獲得了改善。其中一名瘦弱的女孩還是查理．貝斯特的朋友，她住在多倫多近郊；打了胰島素之後，數個小時就讓她變回了以前的那個她——開心愛玩的孩子。班廷並不開心，反而充滿了憎恨，因為幫到貝斯特朋友的是柯立普血清。

班廷逐漸失去人性，一個小女孩保住性命這個事實未能讓他有絲毫欣喜。他再度陷入了病態的自我迴圈，一直譴責自己。二月伊始，班廷酒就喝得很多，甚至會偷走實驗室九十五%的高純度酒精。他跌入了情緒漩渦，自覺快要活不下去了。他還在英國等待手部傷口癒合時，曾遇到一個可憐的傢伙，他覺得自己現在就像那個傢伙。他們當時稱這個狀況為「砲彈恐懼」(shell shock)。如同那個士兵，班廷發現自己對於宇宙有種冷漠感，覺得世界不公不義。有了這種感覺後，他就無法裝作自己還好好的。貝斯特能做的就只是在旁邊窺視著班廷繼續陷在這種殘缺萎靡的狀態。

二月底，一篇作者署名為班廷與貝斯特的論文發表在《實驗室與臨床醫學雜誌》；此外，還有一篇作者為班廷、貝斯特、柯立普、康貝爾與佛萊奇，投稿於《加拿大醫學會雜誌》（*Canadian Medical Association Journal*），可是班廷在其中的貢獻非常少，他已心不在此。

正當希望之光逐漸要照亮世界之際，最初的小火花似乎搖曳不定即將熄滅了。整個三月班廷爛醉如泥、神智不清，不回應任何電報與電話，也幾乎不去校園了。根據他的日記，他開始閱讀並且試想其他計畫的可能，有些模糊的筆記提到了癌症的治療。幾年後回想這段時光，他承認整個三月沒有一天是神智清醒上床睡覺的。

班廷退縮了，但是其他人連他的份也包了，齊力向前。比利．羅斯繼續與羅伊．格林威保持聯絡，三月二十二日第一篇正式大幅報導「糖尿病解藥」的文章出現在《多倫多每日之星》。這篇文章一共占了七欄，有著斗大的戲劇性標題：

多倫多醫師的糖尿病解藥之路

糖尿病患者有希望了

班廷的身家全梭哈了

同一天，《加拿大醫學會雜誌》發表了〈胰臟萃取液與糖尿病治療〉一文，作者為班廷、貝斯特、柯立普、康貝爾與佛萊奇。班廷大概這兩種讀物都沒訂，他不僅沒有寫文章投稿，連看都沒看。

到了三月，柯立普莫名其妙地喪失了製造萃取液的能力，突然間就沒有胰島素可以供應給多倫多總醫院的六名患者了。貝斯特與柯立普各自努力想要製造出一些些萃取液。儘管持續奮鬥著，那位查理．貝斯特住在H病房一度恢復得令人振奮的小朋友，悄悄陷入昏迷後過世了。除非他們再度恢復製造能力，否則相同的命運將降臨在其他幾位病人身上。

三月三十一日傍晚，貝斯特崩潰了，他跑到班廷的寄宿所，完全釋放自己憤怒與挫敗的情緒，這是他不曾也不敢做的事。他攻擊班廷放任自己在要命的自怨自艾情緒中繼續枯萎。班廷一邊喝著燒杯裡偷來的酒精，一邊被動地聽著。

「你說你會盡一切力量，不計代價。」查理哀號著。

班廷聳聳肩：「我改變主意了」。

「要改變主意已經太晚了。你賣了房子，賣了車。我們還上街去偷狗。」

「夠勇敢的人才知道何時該投降」。班廷舉起了燒杯向勇敢致敬，而查理不可置信地看著這一切。「柯立普的流程有效，我們的沒有。向詹姆士・伯川・柯立普持續的成功與榮耀致敬。我敬你，你這個自命清高的王八蛋。」

「他贏了純化這一輪，所以呢？我們還在尋找量產的方式。你不是一直提醒大家這一切都是為了糖尿病患者嗎？」

「敬糖尿病患者」，班廷舉起燒杯一飲而盡後把它丟向房間另一頭，碎裂一地。

查理打開書包拿出了一本筆記本。

「我重新整理了實驗室裡的書，還有實驗日誌，完整詳細地描述了我們的實驗過程；如果我們一起檢視，說不定能想出可以增加產量又不會降低藥效的方法。」

「我一點也不在乎。」

「反正我就是要唸出來。」查理打開了筆記本。班廷躺在床上閉著眼睛。

「仔細切碎牛或豬的胰臟，每一磅胰臟加入五C.C.的硫酸。攪拌混合液三至四個鐘頭，加入九十五％的酒精，直到整個混合液酒精濃度達到六〇％～七〇％。混合液離心之後用紙過濾。以氫氧化鈉中和濾液。在真空中將濾液濃縮成原本體積的十五分之一。將濃縮液加熱到攝氏五十度藉此分離脂質。再繼續過濾出脂質跟其他雜質。每一〇〇C.C.的濃縮液加入三十七公克的硫酸銨。蛋白質會浮出表面，把它刮掉。」

班廷打斷了，「這沒什麼意義，你知道的」。

「那你有何高見？」

「我打算一直持續醉酒的狀態，時間夠久的話，說不定會從我的潛意識冒出頓悟來。」

「我差點以為你是認真的」。

「我是啊！要加入嗎？」班廷又喝了一大口實驗室的酒精。

查理滿臉噁心的看著他，繼續唸下去。

「將它與加熱後的酸性酒精混合直到完全溶解。加入十個單位的溫酒精，再用氫氧化鈉中和這個液體。冷卻至室溫，再儲存於攝氏五度兩天。兩天後，倒掉上層深色的酒精，將沉澱物加熱乾燥以移除殘餘的酒精。」

「查理？」

「嗯？」

班廷現在的聲音有種驚悚的冷靜。

「不管你說什麼，我都不會留下來的，我玩完了。」

查理冷冷狠狠地瞪了他的朋友兼同事一眼。他還有件事可以說，那應該會改變班廷的主意，不知怎的他就真的說出口了。

「如果你退出，我就跟著退出」查理說。

「不要犯蠢了」班廷爭論著。「你的未來是有保障的，麥克勞德會罩你」。

「不需要，我直接辭職。」

他們互瞪著對方，可是班廷太醉了，無法維持住就閉上了眼。一陣子之後，班廷的呼吸變得又慢又沉。部分原因是為了確定他睡著沒，所以查理開口問道：「那你現在要幹麼？」班廷沒有張開眼睛，微笑了一下。

「畫畫吧，我想。」

「畫畫？畫啥？」

「風景吧！大自然、加拿大。我認識一個真正的藝術家，他叫做傑克森（Jackson），他打算要來趟繪畫之旅，目的地是加拿大洛磯山脈。」

「所以你要完全放棄研究？」班廷沒有回答。「我從來沒有聽你提過畫畫的事，你行嗎？」

「不行啊！同樣的，我在醫學研究方面也不太行。」

查理低下頭看著大腿上打開的筆記本。他看著剩餘的那些頁數，這些都是他一筆筆細密地抄下來的。班廷開始打呼了。查理闔上了筆記本，把它放在床邊的小桌子上，站了起來。

「再見了，佛萊德。我希望畫畫能讓你開心」。查理說完就離開了。

★★★

第二天班廷起床時，看到了查理的筆記本放在床邊的桌上，漸漸想起了昨夜的事。他可以不在乎自己的未來，但是不能讓查理自毀前程。他靈魂的黑暗面想要復仇，所以他要爬起來。那天是四月一日，一個月份的起始，是一個重新的開始。

班廷終於看清了自己的退縮與宿醉，那只證明了麥克勞德及格林漢對他的看法從頭到尾都沒有錯。他陷在自怨自艾的泥濘之際，並未看到自己的這些行為剛好給了貶低他的那些人繼續攻擊的藉口。可是查理看到了，過去幾個月，從十二月他們踏上從紐海芬開出的回程火車開始，查理一直試圖告訴他這件事。班廷想起了他們相依共度的沮喪時光，還有去年夏天的日子；他也想起了小狗瑪裘瑞的犧牲以及當時對牠的承諾，他需要以忠誠來回報忠誠。

過去的幾個月，他的朋友與指導者都建議他開一間診所。格林漢拒絕讓他在多倫多總醫院臨床試驗中扮演任何角色，主要理由就是他並不是臨床醫師，也沒有任何治療糖尿病的經驗。然而，多倫多總醫院還有兒童病院都拒絕他的求職，他要如何擁有臨床實戰經驗？突然班廷發現這個近來有點棘手的問題有了簡單的解決方式。他在布羅爾西街（Bloor Sterrt West）一六〇號開了間治療糖尿病的私人診所，同為醫師的表哥佛萊德・希維爾也加入了。

四月，有位加拿大政府軍人重返民間部門（Department of Soldiers Civil Re-Establishment）的代表來到多倫多，表達願意協助生產胰島素的意願；後來更決定在佳士得街的軍醫院開設糖尿病門診。當初與德軍作戰的士兵們，現在要整軍與糖尿病作戰。班廷是整個計畫的負責人；班廷的老友兼同學喬・吉爾克斯也在計畫中擔任一角。

而此時，查理・貝斯特已是團隊中的首席化學家了，因為柯立普在多倫多大學的任命將在五月三十一日期滿。雖然其中也曾討論是否邀請柯立普留任，但是發明者之間的敵意，還有來自於班廷的肢體暴力，打消了柯立普的念頭。

班廷突然之間轉運了，他發現自己有更好的設備，還有更多機會能取得胰島素（只是現在還沒萃出）。幾個星期以來，沒有人產出過任何一滴有效的東西。數週的挫折與失敗之後，多倫多這頭想將美國人排除在外的想法逐漸瓦解了。四月三日，麥克勞德寫了封信給柯羅威：

我們目前還不能製作出有效無毒的萃取液，研究了其間的步驟，仍未有滿意的方法出現……。我們現在正積極處理這個問題，希望一、兩個月後可以分享其中的細節，讓整個製程在其他地方複製。

班廷的朋友慫恿他去註冊胰島素配方與純化的專利。班廷拒絕了任何這樣的想法，他認為這樣違背了希波克拉底誓詞。不過他有警覺到這個發現需要被保護，以免被背德的投機分子偷走。四月時，班廷、貝斯特、柯立普、麥克勞德，還有費茲傑拉德，聯合寫信給法爾科納，提議應該由貝斯特與柯立普申請專利，因為他們二人沒有宣示過希波克拉底誓詞；完成後將會立刻以一元的代價，把專利權移轉給多倫多大學董事會。

多倫多這邊胰島素製程步履蹣跚，原始團隊之間的不睦仍在升溫，但是傳到美國那頭，報紙的報導卻是前所未有的大進展。有的人甚至把這件事當成童話來閱讀，其中一個報導的開頭是這樣的：「麥克勞德教授本身在這個領域研究超過十五年，班廷醫師可行的理論讓他印象深刻，因此他將所有的資源都給了這位來自倫敦的年輕醫生，好讓他繼續實驗下去。」另外一個報導則敘述糖尿病兒童在醫院裡嬉戲，吃著椰棗喝著含糖奶茶。

佛德列・艾倫醫師很感興趣地讀著這些文章；終於，他承諾病人許多年的事就要成真了——他懇求他們相信治療會來到。雖然一開始他對於身邊餓到皮包骨的病人使用胰島素非常保守，但最終胰島素人體試驗的第一年，他是提供最多病患的醫生。一九二二年，將有一六一名病人透過佛德列・艾倫醫師接受胰島素注射。

而伊莉莎白・休斯，並非其中一員。

23
一九二二年一～七月，百慕達，漢密爾頓，蜜月小屋

佛德列・艾倫回到了莫里斯敦，他通知安東妮・休斯治療方法就快到來了，不過為時已晚，伊莉莎白與布蘭琪已經啟程從紐約市搭船前往百慕達的漢密爾頓市。她們乘坐的漢密爾頓碉堡號（Fort Hamilton）是艘不銹鋼雙螺旋槳蒸汽船，長四百二十英尺、寬五十英尺，是艘比較小的大西洋際客輪，頭等艙可容兩百四十名旅客。她們待在第十八號客艙，位處船的中段比較不容易暈，為了以防萬一，布蘭琪還是備了防暈船的配方：出發前一天早上服用瀉鹽，接著連續兩晚睡前服用甘汞（calomel）。

這是趟輕鬆的旅程。雖然伊莉莎白健康狀態不佳，但精神狀態很好。每遠離一里，她就少了一些感冒、流感、扁桃腺炎的致命威脅，這讓她情緒高昂。當然也在不知情的狀況下，航離了生存的唯一希望。

一月的百慕達均溫差不多是（華氏）六十度，有時下午會有雷陣雨點綴，讓一切不是那麼無聊與一成不變。伊莉莎白和布蘭琪每天出門一次，她們的行程會配合這裡可被

預測的天氣型態。她們常常準備好毯子及野餐盒，挑選一個遙遠的觀測點，通常在那兒閱讀、打盹，看著白色與褐色相間的鵜鶘在廣闊的藍色水面盤旋與潛水。百慕達島上，有太多事讓伊莉莎白的腦袋停不下來：不曾見過的花草、珊瑚環礁、熱帶海洋花園，還有充滿鐘乳石與石筍的山洞；就算待在小木屋裡，她也沒閒過。小木屋據說是一六五三年由一個「海盜船長」建的，伊莉莎白也很愛幻想當地出名的海盜與水手。

伊莉莎白打算將每日外出看到的花草辨識出來並且建檔，她寫給媽咪的信裡總詳細鋪敘著夾竹桃、枇杷、鳳凰木、露兜樹、番木瓜、木薯，還有香蕉樹；有時還會在信封裡放朵夾竹桃花，期待媽咪打開信封時香味仍在。那兒的鳥類生態格外讓伊莉莎白大開眼界。早餐後，她特別喜歡躺在吊床上，看著紅衣鳳頭鳥把麻雀從她放在陽台上裝了種子的杯子旁趕走。艾迪應該會很喜歡這些鳥類滑稽的行為吧！她逼迫自己忘了他，把他、那隻金絲雀還有治療所全都拋到腦後。

她的野望是成為業餘的自然學家，但身為國務卿的女兒，這似乎與充滿社交活動的日常有所衝突；許多這些延伸到她身上，以及延伸到島上的邀請，其實與政府和外交相關，是沒有辦法拒絕的。旺季時，這些社交活動的預約就像河流般不絕地沖擊這個小島。當地人似乎對於大人物造訪這個小島相當習以為常，他們習慣聚在碼頭，穿著白絨布西裝、禮服，戴著帽子，迎接漢密爾頓碉堡號與維多利亞碉堡號（Fort Victoria）的貴客。常駐島上的，包含了總督詹姆斯・威爾考克斯公爵（James Willcocks）與夫人、殖民地大臣摩爾（H. M. M. Moore）、大法官柯林・瑞斯・大衛斯（Colin Rees Davis）、海軍中將威廉・帕金頓（William Pakenham），以及美國領事館的亞伯特・施瓦姆（Albert W. Swalm）。

伊莉莎白這樣回應：

> 我來到百慕達不是為了分分秒秒都在參加茶會與拜訪你們的朋友，可是我幾乎每天都被邀請去參加茶會……，雖然他們人都很好，我也還算樂意，但你們能想像我的處境嗎？你們能看出這有多無聊與多餘嗎？說真的，我真的需要回應他們嗎？我以為見過他們一、兩次也就夠了，但是老天爺啊，他們還是一直在煩我呀！我不知道自己能做什麼了。我單純地厭惡把美好的午後花在拜訪這些老女士身上。很抱歉我稱呼她們為老女士，對於十四歲的我來說，她們真的算是很老了。

如果這些社交活動是演奏會、當地旅遊或是出航，伊莉莎白基本上還滿喜歡的；如果是餐會、舞會、茶會，她就覺得很無聊又有壓力。這些場合不可能省略大量的食物展示，不掉屑的迷你三明治、沾了大塊奶油的莓果、加了糖的茶，這些都在違禁清單上。她的飲食目前是一週四天吃四十五克蛋白質、五十六克油脂、十二克碳水化合物，每天七百五十大卡，而在禁食的前兩天，碳水化合物只能有十克。

真正考驗她耐心的，是豪華餐會上那些鬼鬼祟祟、還有充滿同情的眼神；接著就是一堆陳腔濫調的禮貌性提問，永遠都是那些同樣的問題。你的母親好嗎？你的父親好嗎？你的姊姊好嗎？你覺得尚恩西人怎樣？你會參加婚禮嗎？你的哥哥現在在幹麼？海倫的事真是個大悲劇。

然而，就在某個一月特別無趣的餐會上，她幸運地遇見了亞伯特．施瓦姆上校。她在餐桌後入座，面前有盤裝飾漂亮還沒被碰過的食物，身後傳來了一道有力的聲音：「介意我坐下嗎？」

伊莉莎白轉身看見這位七十七歲打過內戰、相當有禮的南北戰爭老兵，眼中閃爍著調皮的光芒。

伊莉莎白看向坐在外圍一直注意她動態的布蘭琪。布蘭琪向她眨了眨眼，示意這位老紳士不具威脅。伊莉莎白安心地請他入座。

「向您致上問候，可愛小姐」。他邊說邊坐下。「我是亞伯特．施瓦姆上校，敬候差遣。請問我該如何告訴我太太，今天下午我有幸坐在誰的旁邊呢？」這位詼諧幽默的上校讓伊莉莎白想起了威廉．塔夫特。

「我是伊莉莎白．休斯」。

施瓦姆上校當然知道伊莉莎白是誰，作為美國在百慕達的領事，他甚至與她的父親有著公務上的關聯，只是沒有向她提起而已。

他們開心地聊了幾分鐘，接著施瓦姆上校問了伊莉莎白從未有人問過她的問題，一個尋常的問題，一個很多大人在第一次遇見某個孩子時可能會問的，伊莉莎白卻從來沒被問過的。他們都太謹慎了，因著絕望枯萎的仁慈而問不出口。而沒有被說出來的，是這個問題跟伊莉莎白毫無干係。

「你長大之後想要做什麼？」

她太訝異了，頓了一下才回答。

「我想當個作家」，她說。

「作家！太棒了！這樣的話你應該對於旁邊坐著《大章克申前照燈》（*Grand Junction*

Headlight）前主編、《傑佛遜（Jefferson Bee）公司誌》前主編、《道奇堡信使報》（*Fort Dodge Messenger*）與《奧斯卡盧薩先驅報》（*The Oskaloosa Herald*）的老闆兼出版者感興趣。你都寫些什麼？」

「啊，我最近大多在寫信。我曾經有幾個故事被刊在《聖尼古拉》上喔！」她開心說著。

在這首次的會面後，他們會在各種社交場合尋找彼此，對方的出席讓他們兩人感到安心。雖然兩人幾乎在每個聚會中分別代表著最年長與最年輕的與會者，他們還是緊緊跟著對方，甚至調動座位卡，好讓兩人能坐在一起。

大家總是可以期待施瓦姆上校說出在美國領事館二十五年裡的有趣故事；然而對伊莉莎白來說，他最大的才華卻是解決這些非得出席的社交場合裡，關於吃的問題。施瓦姆會先吃掉自己的三明治，對坐在旁邊的她眨眨眼，然後兩人交換盤子，好讓空的那盤放在她的面前。接著施瓦姆再小口地吃著本該是她的三明治，然後告訴女主人自己在減肥。只要施瓦姆上校在，食物就不會成為問題。透過各種方法，原本的麻煩事也變得好玩了。

沒多久，施瓦姆太太也喜歡上伊莉莎白了。寶琳．施瓦姆（Pauline Swalm）是位有才情的寫作者，同時也是對政治熱情的演說家；在先生的出版事業裡，她扮演著同等重要的角色。施瓦姆夫妻自命為伊莉莎白自傳的編輯，他們答應她，如果她投身寫作，就把她的作品列為出版品之一。在日期為一九二二年三月二十四日的信件裡，伊莉莎白寫道，施瓦姆夫妻給了她勇氣去追求自己最遠大的野心——寫作。

某個下午，施瓦姆太太邀請伊莉莎白陪她去百慕達的崔明罕百貨（Trimingham）年中慶買毛線。伊莉莎白早已不再買毛線了，雖然沒說出口，但是她心知肚明自己現在開始織任何東西，可能終將無法完成。不過施瓦姆太太都開口邀請了，伊莉莎白與布蘭琪也不忍拒絕。整個下午，伊莉莎白與施瓦姆太太就花在檢視一綑又一綑的高級蘇格蘭毛線。施瓦姆太太把水藍色還有藍綠色的毛線擺在伊莉莎白兩頰旁。伊莉莎白最後選了三綑漂亮帶點灰的矢車菊藍，之後便用這些織起了開襟毛衣。當時伊莉莎白或是施瓦姆太太都不知道，那年秋天伊莉莎白將面臨嚴苛的氣候，她會非常需要這件毛衣。

二月六日，華盛頓會議終於達成結論後，查爾斯與安東妮想要在百慕達來個三週的假期，陪陪伊莉莎白。查爾斯因為國際談判精疲力盡，而安東妮則希望能在六月凱薩琳婚禮前喘口氣。這個婚禮將是個盛事，也是哈定執政任內第一個婚禮。他們嘗試訂個佛內斯（Furness，百慕達航線上的蒸汽船）的船艙，好往返紐約與漢密爾頓，但預訂了三次卻都被迫取消，最後終於在二月十三日星期三，查爾斯將美國國務院的事務交給了次卿亨利．佛萊奇，然後離開了紐約。在紐約，他們先拜訪了查理、瑪裘瑞及兩個孩子之後才啟程。雖然當時天氣夾雜著雨雪風暴，查理與家人還是陪父母走到了漢密爾頓碉堡號的甲板上。當下天氣很差，人也非常疲倦，這兩名年長的休斯家成員還是很和藹的在甲板上站了三十分鐘配合媒體拍攝，大眾似乎不曾厭倦他們的消息。

休斯夫妻抵達漢密爾頓時，迎接的是比預期中更多的富人。除了一些非去不可的餐會與歡迎會，他們希望盡可能把時間用在陪伴伊莉莎白。

他們很訝異也很開心，伊莉莎白的健康與心理狀態都非常好；他們甚至允許自己幻想，會不會某些逆轉的可能正發生在伊莉莎白身上。伊莉莎白遵循著那本小紅書《糖尿病的飢餓（艾倫）療法》的規範，也在試著許多不同的食物，包括葡萄柚、草莓、番茄、魚（當然不是一次出現在同一餐）。她的力氣與耐力要比幾個月前好多了。接下來的兩週，他們過得興高采烈，查爾斯、安東妮與伊莉莎白，用步行、搭車還有划艇探索著這個島嶼。

伊莉莎白對於查爾斯與安東妮可能受邀參加八月舉行的巴西世紀博覽會感到相當興奮；如果真的成行，他將成為史上第三位正式踏上南美洲領土的美國國務卿。伊莉莎白對博覽會熱衷到他們應允，如果屆時健康狀態許可，她也可以一起同行里約熱內盧。三月初，他們曬得很黑也很放鬆，因為彼此的陪伴以及宜人的氣候，他們幾乎忘掉了伊莉莎白已經存活超出最樂觀的預後有將近兩年了。

三月六日，他們搭乘了漢密爾頓碉堡號回到了紐約，抵達時剛好趕上下午一點十分開往華盛頓的火車。離開紐約時雨雪交加，現在回來卻滿是陽光，他們把這視為事情好轉的證據。提到女兒的健康狀況時，休斯維持一貫沉默不語的作風，甚至沉默到有家報紙的頭條這樣寫：「休斯旅行回返；國務卿從百慕達回國，曬黑而沉默」。

查爾斯與安東妮從百慕達回來不久後，一封來自艾倫醫師的信寄到了，裡頭包含了三月二十二日羅伊．格林威在《多倫多每日之星》文章的剪報。艾倫希望這樣能讓伊莉莎白早日回來，感覺伊莉莎白的試煉終於結束了，她可以獲得自己努力付出爭取來的甜美果實。

不幸的是，此時伊莉莎白孱弱得無法旅行了。四月，伊莉莎白得了幾乎要命的痢疾。布蘭琪試了自己所知控制這個消耗性疾病的所有方法，但伊莉莎白每況愈下非常虛弱，還伴隨著讓人恐懼的發燒與譫妄。五月，她的飲食驟減到每天只剩三百大卡，小便卻依然驗出了糖分。她穿著衣服上磅，體重首次跌破五十磅。要是伊莉莎白以皮包骨的姿態出現在凱薩琳的婚禮，可實在讓人無法想像。伊莉莎白不甘地接受不能參加姊姊婚禮的現實，而安東妮同意了伊莉莎白自行缺席婚禮的想法。

堅定的伊莉莎白每天都到戶外接觸陽光與空氣，但此時的她最多只能走到露臺上的吊床。每天早上九點至十一點，布蘭琪會陪著或抱她到吊床上去。伊莉莎白總在那邊待到傍晚六點半至七點，她會看著紅雀，或吸著帶有夾竹桃氣味的微風慢慢入睡。施瓦姆夫妻保持著忠誠與關懷，仍舊持續來訪。

百慕達貿易發展部準備了禮物要給伊莉莎白，是當地藝術家史都華·黑霍德（Stuart Hayward）手工著色的小島風景照。四月十四日週四，施瓦姆上校陪伊莉莎白前往黑霍德的畫廊，她選了十八張照片。那天是她幾個星期以來首度離開小屋。這讓她的心情好轉不少，當天下午便寫了封信給母親：「我現在感到充滿希望，我們會找出我的新平衡，之後我會回到家讓艾倫醫師親自做血液檢查」。

一九二二年六月十日星期六下午四點，凱薩琳·休斯與尚恩西·華德爾在華盛頓國家大教堂的伯利恆禮拜堂舉行婚禮。婚禮後的宴客餐會，將在當時公認華盛頓最好看的公共建築「泛美聯盟大樓」舉行。賓客包含了哈定總統夫婦、副總統柯立芝夫婦、全體內閣與他們的妻子、外交體系成員、新娘的朋友與近親，以及從老家俄亥俄州格林菲爾（Greenfield）來參加婚禮的愛德華．華德爾夫妻。

把海倫與尚恩西送往去歐洲度蜜月之後，查爾斯與安東妮首度回到錫耳弗貝，參觀完工的海倫．休斯紀念禮拜堂。建築物完美反應了兩個海倫明顯的人格特質：簡單與力量。以花崗岩為底，優雅的諾曼式風格木頭拱廊，屋頂則是石板製成。建築物坐落在錫耳弗貝蒼翠的中心，位於小屋與旅店之間的草皮上，海倫的靈魂得以永遠不寂寞。

禮拜堂內裝設了精雕細琢的鐵製壁式燈臺，簡單的木製長凳足以容納兩百人左右；前方的聖壇是由優雅的石板做成，後頭三面很高的彩色玻璃窗遞進了充滿活力的色光，這些都是威爾斯裔贈與的禮物。這裡還有個被裱框的手寫述文，說明了窗戶上的核心人物是圖林根的聖麗莎（Elizabeth of Thuringia，或稱匈牙利的聖麗莎），而祂正是慈善工作者與死亡孩童等的守護神。教堂後方有個玫瑰造形的窗戶，上頭簡單地寫了幾個字：「這座禮拜堂是為了紀念我們摯愛的海倫．休斯而建，一八九二～一九二〇。」直到今日，玫瑰窗的燈每晚仍會點亮。壇上的吊飾是由華盛頓各地的浸禮會（Calvary Baptist Church）所提供。六月二十五日，四十五名海倫母校瓦薩學院的女孩，為了慶祝海倫的一生組成了合唱團獻唱。

在這個獻禮儀式過後，查爾斯與安東妮回到了華盛頓，並接受了代表美國參加巴西世紀博覽會的正式邀請。博覽會預定在一九二二年九月七日開幕，一九二三年三月三十一日閉幕。他們計劃八月底搭船前往里約熱內盧，待在海上的時間有將近兩週；在里約停留五到六天，參加官方會議與宴會，之後回程再花兩週，總共約有一個月的時間不在。很顯然，伊莉莎白無法同行，他們也不斷問自己真要丟下她嗎？如果她最後的掙扎剛好他們人在海上，那麼他們什麼也做不了。實際上，他們根本無法預測她的病情是否會急轉直下。

那年春天，他們看著一個女兒嫁人，另一個下葬。七月初，伊莉莎白的狀況總算改善到能夠離開百慕達。在艾倫飲食法實行之下，她已經比最好的預後多活了四倍長的時間。安東妮從華盛頓前往紐約迎接漢密爾頓碉堡號，她要親自接回伊莉莎白與布蘭琪，把她們交給正在物理治療所等待的艾倫醫師。安東妮很早就抵達碼頭等待，當乘客一一下船，她卻越來越擔心。終於她看到了布蘭琪單獨出現在下甲板的欄杆邊，緩緩走向前一位乘客剛剛走過的跳板步橋；接著，安東妮定睛看清，其實布蘭琪正推著坐在輪椅上的伊莉莎白。跳板步橋上升後，伊莉莎白很堅持要用自己那雙樹枝般細瘦的雙腿起身走下步橋，迎向前來接她的母親。安東妮看到女兒的狀況嚇壞了，十四歲的伊莉莎白，身高五英尺，穿著衣服的體重才四十八又四分之一磅。當伊莉莎白看到步橋那頭的母親，露出了「媽，你看我不用輪椅」的笑容。那一瞬間，安東妮看到了女兒如同骷髏露出牙齒的慘貌。伊莉莎白慢慢晃到步橋另一端時，她的下唇龜裂，牙齒上覆蓋了一層血。

當下，安東妮覺得女兒的末日快到了，所以把她帶回了華盛頓的家，而非物理治療所，她們搭乘的是第一班的火車。安東妮只有一件事能做了，她坐在書桌前擁有非常專一的決心。

如同六個月前，艾倫醫師帶著掙扎寫信給安東妮，請她再三考慮百慕達行，此時換成安東妮糾結著如何下筆。收件的對象正被一封一封類似的信件給淹沒，她很敏銳的察覺，要抓住收件者的興趣，自己很有可能只有一次的機會；而伊莉莎白活命與否，正與這唯一的機會息息相關。她需要提供恰到好處的詳細資訊、恰到好處的感傷，這封信不能太長也不能太短。

她從抽屜抽出了灰色的正式信紙，把信紙最上端的地址第十八街一五二九號給畫掉，眼前的狀態混亂到她甚至不知道該讓對方回信到哪兒。她要繼續在家，還是把伊莉莎白像海倫一樣帶回紐約呢？或者她會在前往巴西的船上？最後，回郵地址她寫了華盛頓的國務院，他們會幫忙轉交信件。然而又擔心起對方因此誤以為她想要讓人印象深刻。

當天查爾斯回到了他們暫住的旅館後，發現垃圾桶滿是一球又一球的灰色信紙團。好歹安東妮是寫完那封信了。

一九二二年七月三日

親愛的班廷醫師：

因為我的女兒有糖尿病，我對於你在這個領域的發現有著深遠又不尋常的興趣。起初我是從媒體上聽說你的發現，後來從有名的醫生們口中了解到，你的研究讓這個領域向前跨了一大步。我了解你們已經度過了動物實驗的階段，你們的醫院已經開始治療病人了。

我非常急迫想要多了解你的發明及治療。如果你能回信並盡可能詳盡，我會非常非常感激。

我的女兒今年八月就要十五歲了，她得糖尿病已經超過三年，狀況一直很嚴重。雖然獲得了極富技巧及我們所能的最大照顧，但她的耐受性還是很低，目前已經可悲地處在耗盡的邊緣。

她一開始就接受了紐約的佛德列·艾倫治療與照顧。期間，絕大部分的時候，我們還有一位由艾倫醫師與波士頓的喬斯林醫生訓練的護士來專責照顧。她所經歷的實在太多，不太可能一一寫下，大致有扁桃腺炎、蛀牙，以及非常不幸地去年冬天在百慕達得到了痢疾，所以儘管我們極力照顧，她仍掉入了非常孱弱與虛耗的狀態。因此我極度渴望任何可能的治療；就算沒有，起碼能有讓她稍微恢復的方法。

我提到的痢疾，在百慕達應該很常見，但因為她的狀況特殊，所以才會變得很嚴重。她發了高燒，體力幾乎耗盡，花了很久時間才稍微回復一點氣力。我現在很開心地告訴你，她幾乎回復到痢疾前的狀況，而在這一陣病程裡，她並沒有失去耐力。我們認為這趟百慕達的冬之旅，對她而言是有助益的；她剛抵達時，每日只能吃十二克的碳水化合物，後來增加到二十克。隨信我附上了一張她的飲食單，讓你能了解她目前能容忍的狀態。

她是模範病人，這些年她都沒有吃超過設定的規範。目前她的狀況正在退步，這不是她的錯，就只是時間到了吧。她的個性很堅韌，護士認為這是很不簡單的特質，是上天的眷顧。

我知道華盛頓到多倫多是很長的旅程，對她是不利的。如果你那兒有實質可行的可能，我可以考慮把她帶過去。我盡可能寫了她的狀況，讓你有機會先了解。

我期待能在你方便時盡早收到回覆。謝謝你閱讀了這封信。

非常非常誠摯的敬意

安東妮．休斯

（查爾斯．伊凡．休斯太太）

不管安東妮下筆有多謹慎，或是她把回信收件處設在哪，這些都不太會影響大局。雖然多倫多在五月又回復了生產胰島素的能力，可是這些研究家還是搞不清楚，為何他們會喪失這個能力；也就是說他們也不知道日後會不會再度失去生產能力。由於胰島素的取得實在太脆弱了，他們不可能收治新病人，免得又有人像查理的那位小朋友一樣，因為無法取得胰島素而在H病房死亡。班廷回信給安東妮，內容如同其它的回信，他很抱歉，整個多倫多目前一滴多餘的胰島素也沒有。

24 一九二二年四～八月，印第安納波利斯與多倫多，專利、合夥與胰臟

一九二二年四月的某日，禮來公司發展部正如常工作著，奧斯丁．布朗（Austin Brown）被喚到總裁老禮來先生的辦公室。他不曾到過總裁辦公室，所以很不安。他穿越過公司廠區，走進行政大樓安靜的走廊，一路上腦海裡不停在想為何老禮來先生要找他。抵達辦公室外頭時，他的胃已經糾成一團，手心濕濕的。祕書趕緊把他帶進去，裡頭漫著高級皮革與保養良好的桃花心木氣味；辦公室除了老禮來，還有柯羅威及公司的財務尼古拉斯．諾耶斯（Nicholas Noyes）。禮來先生請他入座，這對他來說很是及時，因為他的腿早已像布丁一樣軟了。

「感謝你來，」禮來先生說。「我想，你知道柯羅威醫生與諾耶斯先生。兩位，這位是負責採購的布朗先生。」

布朗張開了嘴，但沒有任何聲音跑出來。他微笑並點頭致意。

「布朗，告訴我，」柯羅威問，「你覺得自己有辦法每週安排兩千磅的胰臟送進科學

部嗎？」

布朗這輩子從沒看過胰臟，他試圖想像胰臟長在身體哪個地方，是那個在大腦裡調節生長的嗎？不，那是腦垂體。和小牛胸腺是一樣的東西嗎？還是和牛肚羊肚一樣？只要是跟採購有關，他就變得很多話，像是迴紋針、記事本之類的。喔，當然他很熟悉實驗室的備品清單，燒杯、鉗子，還有顯微鏡玻片，可是胰臟是哪一招？

「牛或豬的都可以！」柯羅威補充道，好像他這樣說就有助於釐清一樣。

布朗點了點頭。他對於哪邊可以找到牛或豬的胰臟，到底有多貴或是取得的難易都毫無概念。不過從這三個人臉上的表情判斷（此三人代表公司最高管理層級），成功採購胰臟是極為必要的。他也知道自己只能有一種答案，那就是「是的」，而這也是他的回覆。

帶著布朗肯定的答覆，柯羅威在這數個月裡第四度來到多倫多了。他向多倫多團隊大肆宣揚禮來在腺體商品上的經驗，並自信地說出大家需要多少，禮來就能做出多少。他解釋道公司有設備充足的實驗室，現正安排中西部最近大增的私人商業屠宰場，提供新鮮胰臟的配送；公司的法務可以協助校方取得專利來保護這項發明。究竟還要犧牲幾條糖尿病患者的性命，才能讓多倫多大學不再抗拒有力的夥伴提供協助，而這個夥伴說不定還能想出解決方法吶！

這一頭柯羅威在多倫多向麥克勞德、法爾科納、費茲傑拉德下工夫，另一頭的布朗則是花了好幾週的時間開車巡視中西部，他堅決地要達成柯羅威交辦的事項。肉品處理商似乎習慣性地丟棄胰臟；在屠宰場，牲畜的宰殺與處理是編程完整的系統，步驟間互相連結，步步精準到以秒計時。在這個精算好的過程中要增加一個中間步驟，無疑是場災難，或者說根本是來搞破壞的。這不僅需要重新調整既成的作業流程，肉品生產效率也會降低，有意願的廠商相較於對手，競爭力將因而下滑。

布朗預見自己必須拿出奇蹟般的業務本領，才能使這些廠商願意保留胰臟，並及時送到禮來。首先，他告訴廠商日後的胰臟需求會很高，而且是穩定成長；接著又說，每磅送進禮來的胰臟都是拯救孩童生命的機會。他先從在地的金根公司（Kingan and Company）下手，接著去了芝加哥的敏甲公司（Swift and Armour）、奧瑪哈（Omaha）的卡德希公司（Cudahy）。他常常直接把需求單拿給公司最高負責人，有時也請小禮來[1]

1〔譯註〕禮來公司全稱為 Eli Lilly and Company，即創辦人為伊利．禮來，他是老禮來（J.K. Lilly Sr.）的父親。老禮來有兩個兒子，老大就是故事裡的伊利，老禮來以其父命名；小兒子名字與老禮來相同，因此稱他作小禮來。故事區間是老禮來擔任公司總裁之時，日後大兒子伊利會接任總裁；伊利之後由小禮來接棒。

列席會議。漸漸地，這些肉品廠商開始放軟，起碼願意試試看。

在多倫多這痛苦的兩個月胰島素荒中，團隊發表了一篇至今仍是領域內最詳盡的論文，〈胰臟萃取液對於糖尿病的效果〉（The Effect Produced on Diabetes by Extracts of Pancreas），作者有班廷、貝斯特、柯立普、康貝爾、佛萊奇、麥克勞德，以及諾貝爾。這篇論文敘述了至此所有的實驗內容：從胰島素過量帶來的低血糖休克給班廷的啟發、團隊根據呼吸商來標訂單位量的困難點，再到肝臟與肝醣的發現。在麥克勞德的堅持之下，萃取液在這篇論文裡被正式命名為胰島素。

團隊同意由麥克勞德在美國內科醫學會發表這篇論文，這是正式宣布胰島素發現的正式場合，演說安排在一九二二年三月三日中午；柯羅威也出席了這場演說，麥克勞德說完時全場起立響起如雷的掌聲。喬斯林日後回憶道，他參加這個學會二十多年，不曾見過此種場面。這個消息成為全球的新聞頭條。柯立普目睹了這個輝煌的時刻，而班廷與貝斯特沒有。他們倆在最後一刻決定不去，宣稱是因為去一趟華盛頓太貴了。

會議後過了幾天，柯羅威寫了信給麥克勞德，提到自己諮詢了禮來的法務專家，好找出在美國保護專利的最佳方法。他比過往更相信需要加速解決大量生產的問題。柯羅威也警告，如果不快點取得專利，誰也無法阻止不肖業者打著胰島素的名號販賣沒有療效的商品。

五月中，多倫多大學總算邀請了柯羅威向董事會演說，說明禮來將如何協助這一切。量產比多倫多那邊想的困難多了，而發明小組終於不甘願地承認需要外力協助，才能把胰島素帶給全世界。

查理・貝斯特在康諾特實驗室日以繼夜奮鬥著，終於在五月中恢復了生產胰島素的能力；而柯立普這一邊卻沒有，失敗的原因並未完全確認，不過似乎與酒精蒸發過程中溫度的變化有關。

不像柯立普把產出的胰島素全交給多倫多總院，查理把自己的胰島素直接交給班廷，也未事先告知費茲傑拉德或麥克勞德。五月十五日，班廷的好友，開心地自稱為「多倫多兔子」的喬・吉爾克斯，成為新胰島素的第一位受試者。測試結果是有效的。由於貝斯特在康諾特負責胰島素生產，班廷負責的診所便成了佳士得街上最有可能拿到胰島素的，於是康諾特實驗室作了個協議，將三分之一的胰島素分配給班廷的私人診所，三分之一給班廷在佳士得街使用，最後三分之一給多倫多總院與病童醫院。

吉爾克斯的人體實驗成功後，胰島素就開始供給安大略湖對岸、紐約州羅徹斯特的美國醫生約翰・威廉斯。威廉斯獲得了持續取得胰島素的承諾，得以供應給伊士曼・柯達公司（Eastman Kodak）某位副總的兒子——詹姆士．哈芬（James Havens）。哈芬是個骷髏般的二十二歲青年，十五歲診斷確定後便維持了長達七年之久的艾倫飲食。一九一九年秋天，他入住物理治療所超過一個月，自此他的狀態都算是穩定，直到一九二〇年五月，他那可危的代謝平衡又被打亂了。於是他的飲食變成每週三天吃兩百大卡，每天都要看醫生，而且週週要抽血。即使投注了一切氣力，他還是持續在退步。一九二二年春天，他的體重只剩七十三磅半，衰弱到連在床上都無法坐起，而他總是在哭泣。

一九二二年五月二十一日，當時哈芬被評估餘命可能只剩一個星期了，所以他成了第一個接受胰島素注射的美國人。班廷花了兩天在羅徹斯特陪伴，這個奇蹟般的解藥一開始似乎沒產生效果，不過在班廷指示下將劑量加到三倍後，哈芬的狀況開始改善了。班廷答應只要這件事沒有曝光，他就可以繼續供應威廉斯胰島素。

一九二二年的氛圍裡，大學研究與企業之間如同宗教與國家，分離才是王道。當時認為研究與產業的目標是截然不同的，因此彼此有效合作是不可能的。然而多倫多大學發現，如果仍要堅持站在道德制高點，其結果就是造成更多孩子的死亡（這在道德上也站不住腳）。柯羅威的位置剛好很獨特巧妙地可以促成雙邊合作，雖然他的位置是嵌在產業這頭，但他同時也是個研究者，能夠懂得「學者的語言」，更重要的是可以獲得學者的信任。

禮來公司等待這個機會將近五個月了。五月二十二日，柯羅威來到多倫多還帶了化學家哈雷．羅德哈梅爾（Harley Rhodehamel）、專利律師喬治．施萊（George Schley），以及禮來的副總裁。他們在多倫多的愛德華國王旅店與班廷、貝斯特、柯立普，以及代表校方的專利律師瑞奇（C. H. Riches）見面，接下來的三天，就是考驗柯羅威精湛外交能力的時候了。

班廷仍然拒絕與任何專利事務扯上關係，所以小組準備的專利申請文件是針對胰島素的製程，且是列在貝斯特與柯立普名下。兩個月後，在禮來的建議之下，胰島素產品本身的專利申請送出了，專利所有人僅只貝斯特一人。柯羅威解釋這些事是為了保護患者必須要做的。這個發明已經是公開的，有人嘗試要獨立製造，不過令人傷腦筋的困難製程，目前似乎只有多倫多搞得定。如果校方基於安全考量要掌控製作過程，那整個製程就需要受到保護，以防有人私下亂做。

多倫多成立了一個諮詢小組，主要協助產品發展、試驗，以及臨床分配。胰島素委員會是重要的指引力量，要監督所有與胰島素相關的重要決定。委員會由麥克勞德教授領銜，成員包括：班廷醫師、貝斯特先生、康諾特實驗室的主任德弗里斯醫師（R. D. DeFries）、大學醫療部部長鄧肯・格林漢教授、大學衛生部部長費茲傑拉德教授、大學董事會亞伯特・古德漢上校（Albert Gooderham）、大學校長羅伯特・法爾科納、法律顧問瑞奇先生等人。

胰島素委員會核准了一份醫師清單，禮來可以把胰島素配給清單上的人，以進行人體試驗。最初的清單上有紐澤西莫里斯敦的佛德列・艾倫醫生、麻州波士頓的艾略特・喬斯林醫生，以及芝加哥的羅林・伍德亞特醫生。再過了一個月，清單上又增加了七名醫生，其中包含代表禮來在印第安納波利斯衛理公會醫院執行人體試驗的約翰・麥當勞醫生（John A. MacDonald）、羅徹斯特的約翰・威廉斯醫生（吉姆・哈芬的醫師），以及繼續由禮來配給的多倫多醫師勞爾・加耶林（Rawle Geyelin）。

禮來公司自詡為有德的藥廠，只把產品配給擁有執照的醫生與藥師，而非直接對一般大眾開放（這與其他專利藥的作法不同，其他專利藥是直接宣傳並賣給大眾）。禮來同意將製造出的胰島素全送到多倫多進行核准，並將二十八％免費提供給校方。此外，為了實驗，禮來也提供胰島素給校方認可的醫生與機構。

柯羅威估計投入胰島素製程建立的時間大約需要一年，而且金額非常龐大。禮來先生聲明願意投入二十萬美元（約等同二〇一〇年的兩百萬美元），協助康諾特實驗室與胰島素發明人量產方法的實踐。這是很勇敢的承諾，當時美國仍在戰後的蕭條中努力取得經濟平衡，禮來公司也才稍稍從一九二〇年十月到一九二一年的谷底慢慢走出來。公司努力不裁員，也不額外投資新發明，員工工時縮為一週四天已有幾個月了，可是實際開銷沒有減少。對於校方的承諾，主要基於公司的創立理念是對科學本身的信念，另一部分則是來自對於胰島素的信心。

承擔財務與製作的挑戰，禮來公司獲得了多倫多大學一年的獨家合約作為回饋，許諾禮來可以在美國、墨西哥、古巴，還有中南美洲，製造、使用與販賣這個萃取液。這段期間，校方不得向其他商業公司流出製造胰島素的配方。兩方需要完完全全合作，如果禮來發展出新製程的專利，公司也同意將美國的專利移轉給學校。

禮來先生的私人要求之一，是讓公司可以替自己生產的胰島素取個商品名稱。禮來的商標可以協助藥師與醫生清楚辨別守護對的商品，因為隨著時間的步伐，一定會有各種替代品、劣質品充斥市面。這個名稱對於禮來的投資算是一種補償，一旦一年後合約期滿，這個商品名還是可以讓禮來從對手中脫穎而出。最後，禮來先生選了「因蘇林」（Iletin）這個名稱，部分原因是基於這個字念起來很像班廷當初給的——小島素（Isletin）。

在愛德華國王旅館協商了三天後，勾勒出的協議被視為一份契約，正式日期標註為一九二二年五月三十日。多倫多謄寫出契約最終版本並簽署後，寄到印第安納波利斯由另一方簽名。印第安納波利斯團隊還未完成簽署就開始著手進行了，計畫主持人是喬治．華敦（George B. Walden），並由哈雷．羅德哈梅爾與賈斯柏．史考特（Jasper P. Scott）協助。喬治．華敦是位二十八歲的化學家，一九一七年加入禮來，月薪是八十五美元。

柯立普在多倫多的任命於一九二二年五月三十一日結束。六月二、三日，他與貝斯特前往印第安納波利斯，把對胰島素製造所知的一切全都告訴禮來的化學家，他們帶禮來的化學家把整個流程走了一遍。柯立普直接從印第安納波利斯去了艾伯塔。貝斯特回返多倫多，卻發現小組竟就這樣突然而隨意地解散了。

十七天後，禮來仍未收到多倫多寄來的合約，即使如此，印第安納波利斯團隊還是旋風般展開了胰島素的生產。一九二二年六月十七日，禮來先生寫信給麥克勞德，「我們的化學家一心一意努力生產胰島素，得到了一些不錯的經驗，目前製作出了約二十單位接近多倫多所產的成果。」他請麥克勞德送來十個單位多倫多生產的成品，好讓禮來團隊比較兩邊的差異。麥克勞德把這個要求轉給了人在康諾特的貝斯特。

在印第安納波利斯，禮來公司科學大樓的管理員比利．希爾維斯特（Billy Sylvester）被派遣了取回新鮮腺體任務，他每天帶著幾個容量十二加侖的象牙色大湯鍋，搭計程車來回金根公司兩趟。六月二日起，他們幾乎每天都有實驗性胰島素產出。到了六月十九日，他們首次送給了班廷五十單位的胰島素，但是這個量根本不足以供給那些有著基本病患需求量的臨床醫師，所以麥克勞德在六月二十一日把這些胰島素送給了加州聖塔芭芭拉的尚桑醫生（W. D. Sansum）與芝加哥的羅林．伍德亞特醫生（尚桑醫師已自行實驗製造胰島素）。兩位醫生皆展開了小規模的製造，成品用於臨床與實驗，這些個別行為讓班廷與柯羅威都不太開心，也增加了禮來跟康諾特實驗室早日大規模生產有效、穩定胰島素的壓力。從小規模進展到大規模生產似乎常常會遇上問題，這些困難在多倫多與禮來都存在著。

一九二二年六月二十九日，麥克勞德把簽好的契約複印三份寄回禮來，比伊莉莎白從漢密爾頓碉堡號的跳板步橋搖搖晃晃走下來，早了不到一週。七月十日，也就是班廷寫信告訴安東妮不要帶伊莉莎白來多倫多的同一天，禮來把契約回覆寄到了多倫多，上頭有總裁老禮來、總經理查爾斯．林恩的簽署，契約正式生效了。

差不多同一時間點，不少美國的機構找上了班廷，他們都提出很吸引人的條件希望他離開多倫多。水牛城大學提供他學院的職位；伊士曼．柯達公司的喬治．伊士曼，催促他接受羅徹斯特大學新成立醫學院的職缺；發明玉米片、花生醬的哈維．家樂（Harvey Kellogg）甚至願意讓班廷在自家的巴特爾克里克療養院（Battle Creek）開設自己的部門，要是班廷願意加入團隊，每年還會支付他一萬美元的薪水。如果班廷真的去了美國，加拿大、多倫多與校方都會失去胰島素。

雖然鄧肯．格林漢之前拒絕給班廷任何好處，但是多倫多大學仍然說服了他，在他的監督之下給班廷一個職位；班廷將與康貝爾、佛萊奇兩位醫師共同照顧多倫多總醫院糖尿病門診的三十二床患者。如此班廷每年可領六千元，並在醫學部擁有正式職稱。由於新的安排，他同意自己的私人診所不再收治新病患。班廷的朋友，病童醫院的羅伯森醫生（D. E. Robertson），在說服格林漢上扮演了相當重要的角色，他們為了班廷的爭吵還差點毀了彼此的友誼。

六月中，麥克勞德離開多倫多前往新布倫瑞克省聖安德魯的海洋生物站。卡內基公司贊助了他八千元，有一部分他打算用於探索真骨類生物製造胰島素的研究計畫。麥克勞德很確定康諾特實驗室經歷的胰島素製造困難，可以在魚類胰臟找到答案，他很堅決要進行實證。一九二二年夏天，麥寇馬克醫師（N. A. McCormack）與克拉克．諾貝爾就在海洋生物站與麥克勞德一起工作，期間他們記錄到了某幾種魚類似乎有不錯的成果，尤其是鱈魚。

很不幸的是，麥克勞德發現與肉品業者相比，漁夫更不願意配合留住魚的胰臟；或者，也可能單純是他比較不會推銷。

六月二十六日，禮來首度嘗試工廠等級的大量製造。七月五日又嘗試了第二次，這次以三十四公斤的豬胰臟，製造了大約三十單位的胰島素。透過不間斷的實驗，包含嘗試各種酒精濃度、溫度，以及製程中各種細節的調整，禮來終於在夏天的這幾個月逐漸提升了產能。但是，他們還沒真正找到大規模量產的能力。

25 一九二二年夏天，名望與飢荒

五月的那場美國內科醫學會之後，全世界的報紙就預示著胰島素會是個奇蹟般的解藥，就如同世紀初白喉找到解藥一樣。媒體的大肆報導，不可避免導致了消瘦憔悴的孩子與他們心急如焚的家人淹沒了多倫多車站。貝斯特又去緬因度假了，班廷再度發現自己被獨自留在悶熱的多倫多。每天收到的信件都充滿了急迫的懇求，有個信封甚至僅僅寫了「安大略省多倫多，致那位可以治療糖尿病的醫生」。班廷在布羅爾西街私人診所候診室的日常場景就是塞滿了病患。每個大肚子、大眼睛孩子的情況，似乎都比前一個病患更令人心痛，但是當下就是沒有穩定又無毒的胰島素。這是非常難受的衝突：他已經答應一旦多倫多總醫院的糖尿病診開診，他的私人診所就不再收治任何新病人，但問題是那邊還沒開張啊！在等待的期間，希波克拉底誓詞不是告訴他要盡己所能幫助這些孩子嗎？安東妮的信件與其他無數懇求的信件，在這個月抵達布羅爾西街的診所，有的是直接寄來的，有的則是透過麥克勞德轉交；有的是家人寫的，有的是其他醫生同僚寫的。典型的往來就像下面來自亞特蘭大的電報，電報有多簡潔，事態就有多悲情。

> 致麥克勞德醫師——你最近有接手葛雷夫・史密斯（Graves Smith）的任何可能嗎？他就是數週前喬斯林寫信向你提到的病人。如果有任何機會讓他接受班廷治療，他的父親立刻就會把他帶來多倫多。這個男孩的狀況非常嚴重，再這樣下去恐怕要來不及了。請你有空時回覆。——寶林醫師

> 致寶林醫師——目前沒有胰島素。我們獲得補給時會通知你。——班廷

莫頓・萊德醫師（Morton Ryder）是體重二十六磅小泰迪的叔叔，也是一開始班廷拒絕過的人。為了讓他保持希望，班廷告訴他九月可以再寫來問看看，或許那時會有胰島素。萊德回覆：「泰迪活不到九月了」。

一九二二年，益處與害處有著一條明顯的界線。先把胰島素純不純放一邊，就算能產出穩定有效的胰島素，要開立正確的劑量根本不可能。在佳士得街，有幾名病人因為注射過量而低血糖休克，最後還得動用葡萄糖來急救。由於胰島素缺乏，兩國的糖尿病專科醫生陷入了胰島素該給誰的苦戰，這可是判定生死的決定啊！多數醫師同意仍處在

實驗階段，應該要最嚴重的病人才能使用胰島素。但是有的人卻爭論著，如果這些病人太脆弱，可能根本無法撐過這項實驗，這個機會是不是應該保留給病情不那麼嚴重的病人，他們才比較有機會復原，不是嗎？

班廷幾乎拒絕了所有病人，只同意那些非常接近死亡的孩子，如此使用不穩定或不純的胰島素，比較能夠合理化。最終他私下又收了三名有如骷髏般的美國病人：十一歲四十磅的麥菈・布勞斯泰因（Myra Blaustein）、七歲四十三磅的茹絲・懷特希爾（Ruth Whitehill），以及五歲二十六磅的泰迪・萊德。

米爾瑞德・萊德在七月初帶泰迪離開紐約前往多倫多，有位朋友前來幫忙提行李並且送行；那個朋友日後回憶道，隨著火車越開越遠，他心想著米爾瑞德不會帶著活著的小泰迪回來了。臥舖中的這對母子在七月八日一早抵達了多倫多，他們直接去了布羅爾西街一六〇號。那邊沒有胰島素，而上一批的粗製濫造。康諾特實驗室掙扎努力地想要生產有效無毒的胰島素，不過這位最初的發明者，目前需要仰賴美國人提供給他的病人。除了等待週一禮來的貨運送達，當下沒有什麼能做的。米爾瑞德無法承受泰迪在治療前夕死亡。更慘的是，多倫多總醫院糖尿病門診還有一個多月才能開幕，而一般醫院的廚房無法製作糖尿病餐點，所以米爾瑞德在熱到快融化的天氣裡，抱著可憐的泰迪開始尋找租屋處。她在格林威爾街找到了合適的地點，那邊有廚房可以使用，她能夠幫泰迪準備正確的食物了。

星期日，班廷開著自己的第一部新車，首次載人。他來到了格林威爾街載著泰迪母子出去兜兜風，好讓他們心情開闊些。週一，來自印第安納波利斯的貨物到了，泰迪的康復之途於焉展開。

米爾瑞德與泰迪馬上就喜歡上了班廷，他完全不是預想中那種恐怖嚴肅的名醫。他是個率直的人，喜歡小孩，感情路上有些坎坷。通常替泰迪打完針後，班廷還會逗留在房間一陣子，向萊德太太傾訴自己的困擾。

八月底，多倫多總醫院糖尿病門診開張前，班廷陸續把私人診所的病人轉移到外頭的出租套房。有幾位病人住在格羅夫納（Grosvenor）七十八號的雅席瑪（Athelma）公寓，距離布羅爾西街的診間大概半英里。這樣他每日巡房就都可以用走的，從公寓到公寓、樓層到樓層、房間到房間。有些病人和家人會與其他家病人熟悉起來，當然病患間會有不少緊張不悅的時候，但也有輕鬆溫馨的時刻。

泰迪．萊德恢復得很好，但是一天需要四次胰島素注射。那年夏天他過六歲生日時，懷特希爾家在雅席瑪公寓幫他舉行了派對。泰迪扮成印地安酋長，帶了一頂超大的羽毛製酋長帽，帽子大到當他迎接來賓時，羽毛拖在地上一直掃。

最後抵達的來賓是一名高挑的神祕女性，身著粉紅色洋裝，戴著白色大帽子，還有雙長到手肘的白手套。沒人知道她是誰。她走去向壽星打招呼，最後揭曉，她就是班廷醫生，整個房間爆出如雷笑聲。泰迪・萊德永遠忘不了這一天。

那年夏天，班廷接到了之前在康佩的老長官帕瑪上尉的聯絡，請班廷幫忙他的病人夏綠蒂・克拉克（Charlotte Clarke）。她是個糖尿病的重症患者，有著一條感染到嚴重黑死的腿，狀況差到接近昏迷。當時，沒有任何人能活過糖尿病導致的昏迷。班廷無法拒絕軍中老友，同意看看這名病人。那條腿需要截肢，但沒有人曾在糖尿病患者身上動過刀，更不用說幾近昏迷的。從另一個角度來看，她已經嚴重到沒有什麼好怕的了。

克拉克住進了多倫多總醫院，當下沒有胰島素可用，只好挪調了五名患者的份量才足以供給她。七月十日，她接受了第一劑。次日，她被推進手術室，帕瑪把她的腿截切至膝上。手術之後，她的代謝因有胰島素而維持穩定的狀態。讓所有人驚喜的是她幾乎完全康復。這是首次在重度糖尿病患者身上執行重大手術，要是沒有胰島素，她連麻醉都撐不過。

大約一週後，帕瑪幫她拆線，患部呈現的是完全癒合的傷口；因為認定胰島素已經功成身退，七天之後克拉克便不再注射了。七月二十五日，克拉克的腿變得很腫，顏色也變了；傷口又綳開，可以看到裡頭有個又深又嚴重的感染，嚴重到帕瑪認為不管有沒有胰島素都沒救了。

此時，康諾特實驗室的生產又失敗了。

班廷受夠了康諾特實驗室不穩定的生產，而多倫多這邊的化學家卻給不出讓他滿意的解釋，所以班廷瘋狂地展開了印第安納波利斯之旅。他要自己去看看為何印第安納波利斯可以成功，而康諾特卻一直失敗。他同時也希望可以帶回足夠的胰島素來拯救夏綠蒂．克拉克。

旅程中，他又變回了以前偏執多疑的狀態，他質疑起為何印第安納波利斯不像康諾特實驗室一樣，經歷那麼多困難。雖然康諾特實驗室對於大型蒸餾器具與器材的使用，以及濃縮大容量液體，沒有太多經驗，但是他懷疑印第安納波利斯是不是藏著什麼生產的祕密。抵達印第安納波利斯時，他已經開始疑心自己是不是被背叛了。他很堅持：一定要完整參觀公司的設施，並且還要有整個生產流程的解說，如果得不到真實的狀況，他是不會離開的。

他步下火車時處在憤怒的泡泡中，隨時準備好要戰鬥。在月台上接待的是小禮來、柯羅威，以及一百五十單位的胰島素。被告知這一百五十單位都能讓他帶走時，他完完全全被攻克，並且激動地靠在禮來肩上哭泣。不知道多倫多那頭是太忙還是太驕傲，沒來溝通處理這個迫切的問題，所以印第安納波利斯知道現下的狀況時非常驚訝（釐清後發現，貝斯特有把多倫多的困難傳達給印第安納波利斯的羅德哈梅爾，但當時柯羅威在伍茲荷，所以無從得知）。

禮來公司同意先暫停自己在印第安納波利斯衛理公會醫院的臨床作業，他們將這些胰島素先挪給多倫多，直到康諾特實驗室恢復生產力為止。班廷完成了他的胰島素製造廠之旅，整個流程讓他目瞪口呆。他對那個大型的真空蒸餾器印象深刻，遠遠優於他們在醫學大樓地下室使用的老舊管路，而他們老舊的方式主要還是靠揮發。也是這趟旅程，班廷向柯羅威傾訴自己在麥克勞德身邊遭受的困難，他還懷疑麥克勞德想要搶走胰島素發明的功勞。柯羅威保證會盡力保護這項發明，並且協助班廷。

帶著胰島素回到多倫多，班廷第一站就是到多倫多總醫院探望夏綠蒂・克拉克。注射再度開始後，夏綠蒂・克拉克的傷口漸漸癒合了，最終她得以完全康復，並倚靠義肢活了好多年。

班廷的下一站是大學董事會位於市中心的辦公室，前去會見董事長艾德蒙・渥克（Edmund Walker）爵士。他的目的是要用採購經費來買真空蒸餾器等器材，好讓康諾特實驗室追上印第安納波利斯的製程。班廷一如往常處於戰鬥狀態，行軍般地走了進去直接開口一萬元，並要求馬上得拿到。渥克冷靜地向班廷保證，在秋天舉行的下一次董事會，他會提出這個議題。班廷看到那一副志得意滿的官僚態度便抓狂了起來。班廷問渥克，如果自己能替董事會籌到這筆錢，那這筆錢可以讓他自由使用嗎？渥克同意了。班廷在怒氣中走了出去。

隔天，他與勞爾・加耶林醫師一起到了紐約，加耶林是最早一梯認可胰島素療法的人，同時也是多倫多胰島素委員會成員。班廷畏怯地看著加耶林打電話給一名糖尿病童的有錢父親羅伯特・貝肯（Robert Bacon）。加耶林簡述了狀況，然後轉頭問班廷錢要怎麼匯。班廷當天就收到了全額，於是多倫多便買到了真空蒸餾器。

加耶林非常震驚胰島素的發明人居然需要四處找錢。他告訴班廷，如果搬來紐約，每年可以輕鬆賺得十萬美元。加耶林更訝異班廷只有向夏綠蒂・克拉克收取一百元，而多倫多其他需要倚賴胰島素的病人，一週也只需付二十五元。那年夏天，佛德列・艾倫開口邀請班廷到物理治療所工作，他宣稱有另一位美國投資人願意花一百萬向班廷購買胰島素相關的權利。

七月二十六日，禮來親自寫了封信給班廷。

> 你的來訪讓我們相當開心，很遺憾你必須匆匆離開。我們能了解你得早點回去，也很高興能讓你帶回一百五十單位的胰島素。我們心懷感激，但是史考特先生可能要等到八月中之後才有辦法順利量產。這一系列的計畫是要讓產能逐漸提高。到了八月多，相信應該可以每週送出五百單位的胰島素給你。我們會先送一百五十單位史考特先生生產的胰島素過去，也會盡最大努力每週運送兩至三次五〇〇C.C.左右的量，相信這對你會有實質幫助。我們目前正在建置量產所需的儀器……，並以最快的速度工作。

七月二十九日，禮來運了兩百單位的胰島素到多倫多。八月八日，又送了五百單位，並承諾盡可能維持每週送去五百單位的產能。全加拿大的胰島素生產仰賴康諾特實驗室，而康諾特實驗室的所依是查理·貝斯特。當時年僅二十三歲的貝斯特負責的，不只有康諾特實驗室的胰島素生產，他還得與禮來合作將流程標準化與穩定化。

誰該成為第一個替病人施打禮來製胰島素的美國人？老禮來先生解決了這個問題。他認為艾略特．喬斯林醫生一生致力於糖尿病患者的照顧與研究，理應由他得到這個榮譽：第一位美國醫生在美國機構，替病人施打美國生產的胰島素（芝加哥的伍德亞特醫生是第一位替病人施打胰島素的美國醫生，但是施用的胰島素是多倫多來的）。伊莉莎白．麥基（Elizabeth Mudge）是名四十一歲的第一型糖尿病患者，活到四十二歲的機會相當渺茫，所以被喬斯林選為最急需胰島素的病人。一九二二年八月七日，她的體重六十九磅，救護車把她載到波士頓的女執事醫院（Deaconness Hospital）時已接近昏迷，狀態緊急到喬斯林的同事霍華德．魯特（Howard Root）剛好碰見救護車，就立刻判斷病人分秒必爭，救護車還在醫院外的街上行進著，魯特已經替擔架上瀕死的麥基注射了兩單位的胰島素，針直接閃過被子打在她的身上。最終，她得以完全康復。

聽到這個消息，查理．貝斯特不禁想起了自己最喜歡的姑姑。喬斯林醫生的紀錄本裡，成千上萬個名字中也包含了海倫．貝斯特。一九一五年二月，她是個三十幾歲的護理師，因為糖尿病找上了喬斯林醫生，而喬斯林唯一能做的也只是請她遵循艾倫飲食。身為護理師，她非常理解這個疾病有多嚴重，以及完全遵從飲食療程的重要性；儘管嚴格遵守，她還是在一九一七年五月於糖尿病的昏迷裡死去。

★★★

八月初，艾倫醫生來了多倫多一趟。他在那裡遇到了泰迪．萊德——這不是他在物理治療所治療過的男孩，只是同名同姓吧！新的泰迪是個活力十足而健康的孩子，他很開心，圓圓的臉，頭上還有濃濃的棕髮。這位侃侃而談的大醫師人生第一次吃驚到什麼也說不出來。他回到莫里斯敦後，謙虛地告訴他憔悴的病人們：「我想，我有東西可以給你們了。」

一九二二年夏天，禮來的胰島素產線三班制輪著，科學大樓的燈從未熄過，超過一百名員工專注處理胰島素量產相關事務。八月，華敦與團隊已經能由每磅胰臟生產出大約一百單位的胰島素。芝加哥的敏甲公司開創先例透過鐵路冷凍車廂運送胰臟。

當下，印第安納波利斯迎來的是多倫多經歷過的問題——效能。雖然禮來成功地大規模製造生產，但成品的效果似乎只有最初的一半。為了兌現對多倫多及另外十六名醫生的承諾，公司的產能因此得要加倍。喬治．華敦、哈雷．羅德哈梅爾，賈斯柏．史考特身上的壓力簡直要破表了。禮來盡可能地要幫忙多倫多解決危機，卻沒想到在印第安納波利斯造成了第二個危機。

一九二二年八月，華敦接近崩潰邊緣。為了阻止崩潰真正來臨，柯羅威堅持要華敦跟他一起到伍茲荷兩個星期。柯羅威在關鍵時刻阻止了一個人崩潰，但是華敦的職務代理人賈斯柏・史考特卻真的崩潰了，他需要復健休養三個星期。

柯羅威收到來自印第安納波利斯的電報，訴說目前產量減少、低於預期，如果要繼續維持每週給班廷五百單位，那就無法提供給伍德亞特、加耶林，或是梅約集團的懷德（Wilder）。八月八日，柯羅威發了電報詢問班廷可否暫時減量，每週先拿三百到四百單位。

一九二二八月，每一批次胰島素的品質、產量、效能都難以預測，臨床上仍有注射後病況惡化及過敏的問題。所有參與試驗的醫師漸漸累積了臨床數據，而這些數據集中在多倫多進行分析：結果好壞摻半，有奇蹟般康復的，也有莫名失敗的。羅徹斯特的威廉斯與芝加哥的伍德亞特都有病人在接受過量胰島素後，因為低血糖休克死亡。有些經歷過艾倫治療的病童父母，早已絕望到沒有太多恐懼了。有個八歲男孩，虛弱到由父母抱進喬斯林的辦公室，他們告訴醫生：「你可以對佛德列做任何事，反正也不會更糟了。」班廷位於佳士得街軍醫院的人體試驗也不順利，可能產生很痛的膿包或低血糖反應的傳聞滿天飛，使得不少糖尿病退役軍人不願參加試驗，就連宣揚計畫的喬・吉爾克斯都有過戲劇性的低血糖反應。當時班廷決定開始教導病人自行注射，讓他們週末可以離開醫院，這個舉動反而再度引起了大家的興趣。第一梯離開醫院的幾個人回院後，報告提到胰島素使他們恢復了性慾與性功能，這又促發了更廣泛的興趣。

八月十日，艾倫替六名病人注射了禮來的胰島素。如果伊莉莎白當時在莫里斯敦，她也會是其中一名。為了讓手頭的藥劑供給最多需要的人，也為了避免低血糖，他在每位病人身上的注射量都不到一單位。而結果非常戲劇化，病人恢復活力的時間快到簡直可稱之為甦醒。布蘭琪帶伊莉莎白回到莫里斯敦等待下一批胰島素。安東妮又寫了封信給班廷醫生，再度嘗試說服他收治伊莉莎白為私人病患。然後，她做了一件自己從未做過的事，一件她曾經發誓必須禁絕的：要求她的丈夫介入。

26

一九二二年八月，華盛頓特區，四個行李箱

「介入？怎樣介入？」查爾斯問。他可以從她眉間微妙的細紋，看出她早就胸有成竹了。

「你沒有電話可以打嗎？」安東妮問。「麥肯齊・金（Mackenzie King）[1]或是哈定總統。或者能讓哈定總統打電話給麥肯齊・金更好。」

妻子建議他動用政治影響力處理非常私人的事，這讓查爾斯有點不舒服。但是開口的是安東妮——她是他的良心、他信任又親密的靈魂伴侶，所以他暫停下來思考著可能衍生的後果。

「這真的不是國家大事。」

「我不是很確定喔！」她用一種陌生的嚴密口吻回答。「如果你不能讓伊莉莎白到班

1〔譯註〕時任加拿大總理。

廷那裡，我就不跟你上船去巴西。」

在他們長達三十四年的婚姻裡，分開最久的一次就是海倫病逝前的那個夏天，分開也不過五天，而且是必要的，況且當時他們之間的距離只要幾個鐘頭就能抵達。他無法認真去思考獨自出門超過一個月這檔事，而且還是去南美洲。她知道，她這個毫無掩飾的最後通牒讓彼此都大吃一驚。

國家正逐漸從史上最慘烈的戰役甦醒，他宣誓成為國務卿，當時他最恐懼的就是自己無法勝任。他替自己以及該如何勝任設定了很高的標準，而這都是因為有安東妮的支持，他才有辦法維繫下去。安東妮把家弄得完美，讓他可以心無旁騖處理這個職務大量的工作，而他的起手式就是全球裁軍計畫。她保護著他，讓他不需要分心與煩惱、叮囑他注意社交、讓他溫飽，甚至讓他的衣櫃裡永遠都是乾淨合宜的衣裝。她讓他不用在家庭承諾與國家大事之間選邊，就連海倫垂死時都是如此。現在，她正向他要求回報。

「如果你看到她走下那艘船的樣子……」，安東妮忍著不哭。他們都知道自己最小的孩子時間已經不多了，感冒、耳朵感染、膝蓋破皮，任何事都可能成為奪取性命的凶手。她現在體重四十八磅，比三年前要再輕上二十七磅。

「就算這樣，我還是不可能打電話給總統或總理。」

「為什麼不能？」

休斯知道，如果自己打給哈定，他就會去關說，哈定不是個會拒絕朋友的人。哈定還很小的時候，他的父親曾說過：還好你不是個女孩子，不然你有可能「永遠都在懷孕」。

「好，假設我真的打了電話給哈定總統，哈定會打給麥肯齊．金，然後金會打給羅伯特．法爾科納爵士。法爾科納會打給班廷，然後班廷會跟伊莉莎白見面。但是班廷已經告訴過你，目前沒有胰島素可以給她。」

「我只要求讓班廷醫師與伊莉莎白見上一面，然後我就將一切交給上帝。班廷醫師到底會不會給伊莉莎白胰島素，不是我們能掌控的，但是我們必須安排這個會見。我們能做的就那麼多，也必須這樣做。」

「但現在的問題是短缺，不是嗎？如果真是這樣，伊莉莎白打到胰島素，代價可能就是犧牲另一個孩子的性命。」安東妮沉默地瞪了回去。

不論是專業還是私人活動，休斯皆以誠信以及大眾福祉的公正承諾為依。有權勢與沒有權勢的人都會認同，休斯是個在任何狀態或是個人利益衝突下，都能做出正確選擇的人。他敏銳地感受到大眾信任的重量，他認為這是神聖的，並且願意成為它的僕人。他知道安東妮也這麼認為。

「你是要我憑感覺決定國家大事嗎？你是要我動用政治力來處理私事嗎？你不就是因為我不是那樣的人、也不會犯那樣的錯，才跟我結婚的嗎？」

安東妮繼續沉默地回瞪。一百個想法在腦海裡折磨著她，難道嘗試盡一切所能來救自己的孩子是個錯誤？她不確定如果再次失去孩子，自己還活不活得下去。她不知道如果查爾斯不嘗試所有能讓她免於再度遭受此種苦難的方法，她還會愛他嗎？

「如果你真的要求我這麼做，我會考慮的。」他注視著她的視線良久，小心翼翼看著她。「所以，你是在要求我嗎？」

「我是。」她用近乎聽不見的聲音回答，然後就去睡覺了。

整個房子被寂靜壟罩，如同處在詭異的颱風眼裡。查爾斯獨自在黑暗中坐著，他嘗試想像自己打電話給哈定總統。這是公眾人物在動用特權，或者只是一個父親在替女兒竭盡所能？他曾經發誓要遵守的那些原則，與面對自己的女兒相比，前者的責任比較大嗎？一個是廣，一個是深，哪個才是更大的善？他到底要對總統說些什麼？就算他真的打了這通電話，在八月二十四日泛美號（Pan America）航向巴西前，來得及將伊莉莎白安置在多倫多的醫生那裡嗎？

三個小時後，安東妮下樓看到查爾斯坐在書房裡盯著一張五乘七英寸的手工上色照片看，感覺從她去睡覺後，他就沒有動過。相片裡是查爾斯出生的房子，一間樸實的單層樓房，有著綠色的窗戶，前方的三階樓梯連到門前的單側前廊。他盯著孩童時期的家屋照片，用心聆聽著心靈深處，那裡響起了父親熟悉的肯定聲音。他在尋找的根本不在這張影像裡——一個答案；他的父親會如何回應安東妮的要求？

如果能夠再次走在楓葉街上就好了，那條熟悉的人行道時常結凍，楓樹與榆樹下總是有一叢叢落葉，樹枝似乎在向路人點頭致意。轉向三層階梯就可以走上家門口的前廊，父親老是半睡半醒地陷坐在前廊的搖椅裡，下巴稍稍歪向一側，好像在跟自己的肩膀說著悄悄話。胸前時常擺著麥蒙尼德（Maimonides）所著的《迷途指津》（*Guide for the Perplexed*）。諷刺的是，這似乎是他最喜愛的一本書，但是大衛・查爾斯・休斯好像從未有過一絲困惑。

在知識教育部分，年長的這位休斯先生幾乎仰賴自修；他很用功、博覽群書，並且自己教育自己。他對拉丁文與希臘文特別有興趣，晚年還曾向拉比學習希伯來文。查爾斯常常聽到他引用《塔木德》裡最喜歡的一句話：「拯救一條命，拯救全世界。」

過去的幾個鐘頭，其實安東妮並沒有睡去。她連睡衣都沒有換，盡是忙著準備四組衣服、盥洗用品及雜物。一早，她打算要女傭準備四個行李箱，第一口箱子裝滿查爾斯這兩週巴西世博之旅需要的東西，箱子裡有參加船上餐會或是世博會宴飲的正式服裝，也有四處觀覽時要穿的夏裝，以及外交會議的正式裝束。第二口箱子是給伊莉莎白的，裡頭有她待在多倫多參與實驗需要的所有物品，包含那件在百慕達織的矢車菊藍毛衣、底片、文具，還有她永遠都在擴充的書本與剪貼本收藏。第三、第四口箱子則都是安東妮自己要用的，一口用於與先生同行的泛美州之旅，另一口是陪同伊莉莎白與布蘭琪前往多倫多要用的。

安東妮站在先生書房門口，對他說：「你說你無法打電話給總統或總理，那我有另外一個提議。」

查爾斯點了點頭。安東妮深深吸了一口氣。

「多倫多大學的班廷發明了胰島素。」她開始說。「多倫多有從洛克菲勒那邊拿到一百萬的贊助」繼續說著的同時，一邊觀察著先生無動於衷的表情，「我們跟洛克菲勒家上的是同一個教堂，你同時跟老約翰．洛克菲勒和小約翰．洛克菲勒一起擔任過教堂董事會成員。之前你教的主日學，現在由小約翰．洛克菲勒接手。」

「若干年後，如果伊莉莎白知道自己的命是由另外一個孩子換來的，她會怎麼想？」

「讓伊莉莎白以後自己去跟這個問題奮鬥吧！」她爭論著，「讓她選。」

他搖了搖頭。

「上帝把你放在一個有影響力的地方」她堅持說著。「那是因為上帝相信我不會濫用這個權力。」

「上帝也給了你雙腿，所以對於瘸腿的人，你使用自己的腿是不公平的嗎？想想那些跟天分有關的寓言故事。如果不使用上帝給你的禮物，這可是種罪。拜託再想一想吧！」

「除了想一想，我沒打算要做其他事了。」

安東妮回到了樓上的臥室。天快亮了，她也許還能睡個一、兩個鐘頭。

顯然，查爾斯的意思就是字面上那樣。她早上起床梳洗，下樓時查爾斯還在那兒看著照片，搖椅仍然毫無生氣、空蕩蕩的待在房子前廊，被鎖在這個銀色的乳狀封膠裡。忙碌就是救贖，至少這是他的信條。所以當安東妮看到他在那邊靜置許久、迷失在自己聰明又恐怖的思緒中，她其實很緊張。

「早安」她說。

「早安」他回答。「除了與班廷會面，還要達成哪些要求才可以讓你在二十四日陪我去巴西？」

「有。」她說。「我們在海上時必須要有雙向通訊的辦法，好能夠聯絡上伊莉莎白。摩斯密碼、無線電話、信鴿……之類的。」

這個要求太古怪了，就算是國務卿也沒有辦法讓科技瞬間大躍進，但他也就只有點點頭。

「還有其他的嗎？」

「沒有了。」

查爾斯・伊凡・休斯實在沒有辦法打電話給洛克斐勒、哈定或麥肯齊・金，不過那天，他真的打給了法爾科納校長。他們之間曾經有過幾次的通訊，當時法爾科納想要邀請他到多倫多演講。休斯坐在那邊，瞪著電話大概有一個鐘頭才終於拿起話筒。一方面，這只是一通電話；但另一方面，這是個道德上巨大的缺口，他本身不可能也不會去做這件事。唯一的例外，因為安東妮。

27
一九二二年八月，逃離莫里斯敦

辦公室外的電話響起時，法爾科納校長正在和亞伯特．古德漢上校開會。古德漢看起來是個具有威脅性的人，蓄著誇張的鬍子，聲音帶著命令的語氣，還有萬貫家財等著他繼承。一八三二年創辦的古德漢與沃茲（Gooderham and Worts）曾是世界上最大的酒廠，向全世界輸出約兩百萬加侖的加拿大威士忌。多倫多最引以為豪的建築之一就是以古德漢命名的——一八九二年建造的紅磚熨斗大廈，比紐約市的那棟早了十年。一九一五年康諾特實驗室成立，用地就是古德漢捐贈的。他長年都是多倫多大學董事會的成員，在這個城市光是提起他的名字就足以受到注目。

因此，祕書是帶著極大的恐懼來打斷校長與古德漢的會議的；頓時，法爾科納與古德漢的表情，顯露了對於會議被打斷的疑慮與不滿，但當她說出「先生，國務卿查爾斯．伊凡．休斯在電話上等您」時，古德漢那保養得宜的鬍子因為憤怒而產生的顫抖，立刻就消散了。法爾科納請求暫時離席去接電話。

休斯說明了自己的要求。法爾科納非常親切並承諾盡力幫忙，但是實際上比他想的要複雜了些。首先，法爾科納需要聯絡麥克勞德，但麥克勞德最不想做的事，大概就是幫美國國務卿的忙；接下來，班廷大概不會鳥任何來自麥克勞德的要求。也是類似的理由，讓他沒有打給鄧肯·格林漢；他又不想親自打給班廷，他怕班廷跑去跟記者大嘴巴，多倫多大學的校長拒絕讓他在大學附設醫院任職，現在卻跑來置喙他的私人診所事宜。

於是，他打給了班廷的政治軍師比利·羅斯，而這位軍師巴不得去找班廷說話。起初，班廷對於又要收治美國人感到相當勉強，畢竟他手邊已經有三個治療中的美國兒童了；再者他最討厭有人動用權力插隊，他拒絕過休斯太太兩次了。

羅斯提醒了班廷，他的目標是用自己的方式打敗麥克勞德。為了達成目標，他需要盡力爭取地位高尚的盟友。班廷反駁，治療國務卿的女兒得要成功才會對自己有幫助，他不能保證成功；就算治療她，也沒人能保證之後能夠持續下去。胰島素的產量太不穩定了，即使手邊有胰島素，每批之間的效能差異也大到無法抓出正確劑量。多倫多總醫院已有病人因為胰島素缺貨而死，而佳士得街上的軍醫院則有幾例過量的意外。然而，羅斯還是堅定地說服他，他要班廷想一想諾貝爾獎對於加拿大人的意義是什麼：是第一座呀！

班廷答應見伊莉莎白，但就僅僅是檢查，他不會承諾展開治療或是供應胰島素。比利・羅斯協助他寫了封信給安東妮，很直白的同意與伊莉莎白見面，不過無法承諾能讓她接受胰島素治療。八月八日羅斯離開布羅爾西街時把信一起帶走了，他要親自寄出，好讓班廷不能反悔。

數日後的下午兩點，安東妮收到了這封信。

★★★

查爾斯那天正在國務院，與即將搭泛美號同行的美國海軍第三軍區暨布魯克林海軍造船廠指揮官卡爾・沃格爾傑森（Carl Vogelgesang）上將談話。沃格爾傑森向休斯報告，這趟巴西之旅的無線電雙向通訊已安排好了，也告知了美國沿岸及西印度群島的海軍無線電站，要注意這艘船發出的任何訊號。而向船上發送的訊息，則可透過海軍沿途的高功率無線電站，在每天的特定時刻發送，像是長島的賽維爾（Sayville）、波多黎各的卡耶伊（Cayey），以及巴拿馬運河區的巴波亞（Balboa）。馬里蘭號與內華達號軍艦將伴航泛美號，它們也會複製傳來的訊息，並在需要時提供給泛美號。

美國媒體的通訊則是由航程中的這些船艦每天直接接收。海軍也做了特別的安排，讓同行的記者可以向全世界報導船上的趣事。

當天傍晚，查爾斯等不及把好消息告訴安東妮，很可惜的是他錯失了機會。他下班回到家，安東妮已經不在了。她收到了班廷願意與伊莉莎白碰面的說明信沒多久，便啟程前往紐澤西。她留了個訊給休斯的辦公室，要他寫封電報給艾倫醫師，讓艾倫知道班廷願意見伊莉莎白，電報卻忘了說安東妮已經啟程往紐澤西去了。

艾倫收到了電報，但沒有覺察到它的立即性。他當下先寫了封粗稿給班廷，表達對於班廷的支持，並研擬轉送伊莉莎白的方式，讓她在飲食與情緒上盡量減低干擾。他打算第二天整理伊莉莎白的檔案，把伊莉莎白的資訊詳細謄寫進去，並交付給多倫多那方。打定主意後他便就寢了。

安東妮抵達物理治療所時已接近午夜，計程車開進了車道，整棟豪宅的窗戶都是暗的。安東妮給了司機一張二十元鈔票，並請他不要熄火在外頭等著。她還沒等到司機回話就迅速下了車，走上了雪花石膏砌成的階梯。她推開沉重的銅門，輕快地繞過被驚擾的夜間守衛，在空蕩的長廊走著，然後上了樓。安東妮走近伊莉莎白套房的轉角時，幾乎要撞上了一名護理師。

「不好意思，女士……」護理師說。但是安東妮還是闖進了伊莉莎白與布蘭琪的房間，開了燈。護理師便跟著一起進來。

「訪客時間已經結束了。」

「休斯太太？」布蘭琪瞇著眼坐了起來。

「媽咪！」伊莉莎白開心地說。

「寶貝，起床了。去換衣服，我們要離開了。」

「一切都還好嗎？」伊莉莎白問。

「一切都很好，親愛的。我們要去旅行。」

「你要帶這位病人離開有經過艾倫醫師同意嗎？」

「快快！外面車子在等我們。」

那名護理師快速離開房間去找艾倫醫師。布蘭琪套起角落椅子上的洋裝，便去幫伊莉莎白換衣服。

「我們要去哪啊？」在布蘭琪把一隻袖子套過她的手臂時開心地問。

安東妮從床底下找出了行李箱，把衣櫃裡的衣服往裡頭塞。

「我們要去哪，媽咪？」

「多倫多，親愛的。」

然後艾倫走了進來。

「你這樣做意義何在？」他非常生氣地大聲說。

「晚安，醫師。」安東妮回答，把臉轉向他。

布蘭琪迅速完成裝箱並把它閂緊，安靜地把行李箱從床上拉下來，盡量低調地把它移出房間。

「休斯太太，我恐怕不能讓你就這樣把伊莉莎白帶出這個房間，至少不是在大半夜。」艾倫堵在門口。

「不好意思喔。」安東妮打斷了醫師，把伊莉莎白帶到門口。「我們接下來還有長程旅行，沒有時間可以浪費了。」

安東妮與艾倫直視，鼻子對著鼻子。

「這是我的治療所。」他動怒了。

「她是我的女兒。」她也不客氣的回嘴。

「你覺得身為查爾斯．伊凡．休斯太太，在我的院區就可以享有特權嗎？」

「我是她的母親，現在請你讓開。」

那一刻，艾倫意識到就如同他抵擋不了科學進步一般，他也擋不住安東妮。遲早有一天，胰島素會帶走治療所裡所有的病人。他從很久前就預測遲早會誕生的偉大醫學突破終於來了，而他的職涯盡頭也隨之到來了。

艾倫讓開了。

安東妮快速繞過他，催促伊莉莎白走向轉角、穿越走廊再下樓。戶外的氛圍是歡騰的，蟋蟀與春雨蛙在叫著，黑暗中可以聽見怠速的計程車引擎在低頻轉動。司機把裝著行李箱的後車廂用力關好，回到方向盤後面。安東妮告訴司機帶他們到曼哈頓的大中央總站。布蘭琪坐進前座，安東妮與伊莉莎白緊緊依偎在後座，當車子開出車道彎處，布蘭琪、伊莉莎白與安東妮回頭看了那座龐大的建築物，她們似乎意識到自己不會再回來了，至少是這樣希望的。

計程車後座裡的安東妮回想起自己剛剛做的事，安靜地顫抖著。正當她覺得自己平日像鐵一般的沉著快要崩潰，車窗外有樣東西吸引了她的注意力。那是豪宅旁一整片深深暗黑中出現的微光，有如燃燒將殆的灰燼中的一點餘光。

「那個光點是什麼？」

「那是管理員的小木屋。」伊莉莎白回答。

伊莉莎白想起了那位溫和的老人，也想起了他令人驚豔的修理能力，只要他動動指節分明的手，就能修好任何機械或是木製的物品。她想起他是如何修好艾迪的金絲雀鳥籠，也很遺憾沒能跟他道別。但是伊莉莎白沒有時間去想傷心的事，她現在要啟程前往從未去過的城市、一個她完全不知曉的機構，並要接受素未謀面的醫生診治。

28 一九二二年八～十一月，多倫多，轉變開始

一九二二年八月五日，安東妮、伊莉莎白與布蘭琪抵達多倫多，她們在格羅夫納街上的雅席瑪公寓租了間很大的房子。第二天早上，三人離開了公寓搭上計程車前往班廷布羅爾西街的辦公室，班廷會在那裡為伊莉莎白做檢查。物理治療所的員工們有不少關於班廷的討論，包含他發明了這個令人驚豔的胰島素。當然伊莉莎白與布蘭琪也看到了報紙的報導，所以這天早上伊莉莎白很開心，能夠與名人見面對伊莉莎白而言，一直都有神奇的吸引力，所以她很期待見到一個貨真價實的醫學天才。儘管熱情破表，她卻虛弱到幾乎無法行走了，但她還是很堅持要以自己的雙腳站起，迎接班廷醫師。在布蘭琪的協助下，她拖著步伐從計程車走了些台階到了大門，過程非常吃力；幾個布羅爾西街一六〇號候診室的病人透過窗戶看見了，與班廷共用這個辦公室的表哥兼同學佛萊德·希維爾也目睹了這一切。

班廷邀請了伊莉莎白、安東妮與布蘭琪進入診察室。他比安東妮預期的來得年輕與

不修邊幅，他的頭髮剪得很難看（她覺得說不定是他自己剪的）。他穿著一套裁製不佳的西裝，看來這套西裝陪他度過了好一段充滿冒險的日子，而且從未熨燙過。當班廷向安東妮伸出熊掌般的大手，她很意外地發現，以職業來說這隻手異常的粗糙，不禁懷疑起她們急迫努力的這一切是否會歸零。這個衣冠不整的人真有可能救伊莉莎白一命？她真的能把女兒交給他嗎？

伊莉莎白對班廷的第一印象和母親完全不同。伊莉莎白所見所聽是這個人走路、說話等等的，都與艾倫醫生完全相反。她對班廷感到興奮與好奇，一副好像他長了尾巴而且說話還會押韻似的[1]。

為了檢查方便，伊莉莎白得要換上了醫院的罩衫，所以班廷便先離開了。回來時，他先量了伊莉莎白的身高與體重，也檢查了手指與腳趾；他用三角形的橡膠扣診槌敲了敲她的膝蓋與腳踝，檢查反射；又以雙手觸診脖子與腋下的腺體。他做了一些筆記：「身高五英尺。體重四十五磅。枯瘦。皮膚乾燥。腳踝水腫。頭髮又脆又細。肚子凸出。顯著虛弱。」

「我壓這裡的時候會痛嗎？」他問。

「不會」她回答。

「這裡呢？」

「不會。班廷醫師，請問你介意我問你幾歲嗎？」

「我三十歲。」

「那是我的兩倍大耶！四天後啦，我四天後要過十五歲生日。你結婚了嗎？」

「沒有，你呢？」

「有喔。」她試圖用平靜的聲音說。「我結過幾次婚喔。」

他看著她，她也看著他，臉上同時出現了一模一樣的咧嘴笑容。安東妮搖了搖頭，而布蘭琪則是看向自己的大腿，試圖藏住想笑的表情。

「你喜歡動物嗎？」

「非常喜歡，我是在農場長大的。」

「那是你的農場嗎？」伊莉莎白指著書桌上一幅畫到一半的油畫。

「沒錯。」

「那是你畫的嗎？」

1〔譯註〕有著尾巴說話會押韻，暗指著名童書作者蘇斯博士（Dr. Seuss）筆下的「魔法靈貓」（the cat in the hat）。

「這是我做檢查的時候，第一次有病人的問題比我還多。」班廷轉過身去準備針筒。

「方便讓我抽點血嗎？」

伊莉莎白伸出了雙臂，讓他選擇要抽哪一邊。一九二二年時，血液檢查是很耗時又不太準確的，一次還得抽到二〇C.C.。

「你不是應該要說『可能會有點痛』嗎？我以為他們在醫學院會教你這樣說。」

「加拿大的醫學院沒有教喔！」他驕傲地笑了一下，覺得這個孩子令人愉悅。

「你最喜歡的動物是什麼？」她問，希望藉此分散看到自己的血被抽進針筒的注意力。

「我想應該是狗吧！有時候我覺得自己跟動物處得比人要來得好。」

「嗯，到目前為止我很喜歡你。」

「嗯，到目前為止我也很喜歡你。」

班廷把椅子拉到檢查桌旁，他把椅子反過來坐，將手臂放在椅背上，嚴肅地看著伊莉莎白。

「整體來說，你的感覺如何？」

「很餓。」

「除此之外呢？」

「很渴。」

「這樣多久了？」

「三年又九個月。」伊莉莎白在檢查中首度變得嚴肅。

「你看起來像是生病，但是行為卻不像。你是怎麼做到的？」

伊莉莎白做了個深呼吸，視線往年輕醫生望去。

「班廷醫師生，你是否曾經知曉並相信一件事，甚至信到骨子裡去。即使現況看起來是相反的，仍然深信不疑？」

「其實，我有。」

「真的嗎？」

「千真萬確。」

「嗯，我深深相信自己會康復的。你相信我嗎？」

「我相信。」

「真的嗎？」

班廷莊重地點了點頭。

「你是第一個這樣相信的。」

「我只有一個問題想問：你何時想要展開康復之旅？」

「我看過的醫生及被問過的問題裡，從沒出現過這一題。」

他站了起來，把椅子收回書桌那。「你對打針有什麼看法？」

「它們會讓我好起來嗎？」

「會的，我想會的。」

「那我將為之瘋狂。」

班廷拉起掛在脖子上的一條細繩，上頭串著一支鑰匙。他彎下身去打開房間角落的櫃子。伊莉莎白現在才注意到那個櫃子，很像冰箱，裡頭除了兩個棕色玻璃瓶，幾乎是空的。她仔細地看著他。

「那就是胰島素嗎？」她用悄悄話的口氣說。

「是的。」他也小聲回答，便用酒精擦拭了她的大腿。

她看著他把針筒抽滿。

就在為她注射前，班廷問說：「伊莉莎白．休斯小姐，你能答應我一件事嗎？如果能夠康復，要成為自己想要的樣子，不要讓任何人說服你去做自己不喜歡的事，或變成一個你不想做的人。」

伊莉莎白一定感受得到，班廷花了多大的代價才成為現在的他——為了胰島素這個想法，承擔了所有不可能的渺茫機會、反覆的失敗、常態的負債，以及他人的質疑，終於他一路走來進到了這個辦公室；也許她看見了他眼中那一瞬間深刻的孤單。不管是哪個緣由，她在針頭穿過那瘦弱臂部前嚴肅地點了點頭。班廷推擠針軸，把那個米色混濁的液體推入她的身體時，她縮了一下，但是她的視線沒有離開過。這兩個人都沒有再出聲，然後班廷轉身要去丟棄空玻璃瓶。

「等一下！」伊莉莎白打破了沉默。「我可以留著它嗎？」

「瓶子嗎？」

「是的。」

班廷第一次收到這種請求，他把空瓶輕輕放入她的掌心。她把手指蜷收起來，握住了它。

★★★

就在同一天，艾倫醫師寫了封信給班廷。

我很開心能告知你，我們這裡第一梯使用你胰臟萃取液的結果非常之好。在一些我所見過最嚴重無望的患者身上，能夠成功讓糖與酮體消失，而且目前還沒有全身性或局部的不良反應。我們已經能夠增加患者的飲食量，患者隨之增加了氣力，由此可證效果顯著。不論是實驗的觀點還是治療的立場，我正盡己所能觀察所有變化。當然，我希望自己獲得的萃取液，能比目前的供應量再多上幾倍。你理所當然應該得到所有恭賀，但我想你應該已經收到滿滿的祝賀了，在此就不長篇描述對你的讚嘆。下一期的《代謝研究雜誌》會有我的投稿，除非你特別再告知，不然你的名字也會列在作者之中。我想這篇文章應該會在兩、三週後刊出。

當天午後，班廷與羅伯森在大學學院俱樂部一起吃飯。班廷告訴他當天早上的開心事時，羅伯森臉色突然變得蒼白。他問班廷是否就是穿著當下這套西裝去見休斯太太的。

「我也就只有這麼一套啊！」班廷回答。

「吃過午餐後你有要幹麼嗎？」

「沒有馬上要幹麼。」班廷聳聳肩。「再晚一點約了病人，怎麼？」

午餐過後，羅伯森帶班廷去多倫多最搶手的裁縫那裡，訂做了一套西裝與大衣。班廷一直抱怨太貴，還說「穿高級西裝是不可能想出好點子的」，但這一局是羅伯森獲勝。他可以預見不久之後班廷會開始與有頭有臉的人見面，並且也會代表加拿大向全世界演示。這位年長的先生認為自己有些責任要幫班廷弄到像樣的西裝，並教他一些基本禮儀。

伊莉莎白對胰島素的反應良好，注射處或是身體其他地方都沒有不良反應。班廷以為安東妮會像其他病人家屬一樣，在多倫多待上一陣子，但幾天之後她告知班廷，接下來的四個星期，她與丈夫多數的時間都將在海上航行。安東妮留了一筆不小的經費給布蘭琪作為預備金，其中可能還包含伊莉莎白要是有個萬一，遺體運送及安葬於伍德朗家族墓園的費用。

一九二二年八月十八日，禮來的專利律師喬治．施萊剛好在報紙上看到，美國國務卿的女兒正在多倫多接受胰島素治療。報導說佛德列．班廷醫師是胰島素的原始發明人，而細節讓施萊有所警覺，因為當初多倫多那邊申請了兩個專利權：第一個是由貝斯特與柯立普共同持有的製程專利；另外一個是貝斯特單獨申請的產品專利，這兩個專利都沒有提及班廷是原始發明者。

八月二十二日，施萊寫了封很嚴肅的信給柯羅威，說明法律規定專利的申請必須由原始發明者（團隊）提出。如果當初申請者並非發明人，法院會判定這個專利權無效。更嚴重些，貝斯特或柯立普有可能被以偽證罪起訴的，因為他們都知道班廷是胰島素的原始發明人，或起碼是共同發明人，然而專利申請卻僅列了自己的名字。

起初班廷沒將這當成一回事，但當他得知可能會讓貝斯特被訴，他就改變了主意。班廷的名字被加進兩個美國的專利裡，此外，英國、歐洲，以及全球皆比照辦理。

一九二二年八月二十一日，多倫多總醫院的糖尿病門診終於開診了。一九二二年夏秋兩季，多倫多的病人基本上都是靠禮來撐著，因為康諾特實驗室的產量實在太零星。在多倫多由班廷照顧的病人，包括那些多倫多總醫院的，使用的胰島素都無需任何費用。

伊莉莎白每天施打兩次胰島素，分別在早晚餐前的十五到三十分鐘。每次施打後的小便都會送驗，如果驗出尿糖，胰島素劑量就會再增加一些。班廷每天下午五點半會到雅席瑪公寓看她，順便把晚上那一劑帶過去。在這個劑量測試與調整的期間，她每日攝取的熱量也在穩定增加；接著必須小心翼翼平衡增加卡路里後隨之得增加的胰島素劑量。如果不能取得平衡，可能造成兩種結果，而兩種都可能致命。

一九二二年之前，因胰島素不足或缺乏造成的高血糖昏迷，占了糖尿病孩童死因的八十六%。人工胰島素出現後，從一九二二年到一九三六年，高血糖昏迷而死的比率降低了，但仍有五十六%。第一個靠著胰島素注射從高血糖昏迷被救醒的病人，是多倫多兒童醫院裡十一歲的艾希．尼德漢（Elsie Needham），時間是在一九二二年十月。

胰島素的使用拯救了糖尿病患者免於高血糖昏迷，卻帶來了第二種昏迷：低血糖昏迷。糖尿病孩童比大人更容易低血糖昏迷。胰島素發明沒多久，很顯然需要學習的是劑量控制。

過多的胰島素會讓血糖低到危險數值；血糖低到六〇mg／dl，就會發生低血糖（健康人的平均血糖落在八〇到一二〇mg／dl）。血糖太低的症狀主要是透過自律神經與中樞神經產生，包含了麻痺、心跳加速、顫抖、虛弱、冷汗、臉色蒼白，還有噁心。這些症狀還可能伴隨意識混亂或是神智不清，這會使患者無法採取救命的一步，也是最重要的一步：吃糖。如果沒有妥善治療，低血糖可能導致抽搐與昏迷。

伊莉莎白稱這些低血糖反應為「那個感覺」，她常常遇到，有時候甚至一天來三次。

為了防止伊莉莎白在睡夢中進入休克狀態，布蘭琪與伊莉莎白同睡一張床，布蘭琪希望藉此抓住「那個感覺」的夜間突襲。在胰島素試驗的前幾個月，布蘭琪救過伊莉莎白不下數十次，通常是用柳橙汁或蜜糖來讓她的血糖回升。

這個奇蹟解藥還伴隨著其他問題，無法被純化完全的蛋白質會造成注射部位產生膿瘍，而配方裡的鹽類會造成注射疼痛。伊莉莎白的臀部與大腿很快就布滿了蛋狀的腫塊，新產生的是紫色，舊的會變成綠色，然後褪成黃色。班廷教導布蘭琪可以用皮膚顏色來決定下一個下針處。胰島素效能不佳時，需要的劑量就會比較多；十月，唯一能夠供應的胰島素，效果弱到伊莉莎白每次需要注射五C.C.。她的針筒容量只有二C.C.，所以布蘭琪得先抽二C.C.，打完後把針留在伊莉莎白身上，把針筒轉下來，接著再抽二C.C.後把針筒轉回針頭上，再把胰島素打進伊莉莎白體內；之後還得重複一次，將最後的一C.C.打入。整個過程大概要花上二十分鐘，而此時伊莉莎白通常大腿很腫、小腿也麻了。接下來還得小心翼翼散步一個鐘頭，才能讓她的知覺恢復正常。但是如果能讓她吃上真正的食物，這一切的麻煩都是值得的。

伊莉莎白與布蘭琪都必須習得無菌注射與尿液分析過程的完整知識。接下來，伊莉莎白的餘生必須要隨身攜帶幾樣工具，為了注射胰島素，她需要攜帶兩支空針、兩支不銹鋼製三／八英寸的二十五號皮下針頭、胰島素、覆蓋完整的消毒鍋、乾淨的棉花與酒精、清洗針頭用的海綿與清潔劑。尿液分析的部分，她需要攜帶班奈迪克液（Benedict）、兩支試管、眼藥水滴管、茶匙、用來裝尿液的大開口瓶，以及鋁杯。這些是後來追加的工作，而原先那些記錄飲食熱量、運動、胰島素反應、小便結果的精緻表格，仍得繼續處理。如同佛德列．艾倫說過的，胰島素改善了糖尿病的治療，但是並沒有簡化它。

萃取液效能的問題威脅到了她的康復。某批禮來運來的胰島素，效能低到班廷將喬．吉爾克斯的每日劑量加到十五C.C.，但效果依然很有限。如果得不到有效的胰島素，伊莉莎白與其他患者就得被迫回到禁食與艾倫飲食療法。八月二十一日，班廷同樣在五點半拜訪伊莉莎白，並告訴了她康諾特終於自產出第一批真正有效的胰島素，效力好到她每次只需注射一C.C.；還說她很快就能把飲食的熱量增加到二二四〇大卡，就像一般正常的女孩。

跟艾倫對比起來，班廷對於自己的病人增加熱量攝取的過程，相較沒有那麼小心翼翼，所以伊莉莎白很快就嘗試起治療之前禁止的食物，像是穀類、麵包、馬鈴薯，還有米。她幾乎天天都在這個曾經被禁食的領域獲得不同的啟發。伊莉莎白對於這樣的嘗試與試驗，評價是「說不出的美好」。

八月二十五日，三年半以來，她第一次吃了白吐司。
八月二十九日，三年半以來，她第一次吃了玉米。
九月七日，三年半以來，她第一次吃了通心粉加起司。
九月十三日，三年半以來，她第一次吃了葡萄。
九月二十一日，她吃了香蕉。
九月二十二日，她吃了李子。

在紐約羅徹斯特的詹姆士・哈芬也有類似的狂喜經驗。他寫信給班廷：「一週前的星期四……，我要記錄這歷史性的一刻，我吃了吐司夾蛋！在我心中，吐司夾蛋是天堂裡唯一需要的食物。如果他們在天上連這點配給都不願意給，我想我會寧願到另一邊去。」

班廷鼓勵伊莉莎白飲食上不要太過設限。早餐她吃了桃子、三／四塊碎麥餅乾加鮮奶油、一點培根、一點奶油乳酪，還有一大片土司。午餐她會吃肉、熱的蔬菜（可能是芹菜或番茄），還有一堆卡士達作為點心。晚餐她可能會吃冷的烤牛肉、茄子佐馬鈴薯沙拉、芹菜配很多奶油、可可亞、蘇打餅配奶油乳酪、乳酪布丁配水果，還有一堆葡萄。

雖然伊莉莎白無法把信寄到巴西給母親，但是她承諾過施瓦姆上校每天都要寫作，所以還是每天寫信給她的媽媽、姊姊凱薩琳，還有哥哥查理。

在這兒，除了班廷醫師，應該沒有人知道我吃的有多少，也不知道我到底吃了哪些東西。如果他們知道了，大概會從椅子上摔下來吧！這是我們之間的大祕密。（她的飲食高達每日二五一二大卡）光是列舉我吃了哪些東西就會用掉很多張紙。我覺得自己每天都在吃新東西，全是過去三年多沒吃過的，你知道這有多棒嗎？我珍惜自己所吃到的每一點滴。

這個階段，布蘭琪似乎也有開心卻神祕的事。伊莉莎白是這樣寫給她母親的：

我想你應該聽凱薩琳或查理提到麥克林托克醫師（McClintock）的出現，還有他都會加入我們所有的野餐，每晚來見布蘭琪……，我非常肯定他們應該已經訂婚了，因為他們互稱「親愛的」，還會一起做些其他的事，不過布蘭琪目前還沒告訴我任何事。你不覺得怪嗎？我很高興自己認識他，因為我覺得他配得上布蘭琪，但他到底做的是什麼工作，我一直無法知曉。他好像滿有錢的，因為他似乎不需要工作，不過如果他真的不用工作，那他幹麼不結婚？要我說，這是一團謎，同時也很好笑，你不覺得嗎？

伊莉莎白的氣力正在復原，她與布蘭琪常常在午後到皇后公園閱讀，或在校園與城市美麗的人行道上漫步，神祕的麥克林托克先生都會同行。十月時她寫道：

> 昨天下午我度過了非常美好的時光，自己在學院街上的圖書館看書，而布蘭琪跟那位先生去散步了。我很喜歡這樣，因為通常一個下午我就能讀完一本比較薄的書，我也就不用花力氣用圖書卡把它借出來了。昨天我幾乎讀完了哈德森（Hudson）令人愉悅的《彭巴平原故事集》（*Tales of the Pampas*）。這本書就跟他的其他作品一樣，實在是太好看了……。這裡的圖書館是我去過最好的，書好看之外還很乾淨，而且非常新。某天我在逛圖書館時，非常驚訝地看到了一本書《查爾斯．伊凡．休斯，法學家與政治家》（*Charles E. Hughes, Jurist and Statesman*），我從未聽過或看過這本書，所以立刻拿了起來並開始閱讀。裡頭記載了他在最高法院時遇到的判例，以及如何處理。我想你一定都知道，

只是這對我來說是新鮮事。

過了幾天，她又寫道：

布蘭琪同意我只先跟你還有凱薩琳說。她前幾天隨口說說，講出了這幾個月以來我一直期待的消息，她真的跟麥克林托克先生訂婚了。如同往常，她非常低調神祕，我只能問出他們打算不久後結婚，並可能移居加州。我真的很替她開心，因為她一定會是很棒的太太與媽媽。我現在真的確定他能配得上她了，過去兩個月，我天天都會看到他。第一次見到他時，大概會覺得他不怎麼樣，但是在認識並相處之後，就會發現他是個可愛又有趣的人。如同我們一樣，他有不錯的幽默感。傍晚一起玩著那些他想出來的遊戲，非常有趣。我很開心他每天都來陪我們，也會參加野餐之類的活動。他即將要搭週一晚上七點的火車離開。我想你會很想知道這一切，所以我要讓你在來這之前大致了解狀況，一直以來我猜的都是對的，如同有症狀就不可能隱瞞病情。

報紙也報導了伊莉莎白奇蹟般的康復，但有時不一定完全正確。

新的治療幫助了休斯小姐
因為加拿大專科醫生的發明而顯著改善
體重增加了十六磅
輸血之後糖尿病患者幾乎能過正常生活

以胰島素治療永久治癒
休斯先生的女兒一年前來此治療——當時擔憂糖尿病不可逆轉

紐約為新的糖尿病解藥而興奮
多倫多班廷醫師的發現於美國媒體廣為討論
吸引大眾興趣
由於休斯小姐的治療　美國開始注意多倫多的實驗

休斯的小女兒貌似被魚的血漿治癒糖尿病

班廷說伊莉莎白是他的「標準病人」，她每個星期大約增加兩磅。「你會覺得這一切像童話故事」她說。她等不及讓父母看到自己外觀上的改變，但是她卻不喜歡公眾知名度。「我討厭整個國家都在寫我的事，這也讓這個發明顯得廉價，甚至還有一些醫生嘲諷可憐的班廷醫師，說他利用我來宣傳自己的發明，想起來就讓人覺得很可怕吧？」

伊莉莎白開始收到看過關於她報導的絕望糖尿病患者來信，起初她曾嘗試回信，但後來發現這對她造成了不小的困擾。「早上才看完一封，下午又來了兩封。我想自己有義務得回信吧！這些可憐的人啊！我很同情他們。」

她一點都不想成為胰島素宣傳海報上的那個孩子，甚至已經將自己視為沒有糖尿病的人了。

> 昨天早上我們接到了一通來自可愛的費里斯太太（Ferris）的電話。她找不到班廷醫生，然後又在紐約的報紙上看到了我的事，所以就來詢問治療效果之類的問題。她說要在多倫多待到今晚，然後就會跟著一群人一起離開。她們一

行人在美國到處旅行，同行的還有查爾斯爵士、韋克菲爾德女士（Wakefield）、亞瑟爵士（Arthur）、漢斯沃女士（Halmsworth）……，她特別來拜訪，我們把知道的都說了，因為她看起來人很好。她應該一九一四年就得了這個病，但當時並不嚴重。由於她完全不在意飲食，所以現在成了嚴重的患者。她對於飲食該注意些什麼完全不知情，也沒聽過什麼卡路里與碳水化合物，所以她控制得不好也不是什麼奇怪的事。我不認為她能夠應付這種治療。她一定怎麼驗都會驗到糖，我可以看到她手上有兩個高血糖產生的癰。會有癰就是因為血糖一直都很高，這也是她得到它們的理由。我們把所知的都告訴了這位可憐無知的女士，而她還是期待有機會見到班廷醫生。最後，那個可憐人一定是跟班廷醫生在電梯擦身而過，卻渾然沒發現他是誰。因為她前腳剛離開，班廷醫師接著馬上就來了……，這就是命運任性的地方啊……。曾經有幾個可憐的病人也來到這裡詢問治療相關的事，但最終都被拒絕了。我替他們難過，但我也做不了什麼。直到現在我仍滿懷感激——我有多麼幸運能夠來到這裡接受治療。

雖然來到了多倫多接受治療，但目前她的生活並不是自己所憧憬的模樣。她想著要回到華盛頓復學，然後過上完全正常的生活，她希望那樣的日子能在年底展開。她很刻意地想把過去這四十個月排除在自己的意識之外，好像什麼都沒有發生過一樣。唯一讓她還沒有行動的原因，是她答應過班廷醫師，離開多倫多前要去參加一場許多內科醫師出席的會議，這個會議的主角就是她。會議排在十一月二十五日。伊莉莎白與布蘭琪打算在十二月一日離開多倫多，兩人各自要展開全新的生活。布蘭琪要嫁給麥克林托克醫生，並搬到加州，而伊莉莎白則要回到華盛頓，擁抱一個表面上與糖尿病患者無涉的生活。然而，她們之中只有一個人的夢想會成真。

29 一九二二年八～九月，泛美號，穿越那條線

一九二二年八月二十一日，休斯整理規劃國務院的事務，好讓他不在的這個月裡，次卿威廉・飛利浦斯（William Phillips）可以暫代。週一、二時，除了最要緊的活動，他幾乎取消了所有行程，好讓自己完全專注在事務的交接上。他打算週三與安東妮一起去紐約，並在隔天啟程前往巴西。

他清空了月曆上的俗務，現在輪到書桌上的那些急件。時間一分一秒的過，他需要更有效率地完成工作，卻發現自己速度變慢且一直分心看著窗外。他從辦公室的長方形窗稜看出去，看見白雲一朵接一朵飄著，像是一艘艘前往未知星球探險的飛艇般。他向來出名的專注心智正神遊著。

他要求下屬不要打擾，大家也就照辦了。週一早晨過去，進到下午後，他們擔心了起來，在辦公室的外間探頭探腦，想知道為何他沒有叫喚。最後，次卿飛利浦斯敲了敲他辦公室的門，問他是否需要什麼協助。休斯坐在書桌前，臉上帶著令人費解的表情。

他的收件箱像早上一樣滿滿都是待辦事務，而已完成的箱子卻空空如也。

安東妮從多倫多回來後發現查爾斯有些不同，他身上的服裝仍舊熨燙整齊，心理卻好像突然消沉下去，又很閉塞。最高法院大法官羅伯特・傑克森曾形容這個男人「看起來像上帝，講話也像上帝」，不過安東妮卻覺得這個男人比她上次見到時更像個凡人。他的介入將付出不小的代價，她一直都知道。他的視線裡似乎有些昏暗不明，她鮮少見到這種狀況。他現在就像張地圖，上頭遺失了重要的指南，她得幫他找回來。

一九二二年八月二十四日，下午快四點時，查爾斯預定要在第二十三街的曼哈頓遊船上，與沃格爾傑森上將碰面。他們將航行一小段，前往泛美號停泊的霍勃肯（Hoboken），接著從第一碼頭啟程前往里約熱內盧。四點，出現了一大群人，有名人、記者，還有好奇的民眾，他們希望可以目睹無比非凡的查爾斯・伊凡・休斯，以及泛美號啟程的歷史時刻。

巴西大使艾倫卡（Allencar）、紐約領事館主席樓勃（Lobo），以及整個巴西駐紐約領事館的人員，全都在碼頭迎接國務卿。前往巴西世博會的使節團聚集在甲板上，代表史蒂芬・波特（Stephen Porter）、羅伯特・波拉德少將（Robert Bullard），以及最高法院法官愛德華・芬奇（Edward Finch），他們穿著制服與最好的夏裝站在欄杆旁，為了滿足記者一直不停地招手，並擺出許多姿勢。希拉里・瓊斯上將（Hilary Jones）身著整套正式服裝，耀眼得讓他看來像是個裝飾繁複的沙發椅墊；他配著腰帶的雙排扣大衣長度直到膝蓋，上頭有著超大的金色圓頂釦子點綴，厚厚的六吋金色編織繞了袖口一整圈，雙肩上是滿滿的流蘇肩章。

一個小時過去了，泛美號靜靜待在霍勃肯的碼頭，而休斯還沒抵達。

五點的天色仍亮著，但夏日的暑氣隨著太陽向西而逐漸消散。群眾坐立難安、慍慍生氣，接著轉而擔心了起來。

船長喬治・羅斯（George Rose）試圖安撫躁動的人群，開口問問大家有沒有興趣多了解泛美號。這是艘很新的蒸汽船，去年二月才下水，原本名字叫做棕梠國度（Palmetto State），這將是第四次前往南美洲。船上有兩百二十名員工，其中一部分在過去的兩個鐘頭裡都站在甲板上接受著人們注目。

羅斯船長為了要說些什麼想破了頭。他繼續說明前往里約熱內盧需要花上十一天，抵達後將繼續航向蒙特維多（Montevideo）與布宜諾斯艾利斯，而休斯與使節團則會搭乘馬里蘭號軍艦回到紐約。

使節團的某些成員靜靜地猜著國務卿到底為什麼還沒來，有人猜測是不是報紙所述關於女兒健康狀態的可危；但也有可能休斯像是威爾遜一樣就這麼倒下了。最後這個猜測，其實不算離譜。

五點二十五分，船長要求樂隊第三度演奏美國與巴西的國歌，圍觀的人逐漸變少了。五點四十分，休斯穿過了岸邊圍觀的民眾，走上了跳板步橋所鋪的紅毯。沃格爾傑森上將上前迎接，休斯小聲地提到由於待辦事務繁多所以無法準時抵達。船終於在延遲兩個鐘頭後駛離碼頭，拖船、渡輪，還有其他港口裡的小船，響起了刺耳的道別聲。休斯告訴了記者，旅途中希望盡可能多休息，他與安東妮向其他人打過招呼便進了他們的船艙。

國務卿休斯與隨行眾人占據了這艘五百一十八英尺長、七十二英尺寬蒸汽船大部分的長廊。查爾斯與安東妮的套房包含了一間臥室、一間更衣室加浴室、一個餐廳，還有一個客廳。其他船艙大致住了波特代表、代表軍方的波拉德將軍、沃格爾傑森上將及幾名祕書與助手、馬里蘭號指揮官瓊斯上將的妻子。馬里蘭號是兩艘護航艦之一。第一天的航程裡，查爾斯與安東妮不曾離開他們的套房。

從紐約到里約熱內盧得渡過五千英里的汪洋。在多倫多的伊莉莎白，每天都攤開《紐約時報》追蹤著父母每一英里的足跡。

休斯早已擅於利用媒體與家族成員溝通，尤其是因病長期不在家的伊莉莎白。他知道不論她身在何處一定會讀報。一九二二年八月，這樣的消息傳遞方式非常顯眼。

這趟旅程裡，白紙黑字的印刷品並非唯一的通訊方式，啟程之前海軍通訊部門已經做好了精細的規劃，確保國務卿能每天與南美洲通訊。雖然世界和平還懸在一線，但休斯夫妻擔心的並不是那些正式的國事電報，而是從多倫多傳來的壞消息。

泛美號航行兩天之後的晚上九點，突然有人在船艙敲門。安東妮打開了房門，外頭站了一個表情嚴肅的服務人員，手中拿著無線電電報。

「給國務卿休斯。」她試圖伸手去拿。「恐怕是壞消息。」

安東妮很快地走回房裡，休斯向前往門邊靠，從服務人員手中接過了信件，然後關上了門。他在拆開之前停頓了一下，聽到門後面的房間傳來了陣陣啜泣。查爾斯看了信件上的字。

美國駐百慕達領事亞伯特．施瓦姆於八月二十四日過世。

查爾斯將信件遞給安東妮，她面帶不解的表情盯著瞧。他們倆互相扶持走上甲板的欄杆邊，頭頂被整片灰暗鈷藍的天空籠罩著。泛美號以及伴行的船隻已航行超過一千英里了，離開紐約到目前為止都還沒看到其他船隻，所有的事在這段時間裡似乎進行得有些快又似乎有些慢。安東妮轉身看著身旁的這個老男人，他昨天還沒有那麼老。查爾斯輕撫著她的手。

「親愛的，我恐怕不是當初你嫁的那個人。」

安東妮想要開口爭辯，但他用了個詭異的表情（親暱又有點距離）讓她沉默下來。他的嘴唇緊緊閉上，呈現了小小的微笑，眼裡裝的卻是汪洋般的悲傷。查爾斯終於從伊莉莎白這些年的考驗中學會了一件事，活下去的意義並不是試圖保持生命，反而是在失去它。活下去，不可避免的就是一個持續失去的過程。我們活著就會一直失去，失去時間、失去天真、失去家人與朋友、失去記憶；活得越久就會失去越多，最終連失去的這個過程都會失去。接受這件事之後，查爾斯就自由了，他不再是承受標準的模範生，他只是個凡人。安東妮當初為了伊莉莎白向他提出的要求似乎解放了查爾斯，讓他成為自己以前不敢成為的普通人。某方面而言，伊莉莎白與查爾斯互相拯救了彼此，而安東妮正是中間的催化劑。

他終於跨過了那條線，從理智到心理；同時伊莉莎白則是從死亡跨到了存活的那一邊。在他的餘生裡，再沒有人會說他是人體冰棒、長著鬍子的冰山、一個心靈如同機器的人。伊莉莎白則是逐漸把自己轉變成非糖尿病患者，而這個轉變將維持六十年。

九月一日，泛美號即將接近赤道，團員們忙著舉行「越線」的儀式。這個通過赤道的儀式最早是從海軍船艦上開始的，為的是紀念水手首度跨越赤道。原始海軍版本的儀式是兩天的苦差疫，但這個習俗在一般船隻上以文明的方式保留了下來，主要是一種娛樂，跨過了赤道的乘客將被稱為海王之子（Sons of Neptune）。

休斯帶領的使節團收到了公告。根據傳統，橫跨赤道的前一晚，那些不曾通過的人（蝌蚪們〔pollywogs〕）會先作樂狂歡一番，並捉弄海王之子（老水手〔shellback〕）。在通過赤道之後，這些新人便會收到傳票，並被帶到海王法庭審判。傳聞海王非常期待美國船艇的到來。

休斯與使節團都收到了一些犯罪的指控。波特代表因為試圖做偽證宣稱自己以前曾跨越過赤道而被起訴；休斯的罪名則包含了「因刮傷戰艦而蔑視偉大的海王」。美聯社九月一日的頭條寫著：「休斯在海王法庭上被指控行徑浮誇吵鬧，當庭認罪。船上充滿大笑與古早的笑話。」

國務卿認了所有的指控，然而他在替自己辯護的過程中指出，海王現在掌管的區域是和平國度而非戰爭國度。儀式就此完成，這些新手也成為了海王之子。

此前，休斯很少步出自己的船艙，而現在則是很少回房。他參加了甲板上的體育活動；他整夜陪著同行的人聊天說地，講些幽默故事與政治評論，連同行記者都很驚訝他突然的轉變，某間報社這樣敘述他奇怪的行為：「一個人的本性不可以只從他在公眾場合的模樣來判斷。前往巴西的途中，國務卿休斯表現得就像是個正常而且有點滑稽的人。」

似乎他在人格上也跨越了赤道，而一旦跨越之後就回不去了。一日海王之子，終身海王之子。

在多倫多，班廷持續被一封封類似安東妮寫的信件圍剿著。艾倫則試圖幫忙轉移部分的注意力，所以他在一九二二年九月寫了封信給自己的病人。

> 發明者與製造者正盡他們最大的努力來改善整個生產製程與產量。多倫多的班廷醫師目前已被各方要求壓到快喘不過氣來，他無法治療大多數的病人，也無法供應胰島素。他把精力投注於少數幾位極為嚴重的個案來進行實驗，也很慷慨地把為數不多的胰島素，分享給少數能夠協助實驗萃取液最大價值與最佳使用方式的專科醫師……。目前治療所裡的少量胰島素，都用來治療極為嚴

重的患者。

不管艾倫說了什麼都無法根除這狂風暴雨般的熱度。到了一九二二年九月，每週會有約一百單位以上的胰島素配給十位醫師進行人體實驗，但每位醫師都可以再用掉加倍的量。

至於伊莉莎白，則是在多倫多海德公園（Hyde Park）的池塘划船。她坐著班廷醫師的車遊逛這個城市，在認識城市的同時也觀賞了戲劇與音樂會；但最重要的，是她在吃東西，她的體重增加明顯到需要在錶帶上多加一個鏈接，她已經不是安東妮一個月前帶到多倫多的那個女孩了。正當伊莉莎白日復一日、一餐接一餐、一磅又一磅地回歸正常世界，她從報紙上得知了父母正搭著馬里蘭號返回美國。她也知道回來的這個查爾斯·伊凡·休斯，不是當初前去巴西的那個。

父親過世後伊莉莎白繼承的物品裡，包含了兩個以絲絨盒盛裝的紀念獎章，其中一枚六角形銅製的，長度大概五英寸半，上頭的淺浮雕是鷹與盾的圖樣，基底寫著「美國馬里蘭號」，另一行則是「里約熱內盧至紐約 九—一二—二二～九—二三—二二 美國國務卿查爾斯·伊凡·休斯」。第二面紀念章是圓的，黃金製，二又八分之三英寸，上頭寫著「巴西獨立一百年」。對查爾斯與伊莉莎白而言，紀念章上的字超越了字面意涵。古希臘人會給冥王守衛凱倫（Charon）小銀幣，以從生之國度橫渡到死亡國度；對於這對父女而言，這兩個紀念章意義卻是相反的，是重生的象徵。

30 一九二二年九～十二月，命運、財富與遺忘

一九二二年春天，命運謀劃了四個不可能的人在多倫多組成了團隊；在接下來苦痛的六個月裡，這四個人彼此合作又競爭。四條獨立的拋物線在多倫多匯集，創造出了醫療奇蹟；在這之後沒多久，又引來了更大一波的聚集，數以百計垂死的糖尿病患者，由加拿大與美國各地跑進了這座城市，但就像匯集來得如此突然，瞬間就又散掉了。九月底，不少絕望的美國孩子（當初為了治療長遷多倫多），終於可以回家開始正常的童年。茹絲·懷特希爾、麥菈·布勞斯泰因、泰迪·萊德，都是其中之一。

雖然這些成功的故事令人印象深刻，但並非每個人就此過著幸福快樂的日子。發明者之間誰應居功的刻薄糾紛很快就傳了出去，隨之影響到這些人背後所代表的多倫多學術、政治與醫療界重要人物。透過當事人的同事與會見人士，這些積怨傳往了全世界。倫敦大學的貝里斯爵士（Sir William Bayliss）投書《時代雜誌》力挺麥克勞德。在多倫多，比利·羅斯讓每個人腦海中想到的第一人就是班廷。長期的友誼因為支持不同陣營而破

裂。

大學的專利律師瑞奇嚴肅地要求：到底誰有貢獻需要有個正式的統一說法。董事會發覺遲早會被要求提供完整的官方說詞來解釋整個事件，但羞於啟齒的是他們完全狀況外，不知道如何說起。一直以來，他們扮演的角色就是忽略這些紛爭，然後希望某天這些當事人自動處理好這些不愉快。很明顯的，這是個懶惰又愚痴的願望。

這些爭執疑雲逐漸在國際期刊與報紙占據版面，輿論甚至威脅要破壞校方期待的光榮時刻；更火上加油的是，一些歐洲醫學界的大人物這個秋天要造訪多倫多，前來調查整個發明貢獻相關的始末，這些人物包含了來自哥本哈根的一九二〇年諾貝爾生理學獎得主奧古斯・克羅醫師（August Krogh），以及英國醫學研究委員會的亨利・哈利特・戴爾醫師（Henry Hallett Dale），他之後也在一九三六年得到了諾貝爾生理學獎。這兩人一定會向決定諾貝爾獎得主的斯德哥爾摩卡洛林斯卡學院（Karolinska）回報心得。如果多倫多呈現的是功能失調與敵意紛飛，不僅加拿大拿獎的機會就這樣浪費掉，國際地位也可能退回到一戰前（在世界政治舞台無法扮演重要角色）。讓董事會頭痛的還不只有大西洋對岸的人，如果柯羅威再更深入了解發明小組的糾紛，他可能會利用這一點替禮來在後續的談判中對付多倫多。

一九二二年九月，古德漢上校被要求介入並調解紛爭。他有著桶狀胸、讓人驚豔的鬍子，以及與生俱來就令人敬畏的家族姓氏，他正是多倫多需要而麥克勞德做不到的馴獸師。

「古德漢與沃次有限公司，創立於一八三二年，專營烈酒生產、麥釀製酒與磨坊」，這正是古德漢的家族企業。他用公司精緻的信紙寫了封信，向麥克勞德、班廷與貝斯特提出正式要求，請他們繕打文字並詳細交代胰島素發明的來龍去脈。柯立普沒有被徵問，但是古德漢要求其他三人在自己的陳述中記寫柯立普醫生的貢獻。

「我將比較你們的陳述，最後看看有哪些地方不一樣，」信件上寫著，「我也會邀請你們三位紳士盡早碰面，以便與我協調這些聲明。我認為我們一開始就要有這樣的準備，最後的結論必須獲得每位成員的同意；之後若有任何人詢問相關細節，這些資訊都是可供呈現的。我的想法是如此進行可以化解彼此間的誤解，我們得在英國紳士來訪前，私下把整件事處理好。此事急迫，瑞奇先生向我提出這些陳述的請求，因為專利以及後續的專利修正都與此相關。」

這三人都很迅速地回覆了。

毫不意外，班廷的版本把自己視為整起事件中過勞又被看輕的英雄，而麥克勞德的角色則是巧言令色又傲慢的唱衰者，在大部分苦勞完成後，就想空降居功並分一杯榮耀的羹。他形容，麥克勞德從最初就對這件事沒有信心，後續發明與研發過程中，麥克勞德仍舊缺乏信任與合作的態度。班廷再度重申麥克勞德在最辛苦、最關鍵的那段時間（也就是從六月初開始）前往了蘇格蘭了，最後在九月底才回來。證詞也提到麥克勞德之後還拒絕了班廷提出的基本需求，其中含括了一份薪水、一間工作室、一名專門照顧犬隻的男孩，以及一間狀況不錯的手術室。甚至還說要不是韓德森教授及時介入，早就前往洛克菲勒或是梅約了。

班廷認可柯立普的萃取液是以貝斯特的配方作為改良，被送到多倫多總醫院去做臨床實驗的正是這些萃取液；但是班廷同時指控柯立普告訴麥克勞德這些是他個人的創舉，但事實並非如此。最後，班廷認為在一九二二年初那六個星期的胰島素荒，是柯立普造成的。

麥克勞德的版本是這樣的，他認為這件事的點子應該「完全歸功」給班廷，但是同時聲稱「班廷對於這個領域一點也不熟悉，如果沒有細心的引導與協助，不可能那麼快就有成果」。麥克勞德版本的兩人初相見，與班廷版的大相逕庭。他說如果單就那次會面來看，很少會有學者願意給班廷資源嘗試他的點子，而麥克勞德願意把賭注押在班廷身上。再者，他覺得班廷對他的批評並不公正，因為「就算不是在多數的實驗室，仍有不少實驗室有這樣的傳統，即負責人是做過領域相關研究的，且要為結果負起責任，並像我一樣對實驗計畫有如此貢獻程度時，論文就會掛上負責人的名字。」還有，麥克勞德在第一份發表的論文中婉拒了列名為共同作者，他說這即是公開表明「顯然我認為整個研究的成果應該歸功於班廷與貝斯特」。

查理・貝斯特坐下來寫證詞時，心情是非常糟的，他恨透了古德漢的這份作業。此外，他恨透了校方對於他的受教權及可危又尷尬的地位採取了忽視的態度。二十三歲的他忽然發現自己正處在重大科學突破的中心，並可能成為諾貝爾獎的候選人之一。對他來說，這完全是走大運，畢竟當初擲硬幣，贏的人可能是克拉克・諾貝爾。但是如果當初的發明小組就像媒體報導般被視為英雄，為何多倫多大學卻一副他們像是調皮小學生一般的對待呢？

如果學術界是這樣運作的，就讓他們自己去說吧！原本這些人應該要是他的指導者，真是可笑至極。柯立普很自私、班廷很瘋狂，如果仔細去看整個發展，就會發現麥克勞德有多無能。發明小組裡持續還在跟其他成員對話的，也就只有他。現在他竟然被要求選邊站，他做不到。好吧，如果古德漢堅持要圍堵他、逼他選邊站，那他選擇站在自己這邊。

古德漢收到這三份證詞後，沮喪傻眼到說不出話。三個版本幾乎沒有什麼共通點，裡頭也少不了對他人的指控。他覺得整個狀況超出了自己的控制，所以古德漢上校放棄了拼湊各種說法的計畫。獅子戰勝了馴獸人。

★★★

一九二二年十一月底，丹麥籍的生物醫學研究家奧古斯・克羅來到了多倫多，他很急促地來訪，不單單因為一九二三年的諾貝爾獎迫在眉睫，而是他的太太瑪莉就是糖尿病患者。麥克勞德為了表達善意，讓他將胰島素配方帶回了丹麥。英國醫學研究委員會的戴爾與哈羅德・杜德利（Harold Dudley），一九二二年秋天拜訪了多倫多與印第安納波利斯，他們也帶回了胰島素的配方以供實驗使用。一九二二年在委員會的監督之下，英國的臨床實驗開始了。戴爾最早的兒童糖尿病患者是寶菈・英奇（Paula Inge），她是著名神學家及聖保羅教堂主持牧師威廉・拉爾夫・英奇（Ralph Inge）的女兒。與伊莉莎白相同，她在十一歲時被診斷出糖尿病。

十一月初，查爾斯與安東妮來到多倫多探視伊莉莎白，班廷換上了新西裝來見國務卿。伊莉莎白的體重是六十五磅半。三年半來第一次，她長高了，連她也認不得鏡子裡的自己。布蘭琪說伊莉莎白一天比一天更像她的父親。對伊莉莎白來說，除非她在父母的眼中看到驚奇，否則這個奇蹟似的轉變就不算完成。她非常期待見到父母，也很期待被父母看見。

終於，那天來臨了。讓她父母非常吃驚的是，打開雅席瑪公寓J－五大門的伊莉莎白，看起來就像是四年前還沒生病的模樣。四年來的恐懼與悲傷終於在喜悅的淚水中煙消雲散，三人緊緊擁抱在一起，像極了三個船難的生還者。安東妮要求丈夫的介入似乎有了回報。查爾斯的內心之旅（失去自己到重新找回自己），讓這一切都變得正當。伊莉莎白獲救了。

她奇蹟般恢復的消息傳播得非常快，不用任何人說明，就足以看見胰島素的效果。有些醫療權威甚至假設反覆使用胰島素，說不定蘭氏小島還可以重建過往的正常功能。伊莉莎白則是渴望正常的生活，沒有護理師的生活、獨立的生活。自從四年前診斷確定之後，她幾乎未曾獨處超過五分鐘，她意識到自我照護就是自由的關鍵。

在父母拜訪後不久，她跨出了大膽的一步，讓自己的未來變為祕密的糖尿病患者。她寫道：

接下來我要說的可能讓你大吃一驚，但是我最近似乎常常讓你們吃驚……。我之後會試圖掩飾這件事，提到它的時候，我會用一些平常自己很少使用的詞語；我想你會逐漸習慣這些用語，最後能辨識它們……。我想要當自己這艘船的船長，所以必須非常熟練每天的打靶練習。昨天我下定決心鼓起勇氣開始行動。我清空了甲板準備行動，我也賦予組員（包含我自己）勇氣，將我的槍煮沸消毒好（船上要確保最乾淨的狀態），最後下達指令讓蒸汽沸騰運轉（其實是空氣啦）。我真的這樣做了，所有的事終於準備妥善，我澈底清乾淨靶心四周，然後我開了整個世界（我的世界）都聽見的第一槍。我乾淨俐落地迅速命中紅心，沒有對我的靶造成任何傷害。我用完了所有的子彈，過程中就算碰撞衝擊，我也沒有半點漏失。接著我下了投擲（親自執行）的指令，然後收起了我的槍與粉劑，清理乾淨這一切，好讓明天繼續使用。接著我趕赴餐廳，放縱地吃了頓大餐，獎勵自己把第一次執行得非常好，而且由於針劑的效果還在，不用太擔心我吃下的東西後續引起不良反應。你能了解嗎？我希望你能。如果你不能懂，那我需要告訴你我是怎麼找到這份成為自己船長的瘋狂工作。昨天早上班廷醫師來的時候，跟我提及他收到了懷特希爾的來信。他提到那麼不可能的事竟然成真：八歲的小茹絲替自己打針，這對我來說實在難以想像。我在任何一方面都不想被一個只有八歲的小女孩超越，所以昨晚下定決心嘗試首次自行注射（全部自己來）。於是我真的這麼做了，然後你也看到結果了。我可以漂亮地完成這個過程，而且與他人幫我注射相比，自己打針比較不會痛，因為我知道怎樣會痛、何時該暫停、何時又可以多打一點等等。自己能夠完成真的是超棒的，也因為我做到了，所以我現在覺得自己超級獨立的。我能準備自己的食物、可以測量自己的狀況，因此我想不到為何自己不能獨自生活……。我跟你說，媽媽，我現在能感知自己是否發生了不良反應；我經歷過太多次了，所以知道自己只要伸手拿顆糖來吃，五分鐘後就會沒事，然後便可以轉身繼續睡覺了。如果一顆糖不夠，那就吃第二顆，吃到恢復為止。就是這樣，沒什麼大不了的，除了自己，沒有人可以幫我。我在這裡發作時，布蘭琪會把我叫醒，因為她就睡在旁邊，她忍不住會這樣做。但是班廷醫師與布蘭琪真的都覺得我有能力在各方各面照顧好自己。

十一月，多倫多的胰島素專利申請被美國專利商標局拒絕了，主要是因為早在一九一二年五月二十八日的美國專利第一〇二七七九〇號，擁有類似的概念，當時的專利歸屬於喬治・蘇舍。十一月底，專利律師查爾斯・瑞奇打算在一場美國專利審核委員聽證會提出上訴，他趕緊讓多倫多團隊收集整個過程中臨床結果的證據。喬斯林、艾倫，以及伍德亞特三位醫生被請求提供陳述書。各方的電報傳來，目的就是要支援這場辯護。麥克勞德衝到華盛頓出席作證，班廷則請查爾斯・伊凡・休斯幫忙。

新的查爾斯・伊凡・休斯沒有任何猶豫。十一月二十四日，他寫了封信給令人敬重的湯馬士・羅伯森（Thomas E. Robertson），也就是專利專員。雖然標示了「私人信件」，但他用了正式的國務院信紙書寫。信件解釋了他最小的女兒伊莉莎白在一九一九年被診斷後，一直都在艾倫醫師那邊接受「最妥善的照顧」；信中繼續說，今年八月開始，她就接受了多倫多班廷醫師的治療，「這個治療的結果實在太重要了，而在專利局那頭似乎面臨了困難的關卡，因此忍不住表達個人的期望：處理這個申請案時，請務必窮盡一切之力考察相關事宜。」

一九二三年一月二十三日，休斯寫信給專利局專員後的兩個月，美國那頭製程與產品的兩個專利權終於拿到了，申請人是班廷、貝斯特與柯立普。

接下來的許多年裡，查爾斯・伊凡・休斯會成為班廷的好友，反而不是他的女兒。

一九二三年，查爾斯資助了班廷研究基金會，並說服了前任總統塔夫特、現任總統威爾遜、財政部長安德魯·梅隆等人一起參與。一九二六年，他擔任美國醫學進步聯盟的榮譽副主席，這個遊說團體主要在努力阻擋那些禁止活體醫學實驗犬的法案。一日海王之子，終身海王之子。

一九二二年十一月二十五日星期六，多倫多下了該年的初雪，伊莉莎白非常想要出門在雪中走走，但她必須留在屋裡等待下午要來訪的一群醫師。她的舊日子似乎已是好久之前的事了。「我們今天一整天都必須待在屋內，為的就是要等待討厭的艾倫與喬斯林醫師出現。想到要見到前者，我就嚇得要死。」

就在她跟布蘭琪坐下要吃午餐時，門鈴響了，班廷醫生把一群醫生招呼了進來。這簡直是令人驚艷的糖尿病專家明星隊，他們來到多倫多就是要來看班廷成功又出名的這位個案。一個接一個，他們擠到餐桌邊，看著那個即將吃下日中一餐的女孩，顯然她對自己頗大方的。有的人對她頗為熟悉，有的則完全不認識。除了班廷以外，出席的還有約翰·威廉斯·麥克勞德、康貝爾、艾略特·喬斯林、伍德亞特、柯羅威、歐文·佩吉（Irvine Page）、羅素·懷德（Russel W. Wilder）、勞爾·加耶林、鄧肯·格林漢、亞瑟·

華特斯（Arthur Walters）、約翰．麥當勞、佛萊奇、查爾斯．貝斯特、約瑟夫．吉爾克斯，以及壓軸的佛德列．艾倫醫師。

一開始大家什麼都沒說，只是站在那邊，臉上帶著點困惑卻喜悅的表情；但幾乎就在同一時間，問題突然如洪水般湧入。艾倫將自己的位置保持在眾人的對面，靠近門口，聽著伊莉莎白向其他醫師分享自身的經驗，他需要一直眨眼與吞口水來掩飾情緒。如果班廷沒有介紹她是誰，他不可能認出這是自己照顧超過三年的那個女孩。

★★★

一九二二年一月至八月間，伊莉莎白總共增加了五十磅，長高了四分之三英寸，但她還是需要好好守住自己的代謝狀態，不能讓它受到太多刺激。這對她想要回到新的、正常生活的計畫，無疑是潑了桶冷水。

汎．霍夫豪克．托勒肯（van Hoofenbhouck Tulleken）太太（不想稱呼她為夫人），昨天聯絡了我，邀請我下週二去找她的女兒玩。她會開自己的車來回接送，這是個很友善的行為，如果你還記得，她家其實有點距離。今天下午，我們要前往布羅爾街的楊格街戲院（Yonge St. Theatre）欣賞法蘭西絲．

霍森・柏納特（Frances Hodgson Burnett）的作品《明天的黎明》（*The Dawn of Tomorrow*），我想會非常精彩的。很開心在這裡的最後一段日子，我有確切的事能做，否則一想到要回家，我又會興奮個不停。我總是很忙碌，所以不會花心思思考。布蘭琪忙著打包。如果沒其他更刺激有趣的事，我就會去圖書館，這也能讓我不要一直去想回家的事。

一九二三年三月，比利・羅斯與時任多倫多大學校長威廉・穆洛克（William Mulock）開始進行宣傳，目的是為了讓班廷往後能一直受到政府的保障；他們同時請了休斯提供證詞，休斯也照辦了。他寫了封信給麥肯齊總理，省政府願意終身支助班廷每年一萬元，而聯邦政府則是每年七千五百元。一九二三年，洛克菲勒基金會總共在美國與加拿大的十五間醫院贊助了十五萬美元（大約現在的一千五百萬美元），以促進糖尿病患者的胰島素使用。每間受贈一萬美元，唯二例外的是新成立的班廷–貝斯特基金會拿到五千美元，紐約長老會拿到一萬五千美元。有點出乎班廷意料的，他發現自己好像變得有錢又有影響力了。

伊莉莎白準備離開多倫多展開新生活，她要成為一個完全不同於以往的人；而班廷也在安排胰島素從多倫多透過國務院常態配送給她的事宜，這樣胰島素就不需要經過海關，而伊莉莎白也不需被迫讓華盛頓的醫生知道她有糖尿病。越少人知道這件事越好，她希望未來媒體上有更多孩子獲救的故事，這樣就可以讓她的名字逐漸被遺忘，或起碼不要再跟那個她與家人很少大聲提及的名詞（糖尿病）有所關聯。

伊莉莎白·休斯與英國的寶菈·英奇，因為極大的特權才得以接受許多孩子迫切需要、但不一定能得到的胰島素。即使藥廠已能大量生產胰島素，後續的劑量帶來的併發症、飲食與注射都需要長期抗戰，所以不太有人能保證病人一定可以恢復到原來的模樣。在一九二二年到一九三〇年胰島素發明的早期，幼年型糖尿病患者的死亡進程還是相當快，往往在診斷兩年內就會死亡。其中的挑戰還包含了安全地自我注射，尤其在早期。艾倫醫師最早的一百名患者，只有三名活到接受胰島素；其中一名特別認真執行與信奉艾倫飲食的患者，儘管用了胰島素後有顯著改善，甚至一天能走上十英里的路，還是在一九二三年於艾倫醫生照顧下過世了。喬斯林醫師、威廉斯，還有伍德亞特，早期都曾失去過接受胰島素治療的患者。寶菈·英奇也於一九二三年三月因糖尿病昏迷而過世。

一九二二年十二月一日，伊莉莎白獨自離開了多倫多，那是好多年好多年以來，她第一次沒有護理師陪伴自己旅行。

她再也不曾回望了。她十五歲時給自己設定了念完高中去申請大學的目標。華盛頓的夏日，她有時會與父母、總統及柯立芝太太在週末一同前往切薩皮克灣航行度假。她與父母都認同要忘去糖尿病，這是伊莉莎白·休斯一生最與眾不同的壯舉；比起她在一九二二年八月逐漸克服幼年糖尿病，更不同凡響的就是她在同年十二月展開令人震驚的消失之舉。在她離開多倫多的數個月後，報章雜誌上曾經出現過的伊莉莎白·休斯，早就被這個不曾生病的伊莉莎白·休斯給掩蓋過去了。

31 諾貝爾獎，與那之後

一九二三年，諾貝爾獎的提名人選不斷湧入斯德哥爾摩。班廷被克里夫蘭的喬治·華盛頓·克賴爾醫師（George Washington Crile），以及曾與艾略特·喬斯林共事的頂尖學者法蘭西斯·班奈迪克（Francis G. Benedict）提名。麥克勞德則是被以前在凱斯西儲大學的老同事史都華教授（G. N. Stewart）提名。丹麥的諾貝爾獎得主奧古斯·克羅則同時提名了班廷與麥克勞德。為了處理胰島素的發明到底應該歸功於誰的紛爭，諾貝爾獎委員會還召集了兩個獨立的鑑定。一九二三年十月二十五日，世界知名學術殿堂卡洛林斯卡學院的十九名教授，經由不記名投票，選決了班廷與麥克勞德為一九二三年諾貝爾生理學獎的共同得主。

這是加拿大史上第一個諾貝爾獎，消息傳開後，多倫多各地都有自發性的慶祝活動。班廷立刻成為了名人，一個安大略在地男孩、一個退役軍人，還是一個諾貝爾獎得主。多倫多醫學界與政治界的領導人物相互道賀，那天對整個加拿大來說是無上美好的。

聽到這個消息時，班廷並未心存感激反而很憤怒，因為麥克勞德竟然被算了進去，而貝斯特卻被略過了。古德漢前往班廷的辦公室祝賀時，班廷還威脅要拒領。古德漢要他快去預定前往斯德哥爾摩的機票，這筆錢由學校負擔。最終班廷還是接受了這個獎，然而他在公開場合從不吝於表達對於這個結果的不滿，並且宣稱要將獎金與貝斯特平分。這讓麥克勞德沒得選擇，只能跟進宣布將自己的獎金與柯立普平分。兩萬四千元的獎金先由班廷與麥克勞德各半，接著再分下去，每個發明小組成員可以分得六千元。麥克勞德曾私下抱怨班廷一夕致富，當然可以大方地分出自己的獎金。

一九二三年的諾貝爾文學獎頒給了威廉・巴特勒・葉慈，他的詩作〈第二次來臨〉剛好就發表於班廷遇到麥克勞德的那個月。

班廷和麥克勞德都沒有出席斯德哥爾摩的頒獎典禮。班廷拒絕與麥克勞德同台，而麥克勞德則是不敢代替班廷領受，否則可能被指控為炫耀賣弄。一九二三年，麥克勞德一直很想入選為皇家學會的成員，也終於如願以償。而班廷最終在一九二五年進行了他的諾貝爾獎演說。

一九二三年十一月，多倫多大學在校園裡著名又優雅的建築哈特豪斯（Hart House）大廳，舉行了四百人的盛大慶祝宴會。那個奢華的場合，有些客人不遠千里而來。餐會上有爵士樂隊的表演，晚餐後還有演講。官方用相片為後人記錄了這個盛會，但是班廷拒絕坐在麥克勞德身旁一起入鏡。而今，最原始的四人發明小組不曾同框過。

下一個得到諾貝爾生理學（醫學）獎的加拿大人，一直要將近五十年後才會出現。

諾貝爾獎得主宣布後，確實有幾位學者跳出來宣稱自己在班廷之前發明了胰島素。喬治・蘇舍與尼古拉斯・包勒斯克直接向諾貝爾委員會提出上訴。史考特公開聲明自己更早之前就分離出了胰臟裡的活性物質。包勒斯克在一九二二年就申請了匈牙利的專利。米爾蘭一九二三年申請了一個抗糖尿病胰臟萃取物的專利。連柯立普都寫了篇論文陳述自己從萵苣與蔥得到一種名為「激糖素」(glucokinin）的化合物，注射這個化合物讓胰臟被切除的狗存活了六十六天。但是多倫多（在休斯的幫忙下）迅速取得了胰島素專利，並由學校董事會持有。

接下來要討論的就是權利金的歸屬了。大家都同意一半的費用應該由學校所有，而另外一半則是由專利申請人（班廷、貝斯特與柯立普）平分。這筆收入讓這三位科學家未來好多年的研究經費充裕穩定。一九二三年至一九六七年，多倫多大學從胰島素的權利金上得到了八百萬美元。禮來這邊，柯羅威從胰島素獲利中得到了龐大分紅，並且持續終生。麥克勞德則未從這個專利得到半毛錢。

一九二三年是禮來公司史上獲利最多與成長最快的一年，這主要歸功於胰島素的大成功，禮來將這個商品取名為「因蘇林」(Iletin®。Insulin, Lilly)。一九二三年一月起，禮來透過藥師以零售限量的方式將胰島素賣給其他醫師。一九二三年十月，透過醫師處方箋，病人就能直接拿到胰島素了。粗估那個時期約有七千五百名醫師，以胰島素治療約兩萬五千名患者。第一年胰島素的銷售額為一百一十萬美元（在過往禮來賣過的藥中，這是其他藥品的三倍之多，而且只是首年）。到了一九二三年底，禮來已經賣出約六千萬單位了，冷凍的腺體搭著鐵路上的冷凍車廂送抵禮來的工廠。

一九二三年十二月的一場壽險專業人士年會中，柯羅威醫師提到：

下列的數字希望讓各位有所了解，這個珍貴的解藥在糖尿病治療中的進展有多麼快。這樣說好了，一年半前接受治療的人大概還不到十個，一年前還不到五百人，而到了今天，接受治療的人數不會少於六萬，其中在美國的超過了四萬人。

胰島素能如此快速製成，全因等電（isoelectric）與有機結晶（organoprecipitation）使成品得以更純更穩定（兩皆是喬治．華敦在禮來旗下發明的）。根據最原始的契約，等電與有機結晶的專利最後都轉給了多倫多大學。

胰島素漸漸轉變為不僅能夠取得，而且還是負擔得起的。喬治．華敦改良後的製程，讓禮來得以減少成本，一個單位要比最初問世時的價格少了好幾倍。雖然禮來在美國的胰島素製造專利是獨家的，但是公司仍然致力於壓低價格，好讓多數糖尿病患者能夠使用。某家地方報是這樣報導的：

> 許多人以為胰島素像鐳一樣稀罕、一樣難以取得，有這種想法的人其實錯了。糖尿病的剋星現正被大量製造著，量能足以供給全世界。價格非常平凡，禮來先生說胰島素的花費，比消費者平均每天花在香菸或是替愛車加油都要少。每單位的價格少於三美分，這也證實了最樸實不濟的男人或女人都有機會運用它帶來的好處。

一九二三年底，一名糖尿病患者每週的藥費很少會超過一美元，超過兩美元則是極為罕見的（此時離最初在紐海芬釋出消息才剛滿兩年，而伊莉莎白離開多倫多展開她的新生活才一年）。

老禮來先生對自己的兒子驕傲不已。在給伊利的一封信中，他寫道：「當我想到你是如何以卓越超群的方法把小島素這艘船開進成功的港口，我渾身就充滿著驕傲。」

胰島素發明小組原始的四名成員，繼續在各自的領域做出卓越的醫學貢獻，除了班廷之外。到了一九二四年三月，班廷已經不再投入於胰島素的臨床研究，並停止指導病人了。他將自己投身於班廷研究基金會（Banting Research Foundation），基金會的目的是孕育仍在發想階段的科學研究。他依舊專注嘗試類似當初開發胰島素的模式，靠著一時的靈感與啟發來做研究，當下主要研究的方向是癌症。他在一九二五年三月對一群芝加哥的聽眾說：

> 我們不知道何時會有新點子出現，但是在醫學研究上，新點子的重要性不存在被高估的疑慮。從原始自然的觀點而言，新點子不因繁榮、富裕、滿足而生；相對的，它蟄伏在絕望的黑暗裡，而非白日的光明或是腳燈照亮的區域。

在寂靜無人打擾的午夜或凌晨，當一個人能獨自思考時才會產生。這是最偉大的時刻。當研究的程序有所進展、科學事實鑿成的基石不斷被翻新，之後再嵌入偉大的自然這幅由馬賽克所構成的真相圖裡。而這一切都是在混沌中成形的。

許多班廷基金會追求的目標都與軍事研究相關。他對於生物與化學戰特別感興趣，曾有一次為了實驗，他被芥子毒氣弄傷了小腿，導致嚴重的化學灼傷。班廷基金會在研發反重力裝或抗G衣（G-suit）上扮演了重要的角色，抗G衣可以預防飛行員在極端加速狀態下直接昏厥，這些裝備在第二次世界大戰派上了用場，往後飛行員、太空人穿著的裝備，可都是以這個做為原型的。

一九二四年六月四日，班廷與瑪麗安・羅伯森（Marion Robertson）結婚，他們育有一子。雖然班廷很討厭公開演說，但他在一九二七年加入了加拿大國家研究委員會，還擔任了醫學研究的發言人。即使前後相差甚遠，他也將於一九三四年受封騎士，但是他仍舊還是那個穿著正式燕尾服裝，讓人看起來或感受都很怪的傢伙。班廷還曾威脅著說，再有人稱呼他「爵士」，就等著被他踢屁股。

一九三二年四月，在一樁公開的醜聞中，班廷與瑪麗安離婚了。曾在一九二二年身為媒體寵兒的他，事業因而獲得了很大的助力；十年後媒體收回了對他的偏愛，對上這位加拿大首位諾貝爾獎得主，如同過街老鼠一樣窮追猛打。離婚之後的班廷身陷憂鬱症。一九三七年，他與亨麗塔・博爾（Henrietta Ball）再婚，不過一九三八年的耶誕節，他又再次陷落到黑暗的情緒裡了，他在日記中這樣寫著：

> 老天，我真的很討厭這所謂的節慶季節。對我來說，與其說是慶祝，它更像是個大膿包。卡片、禮物、賀儀、情感，天知道我有多討厭情感的展現。情感的同義詞就是脆弱。一九三八年耶誕節代表的就是徒勞……當一個人認真分析自己的內心靈魂，看看自己是否真具價值，啊！真是個殘酷的時刻。

然而，他對於自己那些早期的胰島素病人，永遠是溫暖的。同一週，他寫了封信給泰迪・萊德：

> 我會一直對你的職涯感到興趣並持續關注。請原諒我，帶著驕傲的心情，

我將永遠記得胰島素早期的那段時光，我們曾經一起度過困難的時刻。我一直都記得你卓越的表現，面對飲食的力量與堅韌，還有皮下注射這種如同懲罰的時刻，總像個男子漢一般。我相信如果用這樣的精神來面向世界對你的粗暴，你是一定可以成功的。

納粹德國在歐洲崛起，英國被德國入侵時，班廷主張使用生化武器。當第二次世界大戰爆發，班廷申請前往前線，但是加拿大政府拒絕了，他們認為班廷待在加拿大的幫助會更大。然而班廷依舊擔心加拿大在軍事方面不堪一擊，所以他在一九四一年偷偷進行了一個祕密任務。表面上他飛往英國是要測試班廷與貝斯特醫學研究機構發展出來的抗G衣。

一九四一年二月二十一日，班廷搭上了洛克希德的哈德森巡航轟炸機（Lockheed Hudson），目的地是英國，據說此行他是要執行一個與化學武器或是飛行戰鬥相關的祕密任務。飛機從紐芬蘭甘德機場（Gander）起飛不久就墜毀了，無線電操作員與導航員當場身亡，班廷與飛行員受了重傷，班廷在重傷倒下前還替飛行員處理了傷口。飛行員倖存了下來，後來回憶說到，班廷人生的最後幾個鐘頭已經精神錯亂了，當下的他以為自己正對著一名速記打字員敘述自己的醫學新突破。班廷過世時只有四十九歲，留下了太太亨麗塔·博爾，還有之前與瑪麗安所生的兒子比爾。班廷在世的最後一晚是與柯立普在蒙特婁一起度過的，他倆後來反而成了好朋友。

約翰·詹姆士·理克·麥克勞德繼續承受著班廷的憎恨所帶來的羞辱。安大略省的本地人口逐漸增加，對麥克勞德有類似看法的人也越來越多。到了一九二八年情況已經讓人難以承受了，於是麥克勞德離開多倫多回到了英格蘭，成為亞伯丁大學生理學的欽定教授。多倫多大學舉辦了盛大奢華的歡送會，班廷沒有出席，卻要求替他保留一個空位。麥克勞德回到亞伯丁受到了應有的尊重，他被視為偉大的生理學家、出色的學者，同時還是十一本書與專刊的作者。一九三〇年，他成為倫敦皇家內科醫師學會的成員；一九三二年晉身愛丁堡皇家學會的成員。他幾乎絕口不提多倫多的那些日子。

詹姆士·伯川·柯立普繼續在內分泌學領域做研究，他一直希望能找到下一個奇蹟荷爾蒙，所以他與禮來在內的數個藥廠都保持著合作關係。對於副甲狀腺分泌的副甲狀腺素，還有腦下垂體分泌的促腎上腺皮質素的分離，他特別有貢獻。一九二七年，他拒絕了梅約診所的邀約。一九二八年，他接受了蒙特婁麥基爾大學（McGill）生化部門負責人的職缺。班廷過世後，他接任了加拿大國家研究委員會資深管理人的位子。大戰之後，他轉戰到西安大略大學，就是當初班廷靈感來臨的工作地點。

柯立普與班廷後來成為朋友，但是貝斯特與班廷的關係則完全冷卻下來了。查爾斯．貝斯特永遠不會忘記在胰島素的發明中，自己的貢獻沒有被官方認證的那種失望。一封一九四五年寫給艾略特．喬斯林醫師的信中提到，「羅斯醫師在胰島素早期對我很友善，但之後的幾年，他大概認為我不是土生土長的安大略男孩，所以不應該得到太多功勞。我被告知當時國家供給班廷年金卻不願意給我，有很大一部分應該歸咎於他。羅斯醫師在威廉．穆洛克爵士眼皮底下，公開把我排除在多倫多慶祝胰島素發明十週年的場合外。那個場合，威廉爵士說只有安大略血統的男孩才會被公開點名。」一九七二年的諾貝爾獎官方歷史資料提到，一九二三年的諾貝爾獎得主不可能會有貝斯特，因為根本沒有人提名他。

一九二六到一九二八年之間，貝斯特在倫敦的亨利．戴爾爵士旗下從事博士後研究，這些研究讓他發現了胺氧化酶，一個抗過敏的酵素。在多倫多大學，他繼續進行研究，延續著一個長遠又成功的事業；他取代了麥克勞德成為了生理學教授，被任命時只有二十九歲。一九三〇年代，貝斯特發現了卵磷脂可以預防胰臟被切除的狗罹患脂肪肝。他與同事們分離出膽鹼，並發現這就是卵磷脂中的活性物質，更進一步研究了膽鹼在代謝中扮演的角色。他也在一九三〇年代開始對剛被發現的抗凝血藥物肝素產生興趣，並致力於純化這個藥物以供人類使用。班廷過世的一九四一年，貝斯特被指派為加拿大海軍醫學研究的負責人。

班廷的好友，同時也是康諾特實驗室的負責人約翰·費茲傑拉德醫師，在班廷死後不久也去世了。一九三〇年代起，他就飽受精神疾病困擾並曾經自殺。他被派往了康乃狄克州去治療胰島素引起的低血糖休克，之後他回到了多倫多又嘗試過自殺。最終，他住進了多倫多總醫院，並成功地在用餐後藏起一把刀子，隨後切斷了臀部附近的動脈，失血至死。

加拿大擁護者同時也是班廷吹捧者的比利·羅斯失去了兩名兒子，他們皆因二戰身亡。

自比為「人體實驗兔子」（human rabbit）的約瑟夫·吉爾克斯，由於糖尿病控制不佳加上躁症，最後死於新寧醫院（Sunnybrook Hospital）。

一九二二年與多倫多大學簽約時，老禮來先生似乎就得到名留青史的特權了。他特別關注那些早期使用胰島素的患者，並持續與他們保持通訊。一名叫做羅傑·麥高格

（Rodger MacQuigg）的男孩寫到，他有好好注意自己的飲食，並且「感覺比以前更有活力」。他答應禮來先生「等我胖一點，我會送張照片給你，你可以刊在公司內部的期刊，述說這就是使用小島素的效果」。禮來先生回信說「你可能很難相信，新發明可以帶給你還有其他人這樣的好處，可是讓我充滿了喜悅。能夠每天收到像你這樣的信，那種開心是永恆的，也讓我感覺自己完成了良善的事」。通訊過程裡，老禮來與伊莉莎白·麥基成為了朋友，在她過世時，公司已經持續免費供應她胰島素長達二十五年。老禮來在一九三二年把公司交給了兒子伊利。一九七五年，公司分送了純銀獎牌給那些靠著胰島素存活超過五十年的人。伊利·禮來（當時九十多歲了）親自簽署了當年八十三封隨獎牌寄出的表彰信件。

一九四七年，美國糖尿病學會頒發了班廷獎章（Banting Medal）給柯羅威，那是首次企業界在醫學研究方面的貢獻被認可。艾利克·柯羅威在伍茲荷的實驗室度過了四十個夏天。一九五八年，他在八十一歲生日的前兩天，於家中因腦溢血過世。三個月之後，伊利·禮來決定停止伍茲荷所有的實驗。新一代的科學研究已經開始了，研究大學與藥廠之間的合作已不算少見，所以不再需要投入額外的心力來促成兩方的結盟。

喬治·華敦的職業生涯一直待在禮來，他後來成為生化部門的負責人，並且成為公司管理階層的主導者之一。晚年在禮來回顧往事時，華敦說能夠參與胰島素發明這件浪漫的事，是他感到最刺激的事蹟。

伊利．禮來與他的父親一樣，在藥物研究與發展中仍然持守著自己的承諾。他在一九三二年到一九四八年擔任公司總裁，此後也成為董事會的一員。雖然他對政治毫無興趣，但是由於參與了慈善活動，使他成為印第安納波利斯最有影響力的市民之一。他對於在地歷史有著濃厚的興趣，也因此寫了兩本書。他在很多地方都扮演了重要的角色，像是印第安納歷史協會（Indiana Historical Society）、布隆明頓（Bloomington）印第安納大學的葛林．布拉克（Glenn A. Black）考古實驗室、康納派瑞生活歷史博物館（Conner Prairie），還有天使區史前保護區（Angel Site）；他個人在財務面的貢獻卓著，不過他幾乎都會要求這些捐贈必須匿名。

被稱呼為喬（Joe）的小禮來在哥哥（伊利．禮來）一九四八年退休後，接任公司總裁。他是個興趣廣泛的人，從珍貴書籍與手稿，到迷你士兵模型與十八世紀的畫作，皆有涉獵。他的珍貴收藏有兩萬冊書籍與一萬七千份手稿，包含了現存二十六份的當列普單面印刷版（Dunlap broadside）《美國獨立宣言》其中的一份，這些珍貴物品被視為美國二十世紀書籍與手冊最完善的收藏之一。禮來在一九五四年將這些收藏捐給了印第安納大學，目前仍典藏在學校的禮來圖書館。一九五〇年代前期，禮來先生又成了錢幣學家，他很快就列名為擁有全世界最廣大收藏者之一，總共涵蓋超過六千種品項，這些收藏現在歸屬在史密森尼機構（Smithsonian）。而家族最早的居住地（老田野〔Oldfields〕），目前屬於印第安納藝術協會。

老禮來先生與兒子們在一九三七年共同創立了禮來資助基金（Lilly Endowment），這個基金會贊助宗教、教育與社區發展相關事務，每年把六〇％至七〇％的贈款捐給印第安納波利斯與印第安納當地的基金會。一九六八年，公司又在這個基金會外獨立創設了伊利．禮來基金會（Eli Lilly Foundation），規模大約有七十億美元，每年捐給精選過的慈善組織約四億元，其中五〇％分配給印第安納當地的大學、醫院及非營利性機構。禮來家族目前仍是家鄉州最大的慈善家之一。

艾略特．喬斯林醫師將一生投入在糖尿病的治療與教育，並創立了喬斯林糖尿病中心（Joslin Diabetes Center）。喬斯林糖尿病中心隸屬哈佛醫學院，是目前全球最大的糖尿病研究中心、糖尿病診所與糖尿病教育機構。喬斯林在推廣糖尿病患者如何自我照顧的教育領域是一名先鋒，這個方法被命名為DSME（Diabetes Self-Management Education，糖尿病自我照顧教育），目前廣被接受。喬斯林的職業生涯一直都保持著糖尿病患者的註冊記錄。他從一八九三年開始記錄，第一位病人是瑪莉・希金斯（Mary Higgins），裡頭記錄了他治療過的所有患者，包含了名字、住址、年紀，另外還有發病、診斷與死亡的日期。他在九十二歲過世時總共寫了八十本冊子，計有五萬八千七百八十四名患者。

喬斯林目睹了胰島素發明後，那些飢餓的孩子是如何復活的，他以聖經中〈以西結書〉第三十七章與這個經驗做比喻，甚至把這章稱為「班廷章節」。上頭是這樣寫的：

上帝之手在我的身上，祂將我放進了山谷。裡頭都是骨頭，然後他對我這樣說：「對這些骨頭預言，並這樣對他們說：『乾骨頭，傾聽主的話！我會讓血與肉回到你的身上，讓你開始呼吸，然後你會開始有生命。』」於是我就遵照指示這樣預言了，然後骨頭就聚集在一起，可是卻還是沒有呼吸。然後祂又對我說：「對著呼吸預言啊，人類之子。對著它說『來自於四方的風，呼吸，讓它們能夠活。』」於是我就遵照祂的指示這樣預言了，氣進入了它們。它們活了過來並且用雙腳站起來了。

班廷的聲勢如旭日東升，而艾倫卻是夕陽西下。一九二九年的股市崩盤讓艾倫與物理治療所陷入了悲劇般的破產。艾倫積欠了奧圖．康超過兩萬五千美元，奧圖．康訴諸了法律。艾倫試圖與債權人協商，並把自己所有的存款都拿出來，好讓狀況不要那麼嚴峻，但是這些仍然不夠。為了讓他最愛的治療所有東山再起的機會，艾倫回頭去找了包含休斯在內最初的那些投資人乞求金援。這些投資人一個接著一個拒絕了他，對艾倫來說，這實在難以置信。治療所最初建立的理念就是不論經濟狀況，每個糖尿病患者都能在這裡獲得幫助，沒有任何一個值得幫助的病人被他拒絕過。而艾倫現在到處被拒。一張驅逐通知釘在木板上，就被插在治療所前院的草坪上。艾倫有兩週的期限清空住所，期限之後裡頭剩餘的物品就會被拍賣。最慘的是，他將自己的父母葬在了這片土地安靜的一角，甚至計劃日後自己也要一同長眠；遺體迅速地被挖了出來，後續安置到了鄰近小鎮的空地。

物理治療所收攤後，艾倫醫師與貝爾．威沙特．艾倫就離婚了。艾倫還是堅持著自己的動物實驗，地點則是租來的地下室及周邊附屬的建築物。他在一間又一間不怎麼樣而且設備不足的機構浮浮沉沉。儘管遇到了這許多阻礙，他仍舊努力想要驗證自己最初在一九一八年雷克伍德陸軍總醫院的想法：飲食中的鹽與高血壓的關係。對於高血壓心血管疾病的患者，他引入了一種低鹽飲食法，雖然與飢餓飲食法相比，這個療法的接受度沒有很高，但是日後鹽與高血壓的關係真切地被證實了。

聽到治療所倒了，一群對艾倫心懷感激的患者湊了一筆研究費用（大約每個月三百美元），讓艾倫的日常運作得以持續了幾年。對艾倫而言，這是筆前所未有的數目，但可悲的是他當時沒有實驗設備足以讓自己繼續這些研究。

在艾倫職業生涯的末餘裡，他就一直這樣當著局外人。一九三七年五月十四日，他在給《紐約時報》的投書中寫道：

> 幾乎所有的醫學發明都是由個人或是小型的自願團體進行的。因此過往的經驗中缺乏了具組織的大型攻勢……，許多的醫學研究人員薪水都非常低，甚至沒有收入，而他們的發明卻無償供應給了全人類。與個人相比，機構組織會有許多問題，包括藏私、自我的野心，還有被視為邪惡的「政治」。這些問題似乎越來越嚴重，且又伴隨著新的問題，像是嚴密管控、徒勞無功等等，而問題的嚴重度會依據機構的大小以及它們受到的資助程度而有所不同。

奧圖．康的豪宅在一九三九年被夷為平地；為了減稅，上頭一直都是空著的。儘管艾倫的人生還有二十五年的時光，但他此生未再踏足此地。

一九四九年，美國糖尿病學會頒發了一枚班廷獎章給艾倫。受獎時，艾倫是這麼說的：「對於這個獎章我深深感激，這是對於我那大多數沒有成功的事蹟，一種獨特的肯定。」接著又說：「我曾經擁有過大的野心，一度認為不管是飲食或是萃取液，都只是過渡階段的療法。我以為自己能真正擊中紅心，找到問題真正的療法。」佛德列．艾倫最後葬於紐約長島的格林菲爾墓園，沒有任何血親與他同葬。那個墓地是他第二任妻子安妮（Anne）購買的六塊墓地之一。艾倫的花崗岩腳石上用英文大寫寫著「DOCTOR」，底下寫了他的名字以及過世的年份，一九六四。

貝爾．威沙特．艾倫數十年後曾經寫到，「讓我最痛心的是，一個聰明有天賦的理想家相信人性的良善，但卻逐漸變成了苛薄、理想幻滅的老人」。

雖然喬斯林堅稱一九一四年到一九二二年為「糖尿病的艾倫時代」，但是佛德列．艾倫醫師的貢獻卻老早被忘得一乾二淨了。就連波士頓喬斯林糖尿病中心大廳，那些過往知名科學家的畫像裡也沒有艾倫。艾倫特別喜歡十一世紀的波斯詩人，同時也是數學家、天文學家的奧瑪．珈音（Omar Khayyam），他的詩剛好形容了物理治療所短暫、閃亮的軌跡：

凡夫俗子有了期待與夢想
或許興盛成功，或許轉眼間就成為灰燼，
就像雪花落在沙漠的風塵中
閃亮著，也許一個小時或兩個小時，然後就消逝了。

32

伊莉莎白・歌塞特的出現

一九二二年伊莉莎白回到了華盛頓特區。在那裡，她展開了一個正常青少年的生活，完成了高中學業並申請到了大學。這兩年半裡，她遇到了一次重大挫折，那發生在一九二四年八月，她回到莫里斯敦請艾倫醫師診治，讓她感到沮喪的是這件事似乎透過報導傳遞給了全世界。

伊莉莎白・休斯小姐生病了

國務卿之女被糖尿病攻擊飽受折磨

休斯小姐狀況好轉

目前未知還需要在治療所住多久

一九二五年，伊莉莎白搬到了紐約市，就讀的是她最愛的巴納德學院（Barnard College）。在一九二九年畢業之前，她體現了回歸正常生活的夢想，就跟巴納德的任何一個學生沒兩樣，讀書、約會、享受那個城市，她甚至犯傻嘗試過雞尾酒與香菸。她沒有告訴過任何人自己的狀況。一九二六年，她的體重一百五十磅，每天需要三十八單位的胰島素都是自行注射的，自己用磨刀石削磨針頭。透過班廷的協助，她的胰島素（有時一次就五千個單位）直接由康諾特實驗室寄到華盛頓的國務院，收件人是E. E.休斯小姐。這四年裡，她一次醫生都沒看過。她不曾聯絡班廷、多倫多同梯病人，或是布蘭琪。當她的名字出現在公開場合，不會與糖尿病扯上任何關係。她成立了一個屬於巴納德學生的組織，支持胡佛競選總統。她還在一個支持兩黨制的廣播節目中，公開與老羅斯福（Franklin Delano Roosevelt）的次子詹姆士・羅斯福（James Roosevelt）辯論。暑假期間，她常與父母一起前往歐洲，她身邊出現的多是當時最出名的政治或公眾人物。她也是海牙這座城市常見的臉孔，因為她的父親在一九二八至一九三〇年在那兒的常設國際法庭擔任法官。他們三人繼續榮耀著彼此間的協議：忘記糖尿病的過往。很快的，多倫多之前的痛苦日子就像久遠前的一場夢。

一九二八年，查爾斯・伊凡・休斯雇了一個剛從法律系畢業的新鮮人威廉・歌塞特（William T. Gossett）擔任助理。如同休斯，歌塞特一路自供讀完了哥倫比亞大學法學院。歌塞特的人生軌跡更進一步地複製休斯，他後來也成為了律師事務所的合夥人之一（之前是休斯、朗德、舒爾曼、德懷特，後來變成休斯、賀伯特與瑞德事務所〔Hubbert&Reed〕），接著還跟老闆的女兒訂了婚。直到他們訂婚後一週，伊莉莎白才將糖尿病一事告訴比爾[1]。伊莉莎白與比爾在一九三〇年完婚，他們選擇了在家低調舉行婚禮，就像是安東妮與查爾斯當初一般。班廷、艾倫或是布蘭琪都沒有受邀。賀禮中，最美麗的禮物是由胡佛總統與夫人所送的，一支附底座的精緻鍛鑄銀甕。她的刻意失憶實在太成功了，伊莉莎白・歌塞特竟然把蜜月地點，挑在伊莉莎白・休斯人生那飢餓的四年裡，度過最低潮的地方：百慕達。

一九三〇年，在長達兩週的國會辯論之後，查爾斯・伊凡・休斯成為美國的首席大法官，反對的聲音主要是因為休斯長期以來都有些大企業客戶（好比標準石油公司），因此適任性受到了質疑。在十一年的任期內，他曾三度向時任總統的老羅斯福宣誓。一九四一年，也是在羅斯福任內，他提出了辭呈，他很擔心這個決定提早在媒體曝光，所

1〔譯註〕比爾時常被當成威廉的暱稱。

以連自己的孩子都沒有事先告知，他們是看到報紙才知道父親退休了。

一九三〇年代，英國作家兼評論家立頓・史特拉奇（Lytton Strachey）帶起了一股傳記作家的潮流，他們主要以心理探索與分析作為藉口，時常寫出一些不敬的人物描述，休斯注意到了這股潮流。他大概也對佛德列・班廷爵士離婚後，飛快出現在媒體的那些具關鍵影響力的羞辱言語，印象深刻。他不要成為那些有損形象文字的目標，因此決定先發制人。首席大法官決定掌控並著手撰寫關於自己人生與職業生涯的權威性文件，如此一來他便可以依照自己的期望行文。更重要的是，這些文件要被世人看見。

一九三三年，普林斯頓的學生亨利・比里茨（Henry Beerits）畢業論文主題就是查爾斯・伊凡・休斯，論文指導教授愛德文・科爾文（Edwin Corwin）是個憲法權威，他建議直接送一份副本給休斯本人。十天後，比里茨就收到了大法官的回信。信中感謝比里茨寫了這篇論文，而他與休斯太太讀過之後都印象深刻。信中休斯更進一步建議，如果他接下來的一年還沒有預定要做什麼，那可以考慮來華盛頓與大法官一同完成一項計畫。休斯所謂的計畫就是整編他的自傳，後來這份成品被稱為比里茨備忘錄。

比里茨在九月抵達華盛頓，住進了壁球俱樂部，他會一直待到次年五月，專職編輯那份備忘錄。休斯請比里茨不要跟其他人討論這份工作。一九九二年比里茨寫了一篇文章刊登於《普林斯頓三三班》班刊，文章標題為〈畢業論文之後〉，他在裡頭如此形容這段過程：

> 我在每個星期日的下午去他家，那裡的一樓有間書房。他會回憶自己生涯中的某一段時期，然後告訴我有哪些相關書籍或文章可以參考，而我會仔細做筆記。接下來的一週，我會在國會圖書館裡的辦公室，認真詳細寫著這個主題的文章，文章中有相當多的註腳。下個週日的起頭，他會先讀過我前次所寫的內容並做出評論。文章長度大約會是三十五頁打字稿，他一頁接一頁翻得很快，好像只是匆匆一瞥，這讓我以為自己認真呈現的內容不被喜歡。接著他會指出某個用字遣詞似乎強烈了一些，這才讓我發現其實每個字他都讀進去了，他擁有速看一眼就能吸收一整頁的能力，更厲害的是他有照相般的記憶，只要看過都能記得。

比里茨那年的精彩事件之一，就是受邀參加一場非常特別的晚餐。正式的餐廳、堂皇的長桌，與伊莉莎白・歌塞特和她的先生比爾一同用餐。伊莉莎白對於這位年輕人還有他正在進行的計畫很有興趣，畢竟她曾經熱誠的野心之一就是撰寫父親的傳記。跟父親一樣，她了解勝利者、征服者可能使不太上力，因為歷史是由作家寫的。此外，除了文字，橡皮擦也是作家的工具之一。

休斯最後仍試圖塑造自身的記錄。一九四一年十一月到一九四五年年底，他寫的一系列自傳筆記就是為了這個目的，內容有不少參考自比里茨備忘錄。在這數千頁的文件中，隻字未提糖尿病、伊莉莎白曾經的困境或是班廷。他跨越了那條線，然後再試著重新畫一條新的。他與伊莉莎白靠著血脈與沉默彼此連結著。

伊莉莎白害怕被公諸於世的兩件事，其一是那個有著充沛動力，能夠自我主導學習的妻子與母親伊莉莎白．歌塞特，其實與當時絕望重病的伊莉莎白．休斯是同一個人。其二就是她能從死神手上逃出的代價，或許是用另外一個孩子的命換來的。她銷毀了所有生病時期的照片；為了保護自己以及父親的聲譽不被詆毀，父親文件中關於糖尿病的部分都被她抹去了。一九七四年，她與最高法院首席大法官好友華倫．伯格，成立了最高法院歷史協會，她的餘生一直在守護查爾斯．伊凡．休斯的聲譽。伊莉莎白離世之前，休斯的巨大畫像一直掛在歌塞特府邸，就好像他統轄著那裡一般。

伊莉莎白有生之年裡，大眾對於糖尿病的態度有了一百八十度大翻轉，很難想像二十世紀前半葉，這個疾病曾被視為一種惡名。現今，某個疾病的患者以自身經驗來教育、啟發與協助其他病友是很常見的。伊芙琳·勞德（Evelyn Lauder）與伊莉莎白·愛德華（Elizabeth Edwards）替乳癌發聲；萊恩·華特（Ryan White）與魔術強森（Magic Johnson）替愛滋病站了出來；貝蒂·福特（Betty Ford）與柯蒂·杜卡克斯（Kitty Dukakis）為了酒癮做了相同的事；南西·雷根（Nancy Reagan）則是代表丈夫替阿茲海默症宣傳。

伊莉莎白·歌塞特則是做了相反的事。在她奮力要活下去之時，家人拚命地避開大眾的耳目。儘管如此努力，她的疾病狀況還是曾經出現在報紙上，這種時候她就仰賴著大家對於這個消息的關注度不過曇花一現，且大眾總渴望著更多更多新的新聞，所以她只需要容忍那十五分鐘的熱度，又可以安靜消失在一片模糊之中。她成功實現了正常生活的夢想，胰島素讓這變得可能。對她而言，打了胰島素卻還活得像個糖尿病患者，就像是背叛了班廷醫師、她的父母，還有那個可能被她搶走胰島素的不知名孩子；且對一九二二年八月到十一月，從虛弱無法自理成為正常女孩的奇蹟般改變，是個極大的羞辱。她對自己真實無欺，對於真相卻不是，這就是她活著的方式。

佛德列·班廷出身平凡，但是經歷了不凡的一生；相對地，伊莉莎白·休斯出身不平凡，一生卻活得平凡。伊莉莎白長大成人後，仍舊持續保護著自己，讓自己活成正常的樣子；先是在紐約而後密西根，她擔任了很多社區、教育與專業組織的志工；她也曾任巴納德學院與克蘭布魯克藝術學院（Cranbrook Academy of Art）的董事，她還是奧克蘭大學的創校董事，最高法院歷史協會的創辦人與會長。以她名字命名的休斯—歌塞特獎，每年都會以協會的名義，頒發給撰寫該年度最佳的法院歷史相關論文的學生。一九七九年，她從紐約大學法學院獲得了榮譽法律博士學位。她的名字出現在出版品上，通常與她的慈善行動相關。日子一年接一年過，每當有人詢問她兒時是否生過病，通常她會裝迷糊，然後說他們大概是想到了她的姊姊海倫。她從來沒有參與過任何關於糖尿病的事務，她的遺物與遺產也沒有任何要贈與給糖尿病相關的物件。

那個時代的胰島素使用者都走出了自己的路。長大成人的麥茳·布勞斯泰將自己投身於非糖尿病相關的慈善活動，她在馬里蘭州唯一的有色人種精神科醫院，協調各種志工活動。她把一個特別的計畫導入了馬里蘭州：美容院治療。她一生都沒有結婚。

茹絲·懷特希爾與巴爾的摩萊迪化學公司（Leidy）的共同創辦人兼總裁約翰·萊迪結婚。麥茳與茹絲都於四十二歲過世，兩人相隔三年。

第一個接受胰島素注射的美國人吉姆・哈芬，對於以豬胰臟製造的胰島素有著不尋常的過敏反應。他本來是無法活下來的，但是禮來供應給他純牛胰臟製造的胰島素，此後便沒有過敏狀況了。吉姆結了婚，生了兩個孩子，開心地當著藝術家。他的作品被視為美國木版畫復興的一部分，現在在國會圖書館與大都會藝術博物館都還能看到。

直到班廷一九四一年過世前，泰迪・萊德都還與他保持著聯絡。泰迪長大後在康乃狄克州哈特福市（Hartford）擔任圖書館員，終生未婚。一九九二年七月十日，泰迪慶祝了接受胰島素施打七十週年，打破了伊莉莎白・休斯的紀錄。他在一九九三年七十六歲過世時，是班廷最早治療的病人中，最後一位離世的。他的剪報簿目前還保留在多倫多大學湯瑪士・費雪善本圖書館（Thomas Fisher Rare Book Library）。

第一個胰島素人體試驗受試者雷奧納・湯普森，在第一次施打「麥克勞德血清」的十三年又三個月後，於多倫多總醫院過世，得年二十七。現在如果去多倫多大學班廷學術機構裡的解剖博物館參觀，訪客可以看到雷奧納・湯普森的胰臟被泡在福馬林玻璃瓶中，編號是物件三〇三〇。

伊莉莎白・休斯的人生中，曾經陪伴她大把時光的重要人物布蘭琪・伯吉斯護理師，一九六七年死於泌尿道感染，享壽七十七歲，過世時是名寡婦。她不曾再婚，遺體是由鄰居發現的，最後葬在加州格倫代爾（Glendale）森林草坪紀念公園墓園（Forest Lawn Memorial Park Cemeter）的大陵墓中，獨自躺在名為「發光之愛」（Corridor of Radiant Love）那個長廊中的一個墓穴裡。

安東妮在一九四五年過世，過世前一天剛好是她五十七周年結婚紀念日。在她離世後，查爾斯越來越依賴伊莉莎白。查爾斯在一九四八年於麻州奧斯特維爾（Osterville）過世，彼時他正與歌塞特一家共度夏天，杜魯門總統下令全美降半旗致哀。查爾斯與安東妮、海倫，以及他的父母，一起葬在伍德朗墓園。

休斯過世前，指定了《華盛頓郵報》發行人梅洛．普西（Merlo Pusey）作為傳記的正式作者。伊莉莎白密切地與普西合作，最後傳記厚達兩大冊，於一九五一年發行，裡頭不時引用了比里茨備忘錄。在八百多頁的文字裡，絲毫沒有提到伊莉莎白糖尿病的相關情事。這部傳記在一九五二年贏得了普立茲獎。

一九八一年，出乎意料的，伊莉莎白．休斯．歌塞特在做完一個結果還不錯的健康檢查後不久，死於心臟衰竭。伊莉莎白過世時，已經施打了約四萬兩千劑的胰島素，共長達了五十八年之久。如果她看到自己出現在國內重要報紙上的訃聞應該會很高興，因為所有的訃聞隻字未提糖尿病或是孩童期間生病等相關字眼。在休斯家伍德朗墓園的紀念石碑上，刻有伊莉莎白的父母、姊姊們、哥哥及祖父母的紀念文字，卻獨獨不見伊莉莎白的名字。直至死去，她依舊遺棄了伊莉莎白・休斯這個身分。伊莉莎白・歌塞特最終安葬的所在，是她與先生一同建立家庭的地方：密西根州布隆非希爾的克蘭布魯克禮拜堂紀念花園。那邊放著一個小小的黃銅牌，標示出了她的長眠地。為了讓自己身上任何一個部位都不要淪落到玻璃瓶中，她選擇了火葬。

伊莉莎白・休斯・歌塞特一共有三個孩子，沒有一個有糖尿病。一九八二年她的外孫大衛・威恩斯・丹寧醫師決定打破家族的沉默，他寫了封信給《新英格蘭醫學雜誌》（*The New England Journal of Medicine*）的編輯，主要回應那年稍早雜誌刊登過的文章〈一位糖尿病個案〉。這封信的開頭是這樣寫的：「也許你們的讀者會很有興趣知道我外祖母伊莉莎白・歌塞特（婚前姓休斯）的事。（據她本人描述）她是班廷與貝斯特醫師第三位使用胰島素的病人。只有非常親近的家人知道她有糖尿病，對外完全是個祕密。直到她在一九八一年四月過世，才為大眾所知。」

後記：今日的糖尿病與胰島素
Postscript

胰島素的故事繼續在進行著，一九二二年年底，麥克勞德為了表達善意，讓奧古斯．克羅醫師把胰島素配方帶回了丹麥。一九二三年春天，克羅醫師與哈格多恩教授（H. C. Hagedorn）創立了諾德（Nordisk）胰島素實驗室，並生產了北歐地區最早的胰島素。兩年後在這個基礎上，諾和（Novo）治療試驗室創立了，除了生產胰島素，還專門製造一種特殊注射器。一九三五年，新長效胰島素問世，這個新的胰島素就是在丹麥發明的；哈格多恩教授在魚的精子中找到了魚精蛋白（Protamine），他發現如果把魚精蛋白和胰島素混合在一起，可以讓胰島素作用的速度變慢。這種含有魚精蛋白的新胰島素，讓不少病人單日施打次數可以減半。

康諾特實驗室發現，如果魚精蛋白胰島素再加入鋅，可以讓胰島素作用的速度再放慢。一九三六年，多倫多將含鋅魚精蛋白胰島素引進市場，很快就成為加拿大最普遍使用的胰島素。儘管製造上有所進步，但在一九四八年要製造八盎司的純化胰島素，仍然需要用掉兩噸半的牛或豬胰臟。粗估那一年，全球大概有三百萬名需要依賴胰島素的患者，而其中一百萬人住在美國。在全球都有需求的壓力下，一九四一年到一九四八年，從魚身上尋求胰島素的想法似乎又再度甦醒了。但科學上看似可行，經濟價值來說卻頗為不切實際。

隨著時間的累積，重複施打來自牛或豬的胰島素，病人會發展出胰島素阻抗性。情況若難以控制，某些胰島素阻抗的病人將會死亡。一九五〇年代末至一九六〇年代初，康諾特實驗室有一個小團隊發展出了硫化胰島素，這對於胰島素阻抗的病人是有效的。

一九七八年，小型新創生物科技公司基因泰克（Genentech）利用DNA重組技術，以人工合成的方式製造出了「人類」胰島素。後續這家公司授權給禮來繼續發展與測試相關技術。這個產品在一九八二年獲得了美國食藥署核准，在一九八三年以優泌林（Humulin）的名字開始販售。

注射的方式與工具也遠比一九二二年伊莉莎白還得拿磨刀石磨著不銹鋼針頭先進多了。今天的糖尿病患者可以使用拋棄式的針筒、胰島素筆或幫浦。其他投藥方式也在研究中，包含皮下貼片、口服、吸入式，甚至是胰臟移植。

在胰島素發明的八十五年後，糖尿病照顧以及相關產品為禮來公司帶來每年三十億美元的獲利，是公司第二高獲利的區塊。目前這家公司全球員工超過了四萬人，其中約有七千四百名從事新藥的研究與發展。諾和諾德公司（Novo Nordisk，原本的諾德胰島素實驗室）也在糖尿病照護的領域引領全球，生產設施遍及七個國家，員工超過兩萬九千人（截至二〇〇九年十二月）。

胰島素最初的發展只花了差不多兩年。可以從一九二二年一月第一次人體實驗，算到一九二三年十月第一次正式販售；或從一九二一春天最初在狗身上的實驗，算到一九二二年秋天第一次成功量產。另外一個看待的方式，是在禮來與多倫多簽了契約之後的一年四個月，胰島素就得以四處配送。今日，一個新的藥物需要花費十到十五年，在臨床發展與後續法規的批閱中迂迴緩慢進展。

根據美國糖尿病學會統計，約有兩千三百六十萬美國人，或是八%的人口罹患糖尿病。其中的大約五至一〇%是第一型糖尿病，也就是身體無法自行製造胰島素，剩下的人則是第二型糖尿病，即身體產生胰島素阻抗或是無法製造足夠的胰島素。越來越多的美國人（約五千七百萬）有糖尿病前期的狀況，即血糖比正常人高，但還沒有高到符合糖尿病診斷標準。從二〇〇五年到二〇〇七年，糖尿病的整體盛行率增加了十三．

五％，美國糖尿病學會估計有大約二十四％的糖尿病患者根本不知道自己成疾。二〇〇七年，糖尿病已經成為美國第五大死因，每年奪走七萬三千條性命。疾病管制局估計若依這樣的趨勢持續下去，大概每三個美國人就會有一人在一生中可能患上糖尿病。

真正造成第一型糖尿病的原因其實還不明朗，雖然胰島素讓糖尿病患者可以正常生活，但是至今還沒有真正的解藥。

如果你有意願學習更多關於糖尿病與胰島素的資訊，可以透過年幼型糖尿病研究基金會的網站 www.jdrf.org，或是美國糖尿病學會 www.diabetes.org 得到更多的資訊。

本書銷售收入的一部分將捐贈給青少年糖尿病研究基金會及國際糖尿病聯盟的兒童生命計劃。

筆記與資料來源
Notes and Sources

我們進行研究的兩個中心，位置剛好就對應著胰島素發現的兩個主要地點：加拿大的多倫多與印第安納州印第安納波利斯。我們全力以赴、身體力行，讓自己置身於九十年前這些主要人物曾經工作過、居住過或旅行過的房間與道路上。我們在多倫多大學湯瑪士．費雪善本圖書館裡找到豐富的卷宗與檔案。在那裡，得以有機會看到並親手碰觸相關的最初文件或物品，像是伊莉莎白親手寫的每日飲食日記及胰島素表格、泰迪．萊德的剪貼簿、全球各地報紙的剪報、班廷書桌上的日記；更不用說，雷奧納．湯普森被保存起來的胰臟。雖然伊莉莎白銷毀了許多文件、照片以及其他記錄著她疾病的資料，但是一九二一年到一九二二年，最初她寫給母親的信件倖存了下來。這些信件不管對這本書或是我們描述這個故事所採取的態度，都是非常重要的。非常感謝休斯家最後將這些物件捐贈給了湯瑪士．費雪善本圖書館。在大學檔案室中，我們找到了不少與專利還有皇家冊封相關的文件；我們也造訪了安大略省倫敦市的班廷之家（國立歷史遺跡），那裡是班廷度過無數個失眠夜晚，最終以床邊筆記本信手寫了那二十五個字的家。

在印第安納波利斯禮來公司的檔案室，我們找到了柯羅威經常前往多倫多的關鍵時期，與禮來家族之間的內部通訊信件。禮來檔案室中還有公司的期刊、銷售相關文獻、備忘錄，以及製藥設備等等。非常感謝公司領導階層的遠見，在胰島素發展過程中，他們就已經預知這在歷史上會是重要的一頁。許多最初的資料都完美的歸納與收藏，保留下來作為後人的史料。除此之外，公司經常在胰島素發明的某些紀念日裡慶祝，因此班廷、柯羅威等在這種紀念場合發表的演說，都是非常棒的歷史資料與觀點。

本來應該要有第三個研究地點，那就是紐澤西的莫里斯敦，但是物理治療所在一九三七年就被夷為平地了。擁有「糖尿病醫師」稱號、在領域進行先驅行動，並終其一生投身於實踐的艾倫醫師，在那裡已經找不太到關於他的證據與足跡了。物理治療所的資料，主要根基於哥倫比亞大學中關於休斯的文件、紐約醫學會極佳的收藏，以及阿爾佛雷德·韓德森的個人收藏。曾經是奧圖·康燦爛豪宅所在的土地，現在已經是另外一個企業的園區了。

我們一讀再讀多倫多大學醫學歷史教授麥可·布利斯（Michael Bliss）的兩本著

作《胰島素的發現》（*The Discovery of Insulin*）與《班廷傳》（*Banting: A Biography*），這兩本書在我們寫作的時序安排上，是極為重要的導航者。另外，對於本書很重要的，還有梅洛・普西詳盡的兩冊厚重傳記《查爾斯・伊凡・休斯》、大衛・丹尼爾斯基（David Danelski）與約瑟夫・塔爾金（Joseph Tulchin）編輯的《查爾斯・伊凡・休斯自傳筆記》（*The Autobiographical Notes of Charles Evans Hughes*）、勞德・史蒂文森（Lloyd Stevenson）寫的《佛德列・班廷爵士》（*Sir Frederick Banting*）、路易斯・韋伯・希斯醫師與瑞娜・艾克曼寫的《糖尿病的飢餓（艾倫）療法》、唐納・巴奈特（Donald Barnett）的《百年紀念寫照：艾略特・喬斯林醫師》（*Elliott P. Joslin, M.D.: A Centennial Portrait*），以及在慶祝周年的節慶上，禮來公司發行的紀念文宣冊。

在國會圖書館，可以找到比里茨備忘錄、數百份報紙文章、查爾斯・伊凡・休斯寫給安東妮・卡特・休斯的信件與生日卡片（常常用詩文的寫法，讓人窺見兩人自然的關係）。在密西根州安娜堡（Ann Arbor）的班特立歷史圖書館（Bentley Historical Library）裡，有大衛・丹寧醫生寫給《新英格蘭醫學雜誌》的信、伊莉莎白的訃聞，還有關於威廉・歌塞特生平的資料。

我們也在下列這些地方進行了仔細的研究與調查：印第安納州印第安納大學布隆明

頓校區的禮來圖書館、印第安納歷史協會、印第安納州立圖書館、明尼蘇達羅徹斯特的梅約診所、紐約州奧巴尼的紐約州立圖書館、費城的美國哲學協會、紐約州喬治湖錫耳弗貝聯盟校區、紐約布朗克斯的伍德朗墓園，以及印第安納波利斯的皇冠山丘墓園。

查找到的資料裡，有些純粹是為了好奇與好玩而做的，像是有一位班廷的祖先曾經出書，教導人們如何透過避免油脂、澱粉與糖來減重，也因為這樣在《牛津英文字典》中「班廷」(banting）這個詞彙被當成節食的同義詞。查找中也遇見某些巧合，一九〇六年舊金山大地震發生後，禮來公司送去了大量藥品物資，此時剛畢業的艾倫醫師也在那邊協助復原行動。還有一個故事是一九二五年，人在華盛頓的班廷突發奇想前往拜訪查爾斯．伊凡．休斯的家，他把住址給了司機後，司機狐疑地看著他，並說著他不可能進到國務卿的家；班廷得意地笑了，還與司機打賭：如果他敲門後被邀請入內，那這趟車資就免費；如果被拒於門外，他就上車付給兩倍車資。結果，司機輸了。

物理治療所的艾迪這號人物，其實綜合自幾位出身各地患者的真實事件與軼聞。鳥飼料種子的故事真實得再逼真不過了；糖尿病孩童絕望到偷渡食物，甚至會吃那些人類食物之外的東西，像是鳥飼料種子或牙膏。

查爾斯．伊凡．休斯打給多倫多大學法爾科納校長的電話是虛構的，連安東妮一直要他打電話這件事也是。我們仍然不知道一九二二年八月發生了什麼事，讓班廷改變心意突然願意接受伊莉莎白這個病人。然而，我們知道的有：法爾科納校長與查爾斯・伊凡・休斯是認識超過十年的舊識；查爾斯婚後不曾在沒有安東妮陪伴下，去到像巴西那麼遠的地方；就在泛美號啟程開往里約熱內盧的前十天，安東妮把伊莉莎白送到班廷那兒，且很突然地就丟下她離開了。

描述班廷埋葬又挖出戒指，是想要敘述班廷對自己訂婚感到掙扎並想要做個了結。我們不是很清楚班廷糾結的實況，同樣也不是很清楚安東妮是否在半夜把伊莉莎白從物理治療所接出來，然而這很像她會做的事：那些為了救治伊莉莎白、海倫與查理，她會做出的戲劇化努力。如同伊莉莎白為了忠於自我而重新創造了自己，我們杜撰了一部分的敘述，為的是讓故事及人物更容易被理解。

故事中最有趣的事之一，就是一九二二年當下最赫赫有名的人，現在已逐漸被遺忘，反之亦然。查爾斯・伊凡・休斯是那個年代極傑出的公眾人物，現在知道他的人已經不多了。艾倫醫生也是，他貧困地在被遺忘中死去。反而是他的同事喬斯林醫師的名字，現在醒目地出現在全世界各個糖尿病中心。悲傷的是，糖尿病現在還是與人們如影隨形。

我們在落下研究腳步的過程中學到的，與我們進行研究所獲得的一樣多。舉例來說，我們在多倫多時，養成了隨口問問加拿大人是否知道佛德列・班廷是誰的習慣。大部分的人沒有聽過，或者就算聽過也不知道這號人物是誰。我們問到了一位知道不少的人，最後卻發現他是美國的內科醫生。在查爾斯・伊凡・休斯出生地紐約格倫斯瀑布鎮，我們體認到今日他已經幾乎被遺忘了，來到柯蘭朵公立圖書館（Crandall Public Library）的櫃檯詢問關於他的事，得到的回應是「休斯要怎麼拚？」。

有時，整個研究調查的經驗會讓我們情緒被觸動。好比發現紐約布朗克斯伍德朗墓園裡休斯的家族墓，在伊莉莎白的兄姊、父母、祖父母名字之間，她的名字非常刻意地消失了。即使離世了，伊莉莎白還是捨棄了伊莉莎白・休斯的身分。伊莉莎白・歌塞特最終長眠地，是與先生一同建立家庭的地方，布隆非希爾克蘭布魯克禮拜堂的納骨塔，那邊放了一個簡單的黃銅牌。我們與伊莉莎白這個人物好幾年來每日相伴，所以直覺意識到了她為何選擇火化：讓她的胰臟（或是身體任何部位）避免掉入雷奧納・湯普森那樣屈辱的命運。

令人沮喪的是仍有幾個問題沒有解答，其中之一就是關於布蘭琪・伯吉斯與神祕的麥克林托克醫師。根據伊莉莎白信裡的描述，在多倫多時，他似乎不太需要工作，多數時間都在與布蘭琪約會。我們推測他可能是平克頓（Pinkerton）偵探事務所的員工，休斯雇用他，為的是確保在搭泛美號前往巴西時伊莉莎白的安全。如果伊莉莎白為了安全打到腆島素而插了隊，這件事一旦被公開，性命便有可能受到威脅。

整個故事最神祕的主軸在於當時伊莉莎白的狀態岌岌可危，為何查爾斯與安東妮還能把她放在多倫多，就這樣航向巴西？這趟旅行基本上沒有實質益處，沒有任何政治目的，難道在這個決定性的時刻，他們不想陪在伊莉莎白身邊，就像當初海倫病入膏肓時所做的一樣嗎？

最終，我們無解的就是伊莉莎白的決定。她怎麼能完全不聯絡班廷，或是多倫多那群一起接受治療的同儕，還有一直致力於陪伴她的布蘭琪？她怎麼完全沒有在糖尿病研究或是患者方面做出任何一點貢獻呢？就當成是回報自己能夠活下來是上天的施捨與幸運也好啊！在這個拯救了她的奇蹟中心，她仍有一些黯淡的自覺（她被拯救可能非常黑暗地代表有另外一個孩子代替她犧牲了），這可能是答案嗎？

這是個充滿了問號的故事，是個由遺失的日記、詳細審查的手稿，以及毀損的照片所構成的故事。對伊莉莎白而言，擦拭才是真實的肯定，否定是為了保全。這才是伊莉莎白故事的核心，是她用一輩子仔細繕寫的一筆作品。在那飢餓的四年裡，稀疏的紀錄就像東西掉進水裡，水面上出現的一些漣漪；從研究的觀點來看，那四年能研究的物質極為貧乏，實在讓人沮喪；但從人道的觀點，我們難免也會為她產生一點點同理的勝利感。這些欠缺的紀錄代表著伊莉莎白完成了不可能的夢想，一個多數人視為理所當然的事：能夠正常過日子的機會。就我們來看，很少有人能像她一般，如此憧憬享受著平凡中的不平凡，這樣也許能讓這些沒有被解答的疑問比較可以接受。

致謝
Acknowledgments

在敘述這個不平凡故事的路上，許多人不吝於給予我們時間與關注。非常感激多倫多大學湯瑪士·費雪善本圖書館的協助，尤其是主任理查·蘭登（Richard Landon）、副主任安尼·唐德曼（Anne Dondertman）、檔案管理員羅耶·麥唐納（Loryl MacDonald）、大學檔案管理員葛倫·威爾斯（Garron Wells）、手稿收錄員珍妮佛·泰維茲（Jennifer Toews）。禮來公司檔案管理主任麗莎·拜恩（Lisa Bayne），以及禮來公司的莫里·史莫勒維茲（Morry Smulevitz）、史考特·麥克瑞格（Scott MacGregor）、賽恩·威廷（Thane Wettig）、亞當·費爾菲爾德（Adam Fairfield）、凱瑞·墨菲（Kelley Murphy）。紐約歷史協會的路易士·米瑞爾（Louise Mirrer）、珍·亞斯東（Jean Ashton）、史蒂芬·艾迪丁（Stephen Edidin）、瑪莉·基布恩（Mary Kilbourn）、蘿拉·華盛頓（Laura Washington）、戴爾·葛雷哥萊（Dale Gregory）。紐約市立大學柏魯克分校威廉與艾妮塔·紐曼圖書館（William and Anita Newman Library）的麗塔·歐姆斯比（Rita Ormsby）。

我們感謝喬斯林糖尿病中心大理石圖書館的珊德拉・凱透納（Saundra Ketner）。印第安納歷史協會的蘇珊・薩頓（Susan Sutton）、史帝夫・哈勒（Steve Haller）、保羅・布魯克曼（Paul Brockman）、桃樂絲・尼可拉森（Dorothy Nicholson）、貝琪・考德威爾（Betsy Caldwell）。印第安納波利斯藝術博物館的蕾貝卡・馬歇爾（Rebekah Marshall）。印第安納州立圖書館的莫妮卡・考德爾（Marcia Caudell）、瑞秋・阿戴兒・賀吉（Rachael Adele Heger）。印第安納大學禮來圖書館的布雷恩・米契爾（Breon Mitchell）、艾莉卡・多威（Erika Dowell）。哥倫比亞大學巴特勒圖書館的泰拉・克雷格（Tara Craig）、珍奈特・蓋茲（Janet Gertz）與珍・席格（Jane Siegel）。紐約市立大學柏魯克分校的露伊莎・莫伊（Louisa Moy）與艾瑞克・紐巴克（Eric Neubacher）。班特立歷史協會的克倫・珍尼亞（Karen Jania）。哈佛醫學院圖書館的傑克・艾克特（Jack Eckert）。紐約羅徹斯特約翰・威廉斯健康科學圖書館的米莉・賽勒（Millie Seiler）。印第安納大學的詹姆士・麥迪遜教授（James Madison）。國會圖書館的道・文・艾（Daun Van Ee）與手稿部門。梅約診所的布魯斯・菲兒（W.Bruce Fye）、希拉蕊・藍（Hilary Lane）、羅伯特・理沙（Robert A. Rizza），以及芮內・齊莫（Renee E. Ziemer）。加拿大國家檔案部門的邁克・

麥克唐納（Michael MacDonald）。紐約醫學會的溫菲爾德・金（Winifred S.King）。美國哲學協會的查爾斯・葛林芬斯坦（Charles Greifenstein）、瓦萊麗—安妮・露茲（Valerie-Anne Lutz）。洛克斐勒檔案中心的艾咪・菲奇（Amy Fitch）。華盛頓大學醫學院伯納・貝克（Bernard Becker）醫學圖書館的保羅・安德森（Paul G. Anderson）、佩特・耿恩（Pat Gunn）。密西根州布隆非希爾克蘭布魯克禮拜堂、布隆非希爾圖書館與布隆非希爾歷史協會。印第安納波利斯兒童博物館的珍娜・柏奈特（Janna Bennett）。紐約州格倫斯瀑布鎮柯蘭朵公立圖書館的艾瑞卡・布爾克（Erica Burke）。紐約州波頓蘭丁波頓歷史博物館的喬治・古溫（George Goodwin）。安大略省倫敦市班廷之家國立歷史遺跡處的葛蘭特・莫特曼（Grant Maltman）。康諾特實驗室的休斯・麥克諾特（Hugh W. McNaught）。蘇格蘭愛丁堡皇家學會的葛瑞米・麥克利斯特（Graeme McAlister）。最高法院歷史協會的凱西・夏利夫（Kathy Shurtleff）。柯羅威基金會的安潔拉・凱利茲赫（Angela Klitzsch）。阿第倫達克山脈ＹＭＣＡ的馬帝・芬克（Marty Fink）。紐約州立圖書館的保羅・莫瑟（Paul Mercer）。印第安納波利斯皇冠山丘葬儀社與墓園的凱利・柯蘭朵（Kelli Crandall）。紐約的伍德朗墓園。格倫斯瀑布鎮歷史協會。格倫斯瀑布鎮公立圖書館。沃爾夫伯勒歷史協會。沃爾夫伯勒公立圖書館（Wolfeboro）的辛蒂亞・史考特（Cynthia L. Scott）。

特別感謝印第安納波利斯藝術博物館館長麥斯威爾・安德森（Maxwell Anderson）的太太賈桂琳・安德森（Jacqueline Anderson），帶我們去威斯特立（Westerly, G. H. A.）的柯羅威故居參訪；這間房子由柯羅威家族捐贈給印第安納波利斯藝術博物館，目前作為博物館館長住所。還要感謝布萊德利・布魯克斯（Bradley C. Brooks）帶我們參訪小禮來先生的故居「老田園」，目前也捐贈給了印第安納波利斯藝術博物館。

更要大大感謝我們的出版社經紀人亞瑟・克拉班夫諾（Arthur Klebanoff），他對這本書的重要性充滿了信心，才能讓這個故事轉化成現在你手中的這本書，由衷感謝他的努力。我們受到不少邁克・魯德爾（Michael Rudell）智慧與鼓勵的啟發，過去五年中也透過他聯絡上不少人來協助整個計畫成形。

還有聖馬丁出版社（St.Martin），感謝編輯菲利・雷夫辛（Phil Revzin）、社長兼發行人莎莉・理查森（Sally Richarson），一開始就充滿熱情活力與遠瞻目光。肯尼斯・希薇孚（Kenneth J. Silver）與凱拉・古德菲洛—麥克尼爾（Kylah Goodfellow- McNeill）在這本書的最後一段旅程為我們導航。唐納・戴維斯（Donald J. Davidson）非常審慎地審稿。約翰・墨菲（John Murphy）與其團隊在宣傳部分幫了大忙。感謝全體成員。

感謝我們的行政助理、研究員與好友克蕾妮・莫雷里（Korenne Morelli），她的貢獻與恆心對於這個計畫是無價的。

還要感恩阿爾佛雷德・韓德森醫師（Alfred Henderson）與他的女兒瑪莉・克普蘭（Mary Kaplan）及派特・萊特頓（Pat Lightfoot）一路上的關心與支持，沒有他們，我們對於艾倫醫師一生的了解可能會很有限。還有一些大大小小麻煩到的朋友，我們感謝莎莉・布克（Sally Bock）、亞歷山大・柯威斯醫師（Alexander Clowes）、瑪莉・邁希達斯・迪安托納（Maria Mercedes D'Antona）、蘇珊・戴威勒醫師（Susan Detweiler）、布魯斯（Bruce）與瑪莉・安・金格斯（Mary Ann Gingles）、希莉莎・肯尼（Silissa Kenney）、瑪拉（Mara）與史蒂芬・庫帕曼（Stephen Kupperman）、克里斯汀・露（Christine Luu）、尼爾・羅西尼（Neil Rosini）、邁克辛・史威茲（Maxine Schweitzer），以及伊莉莎白・舒格曼（Elizabeth Sugarman）。

最後想說的是言詞無法表達我們有多感激，幾位我們極其信任且認真的朋友與家人，在非常早期就讀過了內容並且給予反饋，感謝潔西卡（Jessica）與喬瑟夫・安斯伯格（Joseph Ainsberg）、舒茲（Suzy）與理查・安斯伯格（Richard Ainsberg）、瑪莉塔・貝格利（Marita Begley）、戴爾（Dale）與邁克斯・伯格（Max Berger）、潘・伯恩斯坦（Pam Bernstein）、羅伯特・布萊德（Robert Blinder）、丹（Dan）與珍・卡默特（Jean

Carmalt）、萊妮・柯爾（Lynne Coll）、芭芭拉・庫伯（Barbara Cooper）、吉姆・庫伯（Jim Cooper）、哈瑞特・戴森納（Harriette Delsener）、珍莉・鄧肯（Jeany Duncan）、琳達（Linda）與理查・傑斯夫（Richard Gesoff）、朱蒂（Judy）與鮑伯・格倫布（Bob Golomb）、國際糖尿病聯盟兒童人生計畫的葛蘭姆・歐格醫師（Graham Ogle）、保羅・理奇（Paul Ridge）、克雷格・羅徹斯特（Craig Rochester）、米納・山謬斯（Mina Samuels），還要特別感謝米凱拉・墨菲（Michaela Murphy）。你們的時間、貼心的考量與鼓勵，讓我們鼓起了勇氣也讓這本書更臻完好。

參考文獻

手稿

Frederick Banting Papers, Thomas Fisher Rare Book Library, University of Toronto
Polly Hoopes Beeman Papers, Crandall Public Library, Glens Falls
Charles Best Papers, Thomas Fisher Rare Book Library, University of Toronto
Charles Best Personal Collection, Thomas Fisher Rare Book Library, University of Toronto
Board of Governors, Insulin Committee, University of Toronto Archives
G. H. A. Clowes Papers, privately held
J. B. Collip Papers, Thomas Fisher Rare Book Library, University of Toronto
Connaught Laboratories Papers, Aventis Pasteur Limited, Toronto
Eli Lilly and Company Archives, Indianapolis
Sir Robert Falconer Papers, University of Toronto Archives
William R. Feasby Papers, Thomas Fisher Rare Book Library, University of Toronto
Simon Flexner Papers, American Philosophical Society, Philadelphia
William T. Gossett Papers, Bentley Library, University of Michigan
Charles Evans Hughes Papers, Butler Library, Columbia University
Charles Evans Hughes Papers, Library of Congress, Washington, D.C.
Charles Evans Hughes Papers, New York Public Library New York.
Elizabeth Hughes Papers, Thomas Fisher Rare Book Library, University of Toronto
Elliott P. Joslin Papers, Countway Library of Medicine, Harvard University
Elliott P. Joslin Papers, Marble Library, Joslin Center, Boston
W. L. Mackenzie King Papers, National Archives of Canada, Ottowa
J. J. R. Macleod Papers, Thomas Fisher Rare Book Library, University of Toronto
Office of the President Papers, Thomas Fisher Rare Book Library, University of Toronto
Physiatric Institute Papers, Morristown Historical Society, Morristown, New Jersey
Physiatric Institute Papers, Morristown Public Library, Morristown, New Jersey
Rockefeller Family Papers, Rockefeller Archive Center, Sleepy Hollow, New York
Rockefeller University Papers, Rockefeller Archive Center, Sleepy Hollow, New York

書籍、文章、報告、演講

Adolph, Edward F. "Growing Up in the American Physiological Society." *Physiologist* 22, no. 5 (1979).

Allen, Frederick M. "Diabetes Mellitus." (1920), Reprinted from Nelson's Looseleaf, New York Academy of Medicine, New York.

———. "Present Results and Outlook of Diabetic Treatment." *Annals of Internal Medicine* 2, no. 2 (1928): 203– 15.
———. *Glycosuria and Diabetes.* Cambridge: Harvard University Press, 1913.
———, and James W. Sherrill. "Clinical Observations With Insulin: 1. The Use of Insulin in Diabetic Treatment." *Journal of Metabolic Research* 2, no. 5– 6 (1922): 803– 985.
———, Edgar Stillman, and Reginald Fitz. *Total Dietary Regulation in the Treatment of Diabetes.* New York: Rockefeller Institute for Medical Research, 1919.
———. Unpublished Memoirs, private collection of Dr. Alfred Henderson.
American Diabetes Association. Minutes of Banquet Session. *The Proceedings of the American Diabetes Association* 9 (1949): 33– 36.
American Journal of Physiology. *Proceedings of the American Journal of Physiology, Thirty-Fourth Annual Meeting held in New Haven, December 28, 29, 30, 1921*, Baltimore: Feb. 1, 1922.
Anthony, Carl Sferrazza. *Florence Harding: The First Lady, the Jazz Age, and the Death of America's Most Scandalous President.* New York: William Morrow and Company, 1998.
Banting, Frederick. "Account of the Discovery of Insulin." Sept. 1922. MS Coll. 76, Banting Papers, Thomas Fisher Rare Book Library, Toronto.
———. "Diabetes and Insulin: Nobel Lecture Delivered at Stockholm on Sept. 15, 1925." *Imprimerie Royale* (1925): 1– 20.
———. "The History of Insulin." *Edinburgh Medical Journal* (Jan. 1929).
———. "Medical Research and the Discovery of Insulin." *Hygeia* (May 1924): 288– 92.
———. Laboratory Notebook, May 18– 19, 1921. Academy of Medicine, 123 (Banting), Folder 2, Thomas Fisher Rare Book Library.
———. Notebook, Jan. 1921– Aug. 10, 1921. MS Coll. 76, (Banting), Box 6A, Folder 3, Thomas Fisher Rare Book Library.
———. Notebook, Aug. 11– Sept. 16, 1921. MS Coll. 76 (Banting), Box 6A, Folder 7, Thomas Fisher Rare Book Library.
———. Notebook 3, Sep 12– 16 1921. MS Coll. 76 (Banting), Box 6A, Folder 9, Thomas Fisher Rare Book Library.
———. Notebook 3A, Sept. 16– Dec. 22, 1921. MS Coll. 76 (Banting), Box 6A, Folder 11, Thomas Fisher Rare Book Library.
———. "Notes on First Examination of Elizabeth Hughes." Aug. 16, 1922. MS Coll. 76, Banting Papers, Thomas Fisher Rare Book Library, Toronto, Canada.
———. "Science and the Soviet Union." *Canadian Business* 9, no. 2 (Feb. 1936): 14 +.
———. "The Story of the Discovery of Insulin" (1940). MS Coll. 76, Banting Papers,

Thomas Fisher Rare Book Library, Toronto, Canada.

———, and C. H. Best. "The Internal Secretion of the Pancreas." *Journal of Laboratory and Clinical Medicine* 7, no. 5 (Feb. 1922): 251–66.

———, and C. H. Best. "Pancreatic Extracts." *Journal of Laboratory and Clinical Medicine* 7, no. 8 (May 1922).

———, C. H. Best, J. B. Collip, W. R. Campbell, J. J. R. Macleod, and E. C. Noble. "The Effect of Insulin on the Percentage Amounts of Fat and Glycogen in the Liver and Other Organs of Diabetic Animals." *Transactions of the Royal Society of Canada* 16, sec. V (1922): 13–16.

———, C. H. Best, J. B. Collip, W. R. Campbell, and A. A. Fletcher. "Pancreatic Extracts in the Treatment of Diabetes Mellitus." *Canadian Medical Association Journal* (March 1922).

———, C. H. Best, J. B. Collip, W. R. Campbell, and A. A. Fletcher. "Pancreatic Extracts in the Treatment of Diabetes Mellitus." *Canadian Medical Association Journal* (March 1922): 1–6.

———, C. H. Best, J. B. Collip, W. R. Campbell, A. A. Fletcher, J. J. R. Macleod, and E. C. Noble. "The Effect Produced on Diabetes by Extracts of Pancreas." *Transactions of the Association of American Physicians* (1922): 1–11.

———, C. H. Best, J. B. Collip, and J. J. R. Macleod. "The Preparation of Pancreatic Extracts Containing Insulin." *Transactions of the Royal Society of Canada* 16 Sec. V (1922).

———, C. H. Best, J. B. Collip, and J. J. R. Macleod. "The Effect of Insulin on the Excretion of Ketone Bodies by the Diabetic Dog." *Transactions of the Royal Society of Canada* 16, sec. V (1922): 17–18.

———, C. H. Best, J. B. Collip, J. J. R. Macleod, and E. C. Noble. "The Effects of Insulin on Experimental Hyperglycemia in Rabbits." *American Journal of Physiology* 62, no. 3 (1922): 559–80.

———, C. H. Best, J. B. Collip, J. J. R. Macleod, and E. C. Noble. "The Effect of Insulin on Normal Rabbits and on Rabbits Rendered Hyperglycaemia in Various Ways." *Transactions of the Royal Society of Canada* 16, sec. V (1922): 5–7.

———, W. R. Campbell, and A. A. Fletcher. "Insulin in the Treatment of Diabetes Mellitus." *Journal of Metabolic Research* 2, no. 5–6 (Nov.–Dec. 1922): 547–604.

———, and J. J. R. Macleod. *The Antidiabetic Functions of the Pancreas and the Successful Isolation of the Antidiabetic Hormone—Insulin.* Beaumont Foundation Annual Lecture Course II. St. Louis: C. V. Mosby Company, 1924.

"Banting the Artist." *Canadian Diabetic Association* 14 (First Quarter 1967): 8–13.

Barnett, Donald. *Elliott P. Joslin, M.D.: A Centennial Portrait.* Boston: Joslin Diabetes Center, 1998.

Barr, Murray Llewellyn. "James Bertram Collip, 1892–1965." *Biographical Memoirs of Fellows*

of the Royal Society 19 (Dec. 1973). Bristol: John Wright and Sons Ltd., 1973: 235–67.
Barron, Moses. "Relation of the Islets of Langerhans to Diabetes With Special Reference to Cases of Pancreatic Lithiasis." *Surgery, Gynecology and Obstetrics* 31 (Nov. 1920): 437–48.
Batten, Jack. *The Annex: The Story of a Toronto Neighborhood.* Erin: Boston Mills Press, 2004.
Beerits, Henry. "Aftermath of a Senior Thesis." *Class of 1933 Newsletter*, 1992.
Bergman, Edward F. *Woodlawn Remembers: Cemetery of American History.* Utica, N.Y.: North Country Books, 1988.
Best, Charles. "Frederick Grant Banting, 1891–1941." *Obituary Notices of Fellows of the Royal Society* 4 (Nov. 1942): 21–26.
———. "Insulin and Diabetes— In Retrospect and in Prospect." *Canadian Medical Association Journal* 53 (1945): 204–12.
———. "Nineteen Hundred Twenty-One in Toronto." *Diabetes* 21, no. 2, suppl. (1972): 385–95.
———. "Reminiscences of the Researches Which Led to the Discovery of Insulin." *Canadian Medical Association Journal* 47 (Nov. 1942): 398–400.
———. "A Report of the Discovery and Development of the Knowledge of the Properties of Insulin." Sept. 1922. Unpublished. Feasby Collection, Thomas Fisher Rare Book Library.
Best, Henry B. M. *Margaret and Charley: The Personal Story of Dr. Charles Best, the Co-Discoverer of Insulin.* Toronto: Dundurn Group, 2003.
Bliss, Michael. *Banting: A Biography.* Toronto: University of Toronto Press, 1992.
———. *The Discovery of Insulin.* Chicago: University of Chicago Press, 1984.
———. "The Discovery of Insulin." *Textbook of Diabetes.* Vol. 1. London: Blackwell Scientific Publications, 1991.
———. "Historical Essay." *The Discovery of Insulin at the University of Toronto: An Exhibition Commemorating the 75th Anniversary.* Ed. Katharine Martyn. Toronto: University of Toronto, 1996.
———. Transcribed unpublished biographical notes of Frederick M. Allen. Thomas Fisher Rare Book Library.
Bodenhamer, David J., and Robert G. Barrows, Eds. *The Encyclopedia of Indianapolis.* Bloomington: Indiana University Press, 1994.
Bridging the Years, Glens Falls, N.Y., 1763–1978. Glens Falls: Glens Falls Historical Association, 1978.

Brobeck, John R., Orr E. Reynolds, and Toby A. Appel, Eds. *History of the American Physiological Society: The First Century, 1887– 1987.* Bethesda, Md.: American Physiological Society, 1987.

Brooks, Bradley C. *Oldfields.* Indianapolis: Indianapolis Museum of Art, 2004.

Bunn, Austin. "The Way We Live Now; 3- 16- 03; Body Check; The Bittersweet Science." *New York Times Magazine*, Mar. 16, 2003.

Burcar, Colleen. *You Know You're in Michigan When . . . 101 Quintessential Places, People, Events, Customs, Lingo, and Eats of the Great Lakes State.* Morris Book Publishing, 2005.

Burrow, Gerard N., et al. "A Case of Diabetes Mellitus." *New England Journal of Medicine* 306, no. 6 (Feb. 1982): 340– 43.

Campbell, Walter R. "Diatetic Treatment in Diabetes Mellitus." *Canadian Medical Association Journal*: 13, no. 7 (July 1923): 487– 92.

Campbell, Walter R. "Ketosis, Acidosis, and Coma Treated by Insulin." *Journal of Metabolic Research* 2, no. 5– 6 (1922): 605– 35.

Careless, J. M. S. *Toronto to 1918: An Illustrated History.* Toronto: James Lormer & Company, 1984.

Cavinder, Fred D. *The Indiana Book of Trivia.* Indianapolis: Indiana Historical Society Press, 2007.

Celebrating 75 Years Christ Church Cranbrook, 1928– 2003. Christ Church Cranbrook, Published by University Lithoprinters, n.d.

"Charles E. Hughes: The Career and Public Services of the Republican Candidate for Governor." *New York*, Oct. 20, 1906.

Christ Church Cranbrook: A Visitor's Guide. Bloomfield Hills, Mich.: Christ Church Cranbrook, 1982.

Clark, Roscoe Collins. *Threescore Years and Ten: A Narrative of the First Seventy Years at Eli Lilly and Company, 1876– 1946.* Chicago: Lakeside Press, 1946.

Clowes, G. H. A. "Banting Memorial Address." *Proceedings of the American Diabetes Association* 7 (1948): 49– 60.

———. "Insulin in Its Relation to Life Insurance." Transcript of Address at the Seventeenth Annual Meeting of the Association of Life Insurance Presidents in New York, Dec. 7, 1923. Lilly Archives.

Clowes, George H. A., Jr. "George Henry Alexander Clowes: A Man of Science for All Seasons." *Journal of Surgical Oncology* 18 (1981): 197– 217.

Collip, J. B. "Glucokinin: A New Hormone Present in Plant Tissue: Preliminary Paper." *Journal of Biological Chemistry* 56, no. 2 (June 1923): 513– 43.

———. "Glucokinin: Second Paper." *Journal of Biological Chemistry* 57, no. 1 (Aug. 1923): 65– 78.

———. "Glucokinin: An Apparent Synthesis in the Normal Animal of a Hypoglycemia—Producing Principle. Animal Passage of the Principle: Third Paper." *Journal of Biological Chemistry* 58, no. 1 (Nov. 1923): 163– 208.

Cordery, Stacy A. *Alice Roosevelt Longworth, From White House Princess to Washington Power Broker.* New York: Viking, 2007.

Corner, George Washington *A History of the Rockefeller Institute: 1901–1953: Origins and Growth.* New York: Rockefeller Institute Press, 1964.

Cotter, Charis. *Toronto Between the Wars: Life in the City, 1919–1939.* Richmond Hill: Firefly Books, 2004.

Crosby, Alfred. *America's Forgotten Pandemic: The Influenza of 1918.* New York: Cambridge University Press, 2003.

Dale, Henry. "Fifty Years of Medical Research." *British Medical Journal* 2 (1963): 1287–1290.

Danelski, David J., and Joseph S. Tulchin, Eds. *The Autobiographical Notes of Charles Evans Hughes.* Cambridge, Mass.: Harvard University Press, 1973.

Davis, Kenneth C. *Don't Know Much About History: Everything You Need to Know About American History But Never Learned.* New York: Avon Books, 1990.

DeWitt, Lydia. "Morphology and Physiology of Areas of Langerhans in Some Vertebrates." *The Journal of Experimental Medicine* 8, no. 2 (March 1906): 193– 239. *The Discovery of Insulin at the University of Toronto.* Thomas Fisher Rare Book Library, 1996.

Dominick, Angie. *Needles: A Memoir of Growing Up With Diabetes.* New York: Touchstone, 1998.

Duncan, Garfield G. "Frederick Madison Allen, 1879– 1964." *Diabetes* 13, no. 3 (1964): 318– 19.

Eckert, Kathryn Bishop. *Cranbrook*. New York: Princeton Architectural Press, 2001.

Eklund, Lowell. "A Tribute to Elizabeth Hughes Gossett." Christ Church Cranbrook, Bloomfield Hills, Mich. April 28, 1981.

Feasby, W. R. "The Discovery of Insulin." *Journal of the History of Medicine and Allied Sciences* 13, no. 1 (1958): 68– 84.

Feudtner, Chris. *Bittersweet: Diabetes, Insulin and the Transformation of Illness*. Chapel Hill: University of North Carolina Press, 2003.

Filey, Mike. *A Toronto Album: Glimpses of the City That Was*. Toronto: Dundurn Press, 2001.

Fletcher, A. A., and W. R. Campbell. "The Blood Sugar Following Insulin Administration and The Symptom Complex— Hypoglycemia." *Journal of Metabolic Research* 2.5– 6 (1922): 637– 49.

Flexner, James Thomas. *An American Saga: The Story of Helen Thomas and Simon Flexner*. New York: Fordham University Press, 1993.

Freidel, Frank. *Presidents of the United States of America*. White House Historical Association, 1994.

Geyelin, Rawle H., et al. "The Use of Insulin in Juvenile Diabetes." *Journal of Metabolism Research* 2 (Nov. 1922): 767– 91.

Gilchrist, Joseph, C. H. Best, and Frederick Banting. "Observations With Insulin on Department of Soldiers' Civil Re-Establishment Diabetics." *Canadian Medical Association Journal* (Aug. 1923).

Glad, Betty. *Charles Evans Hughes and the Illusions of Innocence*. Urbana: University of Illinois Press, 1966.

Goldstein, Erik. *The FirstWorld War Peace Settlements 1919–1925*. Essex: Pearson Education Limited, 2002.

———, and John Maurer, Eds. *The Washington Conference: 1921–22*. London: Frank Cass, 2002.

Gone but Not Forgotten— *19th Century Mourning*. Woodruff Fontaine House, APTA, Memphis Chapter. Memphis: 1989.

Gossett, Elizabeth Hughes. "Charles Evans Hughes: My Father the Chief Justice." *Supreme Court Historical Society Yearbook 1976*. Supreme Court Historical Society, 1976: 7– 15.

Gossett, William T. "The Human Side of Chief Justice Hughes." *American Bar Association Journal* 59 (Dec. 1973), 1415– 16.

———, Papers, Bentley Library, University of Michigan, Ann Arbor, Mich.

Gue, Benjamin F. *History of Iowa From the Earliest Times to the Beginning of the Twentieth Century*. Vol. 4, 1903.

Hamburger, Louis P. "Discussion of Dr. Banting's Paper on the Insulin Treatment of Diabetes Read Before the Baltimore City Medical Society." Dec. 14, 1922, Baltimore, Md. Unpublished. Banting Collection, Thomas Fisher Rare Book Library.

Hanlin, George. *Historic Photos of Indianapolis*. Nashville: Turner Publishing Company, 2006.

Harris, Captain E. S. *Lake George: All About It 1903*. Queensbury: Cambridge University Press, 2007.

Hazlett, Barbara E. "Historical Perspective: The Discovery of Insulin." *Clinical Diabetes Mellitus*, 3rd ed. Ed. Davidson, John K. New York, Thieme, 2000: 3– 12.

Hendel, Samuel. *Charles Evans Hughes and the Supreme Court*. New York: King's Crown Press, 1951.

Henderson, Alfred R., "Frederick M. Allen, M.D., and the Psychiatric Institute at Morristown, N.J. (1920– 1938)." *Academy of Medicine of New Jersey Bulletin* 16, no. 4 (1970).

Henretta, James A. "Charles Evans Hughes and the Strange Death of Liberal America." *Law and History Review* 24, no. 1 (2006).

Hill, Lewis Webb, and Rena S. Eckman. *The Starvation Treatment of Diabetes*. 3rd ed. Boston: W. M. Leonard, 1917.

Hughes, Charles Evans. *The Autobiographical Notes of Charles Evans Hughes*. Eds. David J. Danelski and Joseph S. Tulchin. Cambridge, Mass.: Harvard University Press, 1973.

Hutchinson, Woods. "Clearing the Skies for the Sugar- Poisoned." *Saturday Evening Post* 195, no. 50 (June 9, 1923).

Insulin Committee of the University of Toronto. "Insulin: Its Action, Its Therapeutic Value in Diabetes, and Its Manufacture." *Canadian Medical Association Journal* 13.7 (July 1923): 480– 486.

Isaacson, Walter. *Einstein: His Life and Universe*. New York: Simon & Schuster, 2007.

Johnson, Steven. *The Ghost Map: The Story of London's Most Terrifying Epidemic and How it Changed Science, Cities, and the Modern World*. New York: RiverHead Books, 2006.

Joslin, Elliott P. "Address by Elliott P. Joslin." Dedication Exercises of the Lilly Research Laboratories, Oct. 11 and 12, 1934. *Lilly Research Laboratories Dedication*. Indianapolis: Eli Lilly and Company, 1934.

———. "Diabetes for the Diabetics: Ninth Banting Memorial Lecture of the British Diabetic Association." *Diabetes* 5, no. 2 (March– April 1956): 137– 146.

———. *Diabetic Manual: Second Edition*. Philadelphia: Lea & Febiger, 1919.

———. "Pancreatic Extract in the Treatment of Diabetes." Letter to the Editor. *Boston Medical and Surgical Journal* 186, no. 19 (May 1922): 654. "Reminiscences of the Discovery of Insulin." *Diabetes* 5, no. 1 (Jan– Feb 1956): 67– 68.

——— et al. "Insulin in Hospital and Home." *Journal of Metabolic Research* 2 (Nov.– Dec. 1922): 651– 699.

Kahn, E.J., Jr. *All in a Century: The First 100 Years of Eli Lilly and Company*. Indianapolis: Eli Lilly and Co, 1976.

Kennedy, John F. *Profiles in Courage*. New York: Harper Collins, 2006.

Kettlewell, James K. *The Hyde Collection Catalogue*. Glens Falls, Hyde Collection, 1981.

Khalaf, Hala. *Young Voices: Life With Diabetes*. West Sussex, England: Novo Nordisk and John Wiley and Sons, 2005.

Kienast, Margate. "I Saw A Resurrection." *Saturday Evening Post*, July 2, 1938.

Knodel, Gerhardt. *Cranbrook Art Museum*. Bloomfield Hills: Cranbrook Art Museum, 2004.

Kolata, Gina. *Flu: The Story of the Great Influenza Pandemic of 1918 and the Search for the Virus That Caused It*. New York: Touchstone, 1999.

Krahl, M. E. "Obituary: George Henry Alexander Clowes, 1877–1958." *Cancer Research* 19, no. 3 (April 1959): 334–336.

Krouse, Charles. *Report: Preliminary to a Prospectus for the Establishment of an Institute for the Treatment and Investigation of Diabetes, Nephrites, High Blood Pressure, etc*. Report commissioned by Charles E. Hughes. June 19, 1920. Charles Evans Hughes Papers: Frederick M. Allen file. Butler Library, Columbia University, New York.

Leibel, B. S., and G. A. Wrenshall. *Insulin*: Toronto: Canadian Diabetic Association/University of Toronto Press, 1971.

Levinson, Paul D. "Eighty Years of Insulin Therapy: 1922–2002." *Medicine and Health Rhode Island* 86 (April 2003): 101–106.

Li, Alison, J. *B. Collip and the Development of Medical Research in Canada*. Quebec: McGill–Queens University Press, 2003.

Lilly Doll, The Children's Museum, Indianapolis.

The Lilly Library: The First Quarter Century 1960–1985. Bloomington: Indiana University Press, 1985.

Lilly Research Laboratories: Dedication. Indianapolis: Eli Lilly and Co, 1935.

Lowry, Edward G. *Washington Close-Ups: Intimate Views of Some Public Figures*. Boston: Houghton Mifflin Company, 1921.

Macfarlane, Ian A. "The Millenia Before Insulin." *Textbook of Diabetes*. Vol. 1. London: Blackwell Scientific Publications, 1991.

Macleod, J. J. R. "History of the Researches Leading to the Discovery of Insulin." *Bulletin of the History of Medicine* 52, no. 3 (1978): 295–312.

———. "Insulin." *Physiology Reviews* 4, no. 1 (Jan. 1924).

———. "The Physiology of Insulin and Its Source in the Animal Body: Nobel Lecture Delivered at Stockholm of May 26.1925." *Imprimerie Royale* (1925): 1–12.

———. "The Source of Insulin: A Study of the Effect Produced on Blood Sugar by Extracts of the Pancreas and Principal Islets of Fishes." *Journal of Metabolic Research* 2, no. 2 (Aug. 1922): 149–172.

———, and W. R. Campbell. *Insulin: Its Use in the Treatment of Diabetes*. Baltimore: William &

Wilkins Company, 1925.

Madeb, Ralph, Leonidas G. Koniaris, and Seymour I. Schwartz, "The Discovery of Insulin: The Rochester, New York, Connection." *Annals of Internal Medicine*, vol. 143 no. 12 (Dec. 2005) 907– 12.

Madison, James H. *Eli Lilly: A Life, 1885–1977*. Indianapolis: Indiana Historical Society Press, 2006.

———. *Indiana Through Tradition and Change: A History of the Hoosier State and Its People 1920–1945*. Indianapolis: Indianapolis Historical Society, 1982.

Mayer, Ann Margaret. *Sir Frederick Banting: Doctor Against Diabetes*. Mankato: Creative Education, 1974.

McAuliff e, Alicia. *Growing Up With Diabetes*. New York: John Wiley and Sons, 1998.

McCormick, Gene (former Eli Lilly and Company historian), unpublished notes, papers and interviews.

McCormick, N. A. "Insulin From Fish." *Bulletin of the Biological Board of Canada* (Dec. 1924).

McDonald, John P. *Images of America: Lost Indianapolis*. Charleston: Arcadia, 2002.

McMechan, Jervis Bell. *Christ Church Cranbrook: A History of the Parish to Commemorate the 50th Anniversary of the Consecration of the Church, 1928–1978*. Bloomfield Hills: Christ Church Cranbrook, 1979.

Messinger, Robert, and Laura Messinger. *Why Me? Why Did I Have to Get Diabetes?* Hiawatha: Little Mai Press, 2004.

Morganstern, Jacob. Ment. Hosp. 2: 2, June 1951, American Psychiatric Association. *The New York Society Library Annual Report. 2005–2006*. Pamphlet.

Noble, E. Clark. Unpublished Account Outlining Discovery of Insulin. March 17, 1977. Thomas Fisher Rare Book Library, Toronto.

Noble, R. L. "Memories of James Bertram Collip." *The Canadian Medical Association Journal* 93 (Dec. 1965): 1356– 64.

Palmer, Gwen, et al. *Images of America: Glens Falls*. Chicago: Arcadia Publishing, 2004.

Paulesco, Nicolas. "Action de l'extrait pancréatique injecté dans le sang, chez un animal diabétique." *Comptes Rendus Hebdomadaires des Séances et Mémoires de la Sociéte de Biologie* 85 (July 1921): 555– 59.

Perkins, Dexter. *Charles Evans Hughes and American Democratic Statesmanship*. Boston: Little, Brown and Company: 1956.

Phillips, Clifton. *Indiana in Transition: 1880–1920*. Vol. 4. Indianapolis: Indiana Historical Bureau and Indiana Historical Society, 1968.

The Physiatric Institute. Morristown, N.J.: Physiatric Institute. Charles Evans Hughes Papers: Frederick M. Allenfile. Butler Library, Columbia University.

Pickup, John, and Gareth Williams, Eds. *Textbook of Diabetes*. Vol. 1. London: Blackwell Scientific Publications, 1991.

Pietrusza, David. *1920: The Year of the Six Presidents*. New York: Carroll and Graf, 2007.

Price, Nelson. *Indianapolis: Then and Now*. San Diego: Thunder Bay Press, 2004.

Pusey, Merlo J. *Charles Evans Hughes*. New York: Macmillan, 1951.

Rinehart, Victoria E. *Portrait of Healing— Curing in the Woods*. Utica: North Country Books, 2002.

Rutty, Christopher J. "Couldn't Live Without It: Diabetes, the Cost of Innovation and the Price of Insulin in Canada, 1922–1984." *Canadian Bulletin of Medical History* 25, no. 2 (2008): 407– 31.

———. "Robert Davies Defries (1889–1975): Canada's 'Mr. Public Health.' " *Doctors, Nurses and Practitioners*. Ed. Lois N. Magner. Westport: Greenwood Press, 1997: 62– 69.

Sacks, Oliver. *Seeing Voices: A Journey Into the World of the Deaf.* New York: Harper Perennial Edition, 1990.

Scott, E. L. "On the Influence of Intravenous Injections of an Extract of the Pancreas on Experimental Pancreatic Diabetes.*American Journal of Physiology* 29, no. 3 (1912): 306– 10.

Shaw, Margaret Mason. *He Conquered Death: The Story of Frederick Grant Banting*. Toronto: Macmillan, 1946.

Schoen, Douglas. *On the Campaign Trail: The Long Road of Presidential Politics, 1860–2004*. New York: HarperCollins, 2004.

The Scottish Society of the History of Medicine: Report of the Proceedings— Session 1996–97 and 1997–98.

Silver, Joel. *J. K. Lilly Jr., Bibliophile*. Bloomington: Lilly Library— Indiana University, 1993.

Silver Bay Association: Pictorial History 1900–1935. Silver Bay: Silver Bay Association, 1992.

Silver Bay YMCA of the Adirondacks.

Sinding, Christiane. "Making the Unit of Insulin: Standards, Clinical Work, and Industry, 1920–1925." *Bulletin of the History of Medicine* 76, no. 2 (2002) 231– 70.

Smith, Kay. *Bloomfield Blossoms*. Bloomfield Hills: Bloomfield Township Bicentennial Commission, 1976.

Sterngass, Jon. *First Resorts: Pursuing Pleasure at Saratoga Springs, Newport, and Coney Island*. Baltimore: John Hopkins University Press, 2001.

Stevenson, Lloyd. *Sir Frederick Banting*. Toronto: Ryerson Press, 1946.

Striker, Cecil. *Famous Faces in Diabetes*. Boston: G. K. Hall and Co., 1961.

Tenuth, Jeffrey. *Indianapolis: A Circle City History*. Charleston: Arcadia Publishing, 2004.

Toobin, Jeffrey. *The Nine: Inside the Secret World of the Supreme Court.* New York: Doubleday, 2007.

Trachtman, Michael G. *The Supremes' Greatest Hits: The 34 Supreme Court Cases That Most Directly Affect Your Life*. New York: Sterling Publishing, 2006.

Tucker, Spencer, ed. *World War I; Encyclopedia*. Santa Barbara: ABC- CLIO, 2005.

U.S. Bureau of the Census. *Statistical Atlas of the United States, 1914*. Washington, D.C., 1914.

Waite, F. C. *Western Reserve University: Centennial History of the School of Medicine*. Cleveland: Western Reserve University Press, 1946.

Worman, E. Clark. *The Silver Bay Story*. Buffalo: Silver Bay Association, 1952.

White, Priscilla, M.D. "The Diabetic Child." *Pediatric Problems in Clinical Practice*. H. Michal-Smith, ed. New York: Grune and Stratton, 1954

Wilder, Russell M., Walter M. Boothby, Clifford J. Barborka, Hubert D. Kitchen, and Samuel F. Adams. "Clinical Observations on Insulin." *Journal of Metabolic Research* 2, no. 5– 6 (Nov.– Dec. 1922): 703– 728.

Williams, John R., "A Clinical Study of the Effects of Insulin in Severe Diabetes." *Journal of Metabolic Research* 2.5– 6 (Nov.– Dec. 1922): 729– 51.

Williams, Michael J. "J. J. R. Macleod: The Co-Discoverer of Insulin." *Proceeding of the Royal College of Physicians of Edinburgh* 23, no. 3 (July 1993): viii– 125.

Woodbury, David Oakes. "Please Save My Son." *Reader's Digest* (Feb. 1963): 54– 57. MS Coll. 241 (Best) Box 61, Folder 18, Thomas Fisher Rare Book Library, Toronto.

Woodyatt, R.T. "The Clinical Use of Insulin." *Journal of Metabolism Research* (Nov. 1922): 793– 801.

World Health Organization. *World Health* (Feb.– March 1971).

Wrenshall, G.A., and G. Hetenyl. *The Story of Insulin: Forty Years of Success Against Diabetes*. Bloomington: Indiana University Press, 1964.

Yan, Kun. *The Story and Discovery of Insulin*. Bloomington: Author House, 2005.

Yapp, Nick. *1910s*. London: Könemann, 1998.

Yapp, Nick. *1920s*. London: Könemann, 1998.

遠足科學 03

奇蹟的救命靈藥

胰島素發現的故事

BREAKTHROUGH: ELIZABETH HUGHES, THE DISCOVERY OF INSULIN, AND THE MAKING OF A MEDICAL MIRACLE

作　　者　蒂亞・庫伯（Thea Cooper）、亞瑟・安斯伯格（Arthur Ainsberg）
譯　　者　胡德瑋
責任編輯　賴譽夫
封面設計　一瞬設計　蔡南昇
排　　版　L&W Workshop

編輯出版　遠足文化
副總編輯　賴譽夫
出版總監　陳蕙慧
社　　長　郭重興
發行人兼出版總監　曾大福
發　　行　遠足文化事業股份有限公司
23141新北市新店區民權路108之2號9樓
代表號：(02)2218-1417　傳真：(02)2218-0727
客服專線：0800-221-029　Email：service@bookrep.com.tw
郵政劃撥帳號：19504465　戶名：遠足文化事業股份有限公司
網址：http://www.bookrep.com.tw

法律顧問　華洋法律事務所　蘇文生律師
印　　製　韋懋實業有限公司
初版一刷　2021年9月

ISBN　978-986-508-113-3
定　　價　480元

國家圖書館預行編目資料

奇蹟的救命靈藥：胰島素發現的故事
蒂亞・庫伯（Thea Cooper）、亞瑟・安斯伯格（Arthur Ainsberg）著；胡德瑋 譯　一初版.一　新北市：遠足文化事業股份有限公司，2021年9月　408面；14.8×21公分（遠足科學03）
譯自：Breakthrough: Elizabeth Hughes, the Discovery of Insulin, and the Making of a Medical Miracle
ISBN　978-986-508-113-3（平裝）
1.戈塞特（Gossett, Elizabeth Hughes, 1907-1981）2.胰島素 3.糖尿病
399.547　110011992